Atmospheric Thermodynamics

대기열역학 에센스

김경익 지음

도서출판 동화기술

저자서문

대기열역학은 열물리(thermal physics)의 기본 개념과 원리를 대기에 적용하여 대기 중에서 일어나는 여러 가지 열역학 현상의 발생과 발달과정을 연구하는 학문이다. 대기열역학은 대기과학의 가장 기초가 되는 분야 중 하나이다. 그 이유는 대기 중에서 일어나는 각종 규모의 대기운동을 다루는 대기역학, 구름의 형성과 발달을 다루는 구름 물리학 그리고 미기상학에서 다루어지는 대기 경계층에서 에너지의 전달과 열적과정이 대기 열역학과 깊이 관련되어 있기 때문이다.

이 책은 저자의 대기열역학(2010)에 근간을 두고 있지만 상당부분을 새로이 수정하였다. 저자가 이 책을 집필한 이유는 한국의 대기과학 발전을 위한 조그만 바람에서이다. 돌다리가 만들어지려면 누군가 조그만 디딤돌 하나를 먼저 놓아야 한다. 그러면 다음 돌은 좀 쉽게 놓일 수 있을 것이다.

학생들이 대기열역학을 공부하는 데 있어 원서보다는 국문교재를 이용하면 짧은 기간에 주요 개념을 쉽게 이해함과 동시에 실제 응용이 가능할 것이다. 따라서 이 교재에서는 가능한 대기열역학에 관한 기초이론을 체계적으로 정리하고, 그 이해를 돕기 위해 예제와 설명을 포함하여 학생들이 비교적 문제 해결에 쉽게 접근할 수 있도록 노력하였다.

이 책을 집필하는 과정에서 부주의와 그리고 저자의 이해 부족으로 인해 잘못된 부분이나 보완이 필요한 부분이 있으리라고 생각된다. 이에 대해서는 독자들이 주저 없이 지적해 주길 바라며, 이를 차후에 수정・보완하고자 한다.

이 책의 원고를 완성할 수 있도록 건강과 지혜를 주신 하느님께 깊은 감사를 드린다. 책을 집필하기 위해 많은 교재와 인터넷에서 자료를 검색하고 참고하였다. 인터넷을 통해 자료를 제공한 분들께 감사를 표한다. 그리고 이 책을 집필하는 동안 격려를 해준 아내를 비롯한 온 가족들, 원고에 미비한 부분을 지적해준 이철희, 이지원, 정은비 학생에게 고마움을 전하고 싶다. 그리고 좋은 책이 출판될 수 있도록 도움을 주신 도서출판 동화기술 정우용 회장님, 영업부 이재영 상무님, 그리고 편집부 금선희 대리께 진심으로 감사를 드린다.

경북대학교 대기원격탐사 연구소에서

저자 김경익

차례

Chapter 03

열역학 제2법칙

Chapter 04

열역학 퍼텐셜과 그 변화

Chapter 05

물의 상태와 열역학적 특성

Chapter 06

습윤공기의 열역학

Chapter 07

대기의 단열과 비단열과정

Chapter 08

대기의 냉각과 수증기의 응결

Chapter 11

열역학 다이어그램

Appendix

Chapter

01

기본 정의

이 장에서는 열역학의 정의, 열역학적 계, 가역과 비가역 과정, 상태함수 등 대기열역학을 이해하는데 필요한 기본적인 개념들을 기술하고 있다.

1.1 대기열역학이란?

열역학은 우리 생활에서 경험을 바탕으로 하여 거시적인 물체들 사이의 열에너지 전달을 온도와 관련지어 기술하는 학문으로 정의할 수 있다. 그러므로 열역학에서는 물질을 구성하는 개개의 분자들의 모습이나 미시적 구조에는 관심을 두지 않고, 그 대신 거시적으로 계의 상태를 온도, 체적 및 압력 등의 변수로써 기술한다. 열역학에서 가장 기본적인 변수는 온도이고, 이것은 역학의 기본 물리량인 질량, 길이, 시간으로 나타낼 수 없다.

대기열역학(atmospheric thermodynamics)은 열역학을 대기에 적용하여 대기 중에서 일어나는 여러 가지 기상 현상에 수반된 물리 과정을 기술한다. 대기열역학에서 다루어지는 내용은 열역학 제1, 2법칙, 열역학 퍼텐셜, 물의 상태와 열역학 특성, 대기의 단열과정, 대기의 안정도, 대기의 에너지 그리고 대기의 열역학선도(thermodynamic chart)와 그 응용 등이다.

1.2 온도와 열

온도는 물체의 차고 더운 정도를 수치로 나타낸 것으로 정의할 수 있으며, 미시적으로는 분자 운동의 활발한 정도를 나타내는 척도로서 물질의 양과는 관계가 없다. 한편 열은 에너지의 한 형태로써 온도가 높은 곳에서 낮은 곳으로 이동하는 성질이 있으며, 물질을 구성하는 분자들의 운동에너지 총량에 의해서 결정되며, 물체의 온도변화를 일으키는 요인이다.

계(system)의 상태를 기술할 때 그 계를 구성하고 있는 각 분자의 상태를 고려하지 않고 거시적으로 나타낼 경우 계의 압력(p), 온도(T), 계의 체적(V)의 관계는 이상기체의 상태 방정식

$$pV = nR^* T \tag{1.1}$$

으로 주어진다. 여기서 n는 체적 V에 들어있는 기체의 몰(mole)수이고 R^*는 보편 기체상수로, $R^* = 8.314\ \mathrm{JK^{-1}mole^{-1}}$이다. 식 (1.1)은 보일(Boyle)과 샤를(Charles)의 실험법칙을 이용하여 유도된다.

한편, 기체의 압력은 계를 구성하고 있는 기체 분자들이 들어있는 용기의 벽과 충돌 시 운동량의 변화로부터 미시적인 관점에서 유도할 수 있다. 이러한 접근 방법은 통계적 방법으로 이상기체 분자 운동론이라고 하며, 이를 적용하여 다음 식을 얻을 수 있다.

$$pV = Nm\frac{1}{3}\overline{v^2} \tag{1.2}$$

여기서 N은 체적 V에 들어있는 기체 분자의 수이고 m은 기체 분자 하나의 질량 그리고 $\overline{v^2}$는 평균 제곱속도(mean square velocity)로서 다음과 같다.

$$\overline{v^2} = \frac{1}{N}\sum_{i=1}^{N} v_i^2 \tag{1.3}$$

앞에서 얻어진 식 (1.1)과 (1.2)를 이용하면 다음 식을 얻을 수 있다.

$$\frac{1}{3}Nm\overline{v^2} = nR^*T = \left(\frac{N}{N_A}\right)R^*T \tag{1.4}$$

여기서 N_A는 아보가드로수로서 $N_A = 6.022 \times 10^{23}(\text{mole}^{-1})$이다. 식 (1.4)는 볼츠만(Boltzmann)상수의 정의 $k = R^*/N_A$을 이용하면 다음과 같이 주어진다.

$$\frac{1}{2}m\overline{v^2} = \frac{3}{2}kT \tag{1.5}$$

여기서 $k = 1.380 \times 10^{-23}\text{KJ}^{-1}$이며, 이 식은 기체의 평균 운동에너지는 기체의 온도의 척도임을 보여 준다. 식 (1.5)를 이용하면, 기체 분자의 2차 제곱근 속도, 즉 제곱평균 제곱근 속도(root mean square velocity) $v_{\rm rms}$는

$$v_{\rm rms} = \sqrt{\overline{v^2}} = \sqrt{\frac{3kT}{m}} \tag{1.6}$$

와 같이 주어진다. 여기서 유의할 점은 항상 $v_{\rm rms} > \overline{v}$라는 것이다.

1.3 대기에서 열의 이동

열의 전달 기구(mechanism)에는 전도, 복사, 대류가 있다. 이 세 가지 과정은 대기에서 매우 중요한 역할을 한다. 대기의 지표층을 고려하여 이 세 가지 기구에 의해 열이 어떻게 전달되는지 알아보자.

(1) 전도에 의한 열 이동

대기의 지표층(surface layer)에서 전도에 의한 열 이동은 온도가 다른 분자들 간의 충돌에 의해서 일어나며, 이 과정을 분자전도(molecular conduction)라고 한다. 그림 1.1은 지표 부근에 역전층이 형성되어 있을 때 분자 전도에 의한 열 이동을 보여준다. 분자전도에 의한 열속(heat flux), $\dot{Q}_c$ 고도증가에 따른 기온변화율에 비례하며 다음 식으로 주어진다.

$$\dot{Q}_c = -K_h \frac{\partial T}{\partial z} \tag{1.7}$$

여기서 K_h는 공기의 열전도도($Wm^{-1}K^{-1}$)이다. 식 (1.7)에서 음의 부호는 그림 1.1에서 보는 바와 같이 온도가 증가하는 방향과 반대방향, 즉 온도경도 ($\partial T/\partial z$)의 반대 방향으로 열 이동을 나타낸다. 대기에서 열 이동은 실제로 전도보다는 대류에 의해서 훨씬 더 효과적으로 일어난다.

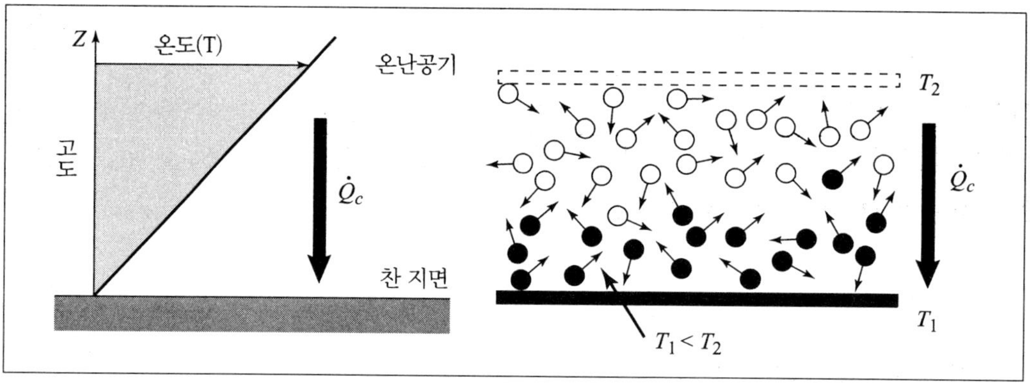

그림 1.1 대기에서 분자 전도에 의한 열 이동

(2) 대류에 의한 현열과 잠열 이동

지표층(surface layer)에서 가열된 공기는 현열과 잠열의 형태로 대기로 열을 운반한다. 대기에서 현열과 잠열의 이동은 분자 확산과 난류에 의한 맴돌이 확산(eddy diffusion)에 의해 이루어지지만, 일반적으로 맴돌이 확산이 분자확산보다 매우 크다. 따라서 현열 이동은 주로 맴돌이 확산에 의해 이루어지며, 이 경우 연직 방향의 현열 속은 다음 식으로 나타낼 수 있다.

$$\dot{Q}_s = -\rho_a c_{pa} \alpha_h \frac{\partial T}{\partial z} \tag{1.8}$$

여기서 ρ_a는 공기의 밀도, c_{pa}는 공기의 정압비열이다. 그리고 $\alpha_h(\mathrm{m^2s^{-1}})$는 맴돌이 확산도(eddy diffusivity)이며, 대기 상태에 따라 그 값이 다르다(Stull, 1988).

물의 증발에 따른 잠열 속은 수증기의 질량 속과 잠열의 곱으로 주어진다. 지표와 인접한 지표층에서 난류에 의한 수증기의 질량 속(E_v)은 다음과 같이 나타낼 수 있다.

$$E_v = -K_v \frac{\partial \rho_v}{\partial z} \tag{1.9}$$

여기서 $K_v(\mathrm{m^2s^{-1}})$는 수증기에 대한 맴돌이 확산도이고, ρ_v는 수증기의 밀도이다. 식 (1.9)에서 E_v의 단위는 $\mathrm{kgm^{-2}s^{-1}}$이고, 음의 부호는 수증기의 평균밀도가 증가하는 방향과 반대방향으로 수증기의 이동을 고려한 것이다. 따라서 수증기의 밀도가 고도에 따라 감소하는 경우 그림 1.2에서 수증기의 이동은 지표에서 위로 향하고 있다.

잠열 속(latent heat flux)은 수증기의 질량 속과 잠열의 곱이므로 식 (1.9)를 이용하면

$$\dot{Q}_E = L_v E_v = -L_v K_v \frac{\partial \rho_v}{\partial z} \tag{1.10}$$

으로 주어진다. 여기서 L_v는 물의 단위질량에 대한 증발잠열($\mathrm{JKg^{-1}}$)을 나타낸다. 잠열 속은 지표의 수분 함량, 물의 증발에 가용한 에너지 양, 수증기 밀도의 연직 경도 그리고 지표층의 난류 정도에 따라 달라진다.

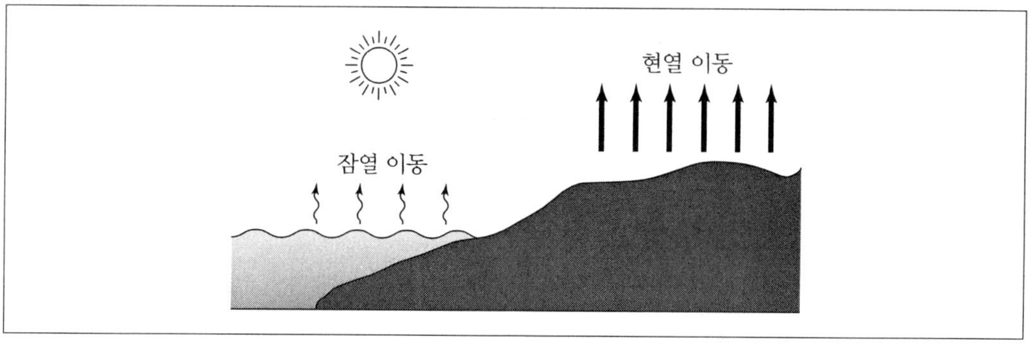

그림 1.2 대류에 의한 잠열과 현열의 이동

(3) 복사 교환에 의한 열 이동

복사에 의한 열의 순(net) 전달은 고온에서 저온으로 일어나지만, 복사 교환(radiation exchange)에 의한 순 복사량은 주위와 물체의 온도의 차 또는 온도경도에 비례하지 않는다.

그림 1.3에서 지표부근의 얇은 대기층 모형을 이용하여 야간에 복사 교환에 의한 지표온도 변화를 살펴보자. 그림에서 지표의 온도는 T_s, 기층의 온도는 T_a, 그리고 기층의 장파복사의 방출률은 ϵ_a이다. 이 경우 기층에서 지표로 향하는 하향 장파복사 속(F_D)은 다음과 같이 주어진다.

$$F_D = \epsilon_a \sigma T_a^4 \tag{1.11}$$

여기서 σ는 스테판-볼츠만 상수이다. 한편 지표에서 대기로 향하는 장파복사 속은 지표를 흑체로 가정하면 다음과 같다.

$$F_U = \sigma T_s^4 \tag{1.12}$$

따라서 복사 교환에 의해서 지표가 얻는 순 복사에너지 양(F_n)은 입사량에서 방출량을 빼어준 것으로

$$F_n = \epsilon_a \sigma T_a^4 - \sigma T_s^4 \tag{1.13}$$

으로 주어진다. 이 식에서 의하면 $F_n < 0$인 경우 지표는 냉각되며, $F_n > 0$인 경우는 지표는 장파복사에 의한 가열로 온도가 상승한다.

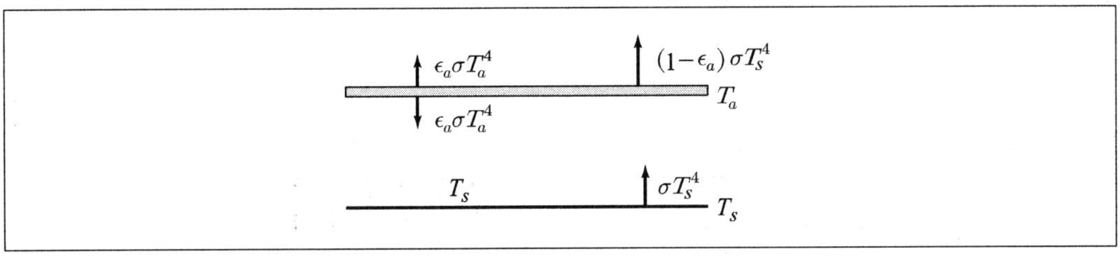

그림 1.3 복사 교환에 의한 열 이동

1.4 열역학적 계

열역학에서 연구하고자 하는 대상을 열역학적 계(系: system)라 한다. 예를 들면, 용기에 담겨있는 기체의 성질을 알고자 할 때, 용기 내 분자들의 모임을 열역학적인 계로 정의한다. 계는 그림 1.4와 같이 주위와 물질이나 에너지를 교환하며 서로 영향을 미치는데, 이 경우에 계의 주위를 외계(外系: surroundings)라고 한다. 계와 외계를 합하여 열역학적 우주

(thermodynamic universe)라고 부른다. 열역학적 계는 그 주위와의 상호작용에 따라 다음의 4가지로 구분한다.

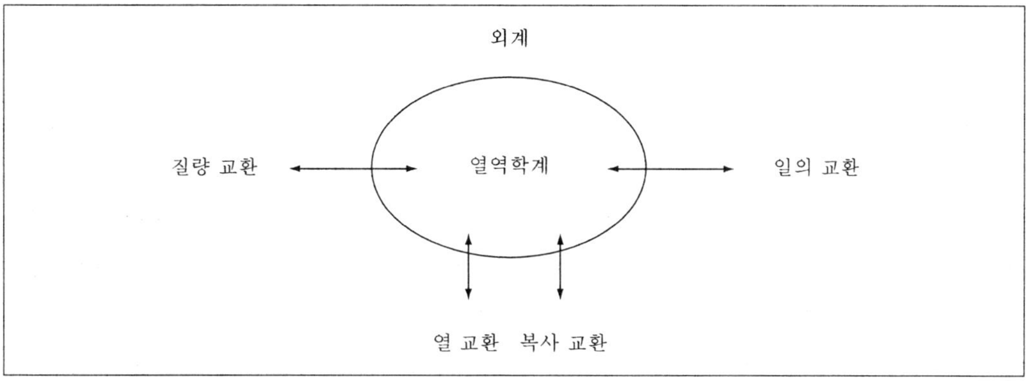

그림 1.4 열역학적 계와 외계의 상호작용

(1) 고립계(isolated system)

계 내부의 전체 입자 수를 일정하게 유지하고 외부와의 질량, 열 및 일의 교환이 불가능하도록 차단된 계를 말한다. 이러한 계에서는 계 내부의 전체 입자수(N)와 에너지(U)가 일정하며, 수학적으로 $dN=0$, $dU=0$으로 표현한다. 여기서 일의 교환은 계가 외계(주위)에 일을 하거나 외계가 계에 일을 하는 것을 의미한다.

(2) 닫힌계(closed system)

주위와 입자들의 교환은 없지만 열과 일에 의한 에너지 교환은 가능한 계를 말한다. 이 경우 계의 입자 수가 일정하므로 밀폐된 계 내부에 갇힌 입자들의 모임이 주로 닫힌계에 속한다. 이러한 계에 대해서는 계의 질량은 보존되지만 외계와 열과 일의 교환으로 에너지가 보존되지 않는다.

(3) 열린계(open system)

계 내부의 입자들이 계의 안팎을 마음대로 드나들 수 있으며 또한 열, 일의 교환도 가능한 계를 말한다. 열린계에서는 계의 질량과 에너지가 보존되지 않는다.

(4) 단열계(adiabatic system)

외계와 일의 교환은 가능하지만 열, 물질 교환이 없는 계로서, 계의 질량은 보존되지만,

주위와 일의 교환으로 계의 에너지가 보존되지 않는다.

1.5 열역학적 상태변수

열역학적 계의 거시적인 상태를 표현하기 위해서는 일반역학에서의 방법들을 적용하는 것이 불가능하다. 그 까닭은 개개의 입자들이 서로 자유롭게 운동하면서 충돌하기 때문에 뉴턴의 운동법칙을 적용하여 입자의 운동을 기술하여야 하지만 무수히 많은 입자들에 대해서 운동방정식을 세워서 푸는 것은 불가능하기 때문이다. 따라서 계의 거시적 상태를 통계적 방법으로 기술한다. 계의 거시적인 상태는 일반적으로 상태변수라는 물리량을 사용하여 표현하며, 열역학적 상태변수로는 온도, 압력, 체적, 에너지 및 엔트로피(entropy) 등을 들 수 있으며 크게 다음 두 가지로 구분된다.

(1) 크기변수(extensive variable)

계의 질량에 의존하는 변수로서, 두 계가 합쳐져 하나의 계로 되었을 때 그 계의 상태변수가 각 계의 상태변수의 합으로 주어지는 변수를 말한다. 체적, 에너지 등은 크기변수의 대표적인 예이다.

(2) 세기변수(intensive variable)

계의 질량과 무관한 변수로서, 두 계가 합해지는 경우에 합해진 계의 상태가 변수의 합으로 나타낼 수 없는 변수들을 말한다. 예를 들면 온도, 압력, 비열, 밀도 등이 그 예이다. 열역학적 계는 세기변수의 분포에 따라 균질계, 이질계, 비균질계로 나눌 수 있다.

(i) 균질계(homogeneous system)

: 계 내에서 세기변수가 모든 점에서 동일한 값을 갖는 계를 말한다.

(ii) 이질계(heterogeneous system)

: 균질한 계들이 여러 개 모여 이루어진 계를 말하며, 계 내에서 세기변수의 값이 분포가 다르다.

(iii) 비균질계(inhomogeneous system)

: 주어진 계에서 세기변수의 값이 연속적으로 변할 때 이를 비균질계라고 한다. 기압이 고도에 따라 변하는 대기는 비균질계이다.

1.6 가역과정과 비가역과정

자연에서 일어나는 모든 과정은 비가역과정이다. 가역과정은 이상적인 과정으로 비가역과정을 이해하는데 도움을 준다. 가역과정의 개념을 이해하기 위해 열역학적 계와 외계를 포함한 우주를 생각한다. 지금 계의 상태가 α이고 외계의 상태가 β에 있다고 하면, 우주의 처음상태를 (α, β)로 나타낼 수 있다. 여기서 어떤 과정(R)에 의해 계가 α에서 α'으로 바뀌고 동시에 외계가 β에서 β'으로 변했다면

$$\text{처음상태, } S_i(\alpha, \beta) \xrightarrow{\text{과정}(R)} \text{나중상태, } S_f(\alpha', \beta') \tag{1.14}$$

으로 표시할 수 있다. 그러나 여기서 어떤 방법에 의해서

$$\text{나중상태, } S_f(\alpha', \beta') \longrightarrow \text{처음상태, } S_i(\alpha, \beta) \tag{1.15}$$

으로 되돌릴 수 있다면, 원래의 과정 R을 가역과정(reversible process)이라고 부른다. 가역과정에서는 계가 변화한 후 원래의 상태로 되돌아 갈 때 동시에 주위도 원래의 상태로 복귀한다. 가역과정이 아닌 것을 비가역과정(irreversible process)이라고 한다.

실제로 우주에서 일어나는 모든 변화는 엄밀한 의미에서 비가역과정이다. 그러나 우리는 편의상 열역학적 과정에 따른 문제를 고려할 때 다음과 같은 가역과정을 가정할 수 있다. 어떤 과정이 매우 천천히 일어나고, 이 때 계와 외계가 동시에 열평형을 계속 유지하는 상태를 생각할 수 있는데, 이러한 과정을 준정적과정(quasi-static process)이라고 한다. 예를 들면, 그림 1.5와 같이 기체로 채워진 작은 계(원통)와 주위를 고려한다. 그림에서 보는 바와 같이 초기상태(a)에서 원통 안의 기체온도(T_0)와 그 주위 온도가 같다. 이 상태에서 원통의 뚜껑위에 모래와 같은 작은 입자를 놓으면서 그 무게를 매우 천천히 증가시키면 뚜껑이 내려가면서 기체가 수축하여 체적은 감소하고 온도가 증가할 것이다. 그러나 그 과정이 매우 천천히 진행되어 발생한 열이 모두 원통에서 주위로 이동하면 (b)에서는 원통 안에 기체의 온도는 변함이 없지만, 주위 온도가 δT 만큼 증가한다. 계속 입자수를 증가시키면 주위 온도가 $2\delta T$ 만큼 증가한다(c). 이제 원통에 있는 기체의 온도를 그대로 유지하면서 뚜껑위에 있는 작은 입자들을 매우 천천히 뚜껑이 원래 위치로 되돌아 올 때까지 하나씩 제거한다(d). 그렇게 하면 결국에는 온도(T_0)가 일정한 상태에서 원통의 체적은 처음과 같게 된다(a). 이 실험에서 계와 외계가 처음상태로 되돌아갔으므로 가역과정으로 고려할 수 있다. 그림 1.5에 주어진 곡선은 등온선으로 준정적과정에서 원통 내의 기체의 체적과 압력변화

를 보여준다.

가역과정과 비가역과정의 대표적인 예는 다음과 같다.

(i) 가역과정 - 기체의 완만한 단열팽창 또는 단열수축
- 기체의 완만한 등온팽창 또는 등온수축

(ii) 비가역과정 - 기체의 자유팽창, 열의 전도
- 마찰에 의한 열의 발생, 기체의 확산

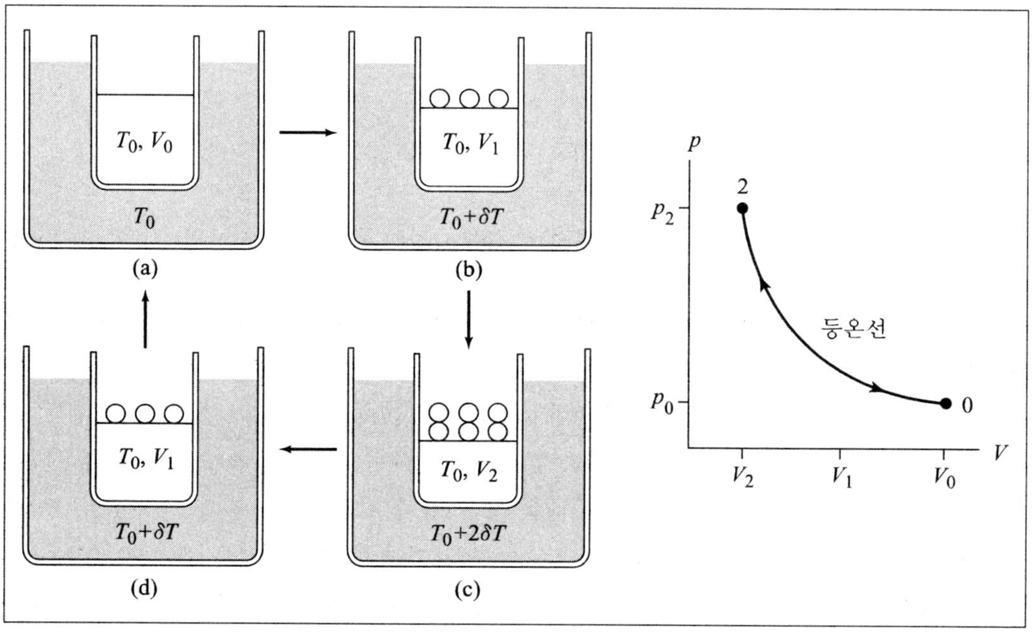

그림 1.5 준정적과정의 모식도

1.7 상태함수의 조건

열역학적 계가 평형상태에 있지 않고 변할 경우, 계가 통과하는 연속적인 상태를 경로(path)라고 하며, 그 경로상에서 계의 상태 변화를 과정(process)이라고 한다. 계의 변화를 나타내는 한 함수가 계가 한 상태에서 다른 상태로 변화할 때 그 변화량이 열역학적 경로에 관계없이 처음 상태와 나중 상태에 의해 결정되는 함수를 상태함수(state function)라고 한다. 상태함수의 예로는 내부에너지, 엔탈피, 엔트로피 등을 들 수 있다. 한편, 이와 반대로 계의 변화량을 나타내는 함수가 열역학적 경로에 따라 달라질 때 이를 경로함수(path function)라고 한다. 계에 들어오고 나가는 열에너지(Q)와 계가 주위에 일을 하거나 주위에서 받은 일(W)은 두 개의 상태를 연결하는 경로에 따라 달라지므로 경로함수이다.

열역학에서 변수는 상태함수(state function)와 경로함수(path function)로 나눌 수 있으며, 이 구분은 열역학과정을 이해하는데 매우 중요하다. 어떤 연속함수 z가 x만의 함수일 경우 이 함수의 적분은 경로에 의존하지 않는다는 것이 명백하다. 그러나 $z = z(x,y)$로 주어질 때 z가 상태함수인지 여부는 분명하지 않다. 다음에서 z가 상태함수일 조건을 구해보자.

함수 z의 전미분은

$$dz = \left(\frac{\partial z}{\partial x}\right)_y dx + \left(\frac{\partial z}{\partial y}\right)_x dy \tag{1.16}$$

으로 주어지며, 다음과 같이 나타낼 수 있다.

$$dz = M(x,y)dx + N(x,y)dy \tag{1.17}$$

여기서

$$M = \left(\frac{\partial z}{\partial x}\right)_y, \quad N = \left(\frac{\partial z}{\partial y}\right)_x \tag{1.18}$$

이다. z가 상태함수인 조건은 식 (1.17)에서

$$\frac{\partial M}{\partial y} = \frac{\partial N}{\partial x} \tag{1.19}$$

인 경우이다. 이를 다시 쓰면

$$\frac{\partial}{\partial y}\left(\frac{\partial z}{\partial x}\right)_y = \frac{\partial}{\partial x}\left(\frac{\partial z}{\partial y}\right)_x \tag{1.20}$$

으로 주어지며, 이 경우 z에 대한 x, y의 미분은 그 순서에 관계없이 동일하다. 식 (1.20)은 z의 미분에 의한 상태함수의 조건이다. 한편 z의 적분을 통해서 z가 상태함수인지 여부를 조사할 수 있다. 식 (1.16)을 순환과정에 대해서 적분할 경우, z가 상태함수인 경우에는

$$\oint dz = 0 \tag{1.21}$$

이 성립하며, 이때 dz는 완전미분(exact differential)으로 식 (1.19)를 만족한다. 한편 z가 경로함수인 경우에는

$$\oint dz \neq 0 \tag{1.22}$$

으로 주어지며, 이때 dz는 불완전미분(inexact differential)이다.

예제 01

함수 z의 전미분이 $dz = ydx + xdy$로 주어질 때
(1) dz가 완전미분인지를 조사하시오.
(2) $x-y$ 평면에서 원의 중심 좌표가 (0,0), (1,0), (1,1)을 연결하여 얻어진 3각형의 세 변을 따라 $\oint dz$의 값을 구하고 완전미분인지를 조사하시오.
(3) $dz = 0$일 때 $y = f(x)$를 구하시오.

➲ 풀이

(1) 주어진 관계식에서 $M = y$, $N = x$로 두면 $\frac{\partial M}{\partial y} = 1 = \frac{\partial N}{\partial x}$이 되어 dz는 완전미분이다.

(2) 선적분은 3각형의 밑변, 높이, 빗변의 3부분으로 나누어 반시계 방향으로 계산 :

$$\oint dz = \int_{(0.0)}^{(1,0)} ydx + xdy + \int_{(1.0)}^{(1,1)} ydx + xdy + \int_{(1.1)}^{(0,0)} ydx + xdy$$

$$= 0 + 1 + \left[\frac{1}{2}x^2 + \frac{1}{2}y^2\right]_{(1,1)}^{(0.0)} = 1 - 1 = 0$$

(3) 주어진 식 $ydx + xdy = 0$을 고쳐 쓰면 $d(xy) = 0$이므로 $xy = c$(상수), $y = cx^{-1}$이다.

고전열역학과 통계역학

열역학적 계의 거동(behavior)이나 계와 외계와의 상호작용을 연구하는 방법으로 고전열역학(classical thermodynamics)과 통계역학(statistical mechanics)이 있다. 고전열역학은 거시적(macroscopic) 관점에서는 계를 구성하는 개개의 분자(또는 원자)의 성질, 구조 그리고 분자간의 상호작용을 고려함이 없이 계의 거동이나 외계와의 상호작용을 다룬다. 고전열역학 관점에서 계의 성질은 밀도, 압력, 온도에 의해서 기술되며, 이들 물리량은 쉽게 측정된다.

한편 통계역학에서는 미시적(microscopic) 관점에서 계를 다수의 입자의 집합으로 고려하며, 각 입자는 서로 다른 에너지(운동에너지, 위치에너지 등)를 가지며, 또한 입자간의 상호작용도 고려된다. 따라서 통계역학에서는 계의 특성이나 성질을 기술하는데 통계적인 방법을 적용하며, 평균이나 확률이 이용된다. 그러나 열역학적 계를 기술하는데 거시적 관점과 미시적 관점이 크게 다른 것 같이 보이지만 두 관점은 서로 연관되어 있다. 즉, 두 개의 서로 다른 관점에서 출발한 서로 다른 기술방법이 한 주어진 계에 적용했을 때 동일한 결론을 얻는다. 예를 들면, 거시적인 계의 상태를 나타내는 기압은 미시적으로 보면 단위면적에 충돌한 모든 분자의 운동량의 평균변화율과 같다. 따라서 고전열역학과 통계역학은 두 가지 관점에서 열역학적 계에 관한 우리의 이해의 깊이를 더해준다.

연 습 문 제

1.1 기온이 17℃일 때 수소 분자의 제곱평균 제곱근 속도(v_{rms})는 얼마인가?

1.2 10개의 입자의 속도(ms^{-1})가 1, 1, 2, 2, 3, 4, 4, 5, 5, 6일 때, 이들 입자에 대한 평균 속력($\bar{v}$)과 제곱평균 제곱근 속도(v_{rms})를 구하시오.

1.3 압력이 1000 hPa, 온도가 20℃, 체적이 2 m^3인 공기덩이의 질량이 2.34 kg이다. 이 계에 대한 세기변수의 값은 각각 얼마인가?

1.4 함수 z의 미분이 $dz = y^2dx - x^2dy$로 주어질 때 완전미분인지 여부를 판단하시오. 그리고 주어진 폐곡선에 대하여 적분값은 얼마인가?

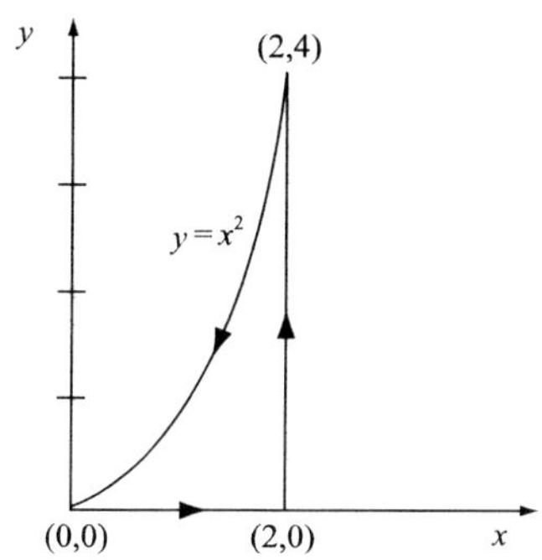

1.5 열역학 제 1법칙 $dq = c_v dT + p d\alpha$는 완전미분이 아니지만, $\frac{dq}{T}$는 완전미분임을 보이시오. 여기서 dq는 계에 주어진 열에너지, c_v는 기체의 정적 비열을 나타낸다.

1.6 이상기체의 압력이 p, 온도가 T, 그리고 밀도가 ρ일 때 이상기체의 상태방정식은 $p = \rho R T$로 주어진다. 여기서 R은 해당기체에 대한 상수이다. 밀도 ρ에 대한 전미분을 구하고, 이 전미분이 완전미분의 조건을 만족함을 보이시오.

1.7 $f(p, \alpha, T) = 0$일 때 $\left(\frac{\partial \alpha}{\partial T}\right)_p \left(\frac{\partial T}{\partial p}\right)_\alpha \left(\frac{\partial p}{\partial \alpha}\right)_T = -1$임을 보이시오. 그리고 이상기체 상태방정식을 이용하여 위 관계가 성립함을 보이시오.

Chapter

02

열역학 제1법칙

열역학 제1법칙은 열역학을 기술하는데 가장 기본적인 에너지 보존법칙이다. 이 장에는 상태방정식과 열역학 제1법칙과 관련된 물리과정과 함수의 성질에 대해서 상세히 기술되어 있다.

2.1 상태방정식

상태방정식은 기체의 상태변수인 압력, 밀도, 온도 또는 이들로부터 유도된 물리량들 사이의 관계식으로 이상기체에 적용된다. 이상기체 상태방정식은 보일의 법칙(Boyle's law)과 샤를의 법칙(Charle's law)을 이용하여 유도할 수 있다. 보일의 법칙은 기체의 온도(T)가 일정한 경우, 압력(p)과 체적(V)과의 관계식으로 다음과 같다.

$$pV = C_1(\text{상수}) \tag{2.1}$$

샤를의 법칙은 압력이 일정한 경우 온도와 체적의 관계식으로

$$\frac{V}{T} = C_2(\text{상수}) \tag{2.2}$$

으로 주어진다. 상태방정식을 유도하기 위하여 등온과정과 등압과정에서 기체의 상태 변화를 다음과 같이 고려한다.

$$(p, V, T) \xrightarrow{T(\text{일정})} (p', V_1, T) \xrightarrow{p'(\text{일정})} (p', V', T')$$

처음단계인 등온과정에서 압력과 체적과의 관계는 보일의 법칙, 식 (2.1)을 이용하면

$$pV = p'V_1 \tag{2.3}$$

으로 주어진다. 그리고 두 번째 과정에서는 샤를의 법칙을 이용하면 등압과정에서 온도와 체적간의 관계는

$$\frac{V_1}{T} = \frac{V'}{T'} \tag{2.4}$$

으로 나타낼 수 있다. 식 (2.3)과 (2.4)를 써서 중간 단계에서의 체적 V_1을 소거하면

$$\frac{pV}{T} = \frac{p'V'}{T'} \tag{2.5}$$

를 얻는다. 식 (2.5)는 처음과 최종 상태간의 관계식으로

$$\frac{pV}{T} = C(\text{일정}) \tag{2.6}$$

으로 나타낼 수 있다. 식 (2.6)은 주어진 기체의 상태(p, V, T)에 대해 $\frac{pV}{T}$값은 항상 일정

한 값을 가진다는 것을 의미한다. 따라서 식 (2.6)은 다음과 같이

$$pV = CT \tag{2.7}$$

으로 나타낼 수 있다. 여기서 C는 상수로서 차원분석을 하면, 질량(m)에 비례하는 양임을 알 수 있다. 따라서 상수 C를

$$C = mR \tag{2.8}$$

으로 둘 수 있다. 여기서 R은 기체의 종류에 따라 다르며, 비기체상수(specific gas constant)라고 한다. 식 (2.8)을 (2.7)에 대입하면 상태방정식

$$pV = mRT \tag{2.9}$$

를 얻는다. 여기서 양변을 m으로 나누어 주면

$$p\alpha = RT \tag{2.10}$$

또는

$$p = \rho RT \tag{2.11}$$

으로 주어진다. 여기서 $\alpha = V/m$로 비체적(specific volume)이며, $\rho = 1/\alpha$로 기체의 밀도와 역수관계에 있다.

한편 기체의 질량(m) = 기체의 몰수(n) × 분자량(M)으로 주어지므로 $m = nM$을 식 (2.9)에 적용하면

$$pV = nMRT \tag{2.12}$$

를 얻는다. 여기서 식 (2.12)를 고쳐 쓰면 $\frac{pV}{T} = nMR = C$(일정)와 같다. 따라서 기체의 종류에 관계없이 일정한 n 값이 주어질 경우, MR도 하나의 상수, 즉, $R^* = MR$로 나타낼 수 있으며, 이를 (2.11)과 (2.12)에 적용하면

$$p = \rho\left(\frac{R^*}{M}\right)T \tag{2.13}$$

$$pV = nR^*T \tag{2.14}$$

으로 주어진다. 여기서 R^*를 보편기체상수(universal gas constant)라고 하며, 그 값은 $R^* = 8.3143(\text{J mole}^{-1}\,\text{K}^{-1})$ 이다. 식 (2.14)는 아보가드로수, $N_A(=6.022 \times 10^{23}\,\text{mole}^{-1})$를 이용하여 다음과 같이 기술할 수 있다.

$$p = \frac{nN_A}{V}\left(\frac{R^*}{N_A}\right)T \tag{2.15}$$

여기서 $n_0 \equiv nN_A/V$ 그리고 $k = R^*/N_A$로 표시하면 식 (2.15)는 다음과 같이 주어진다.

$$p = n_0 k T \tag{2.16}$$

이 식에서 n_0는 단위 체적에 들어 기체 분자의 수, 즉 수밀도(number density)이고, $k = 1.38 \times 10^{-23}$ JK^{-1}로서 볼츠만상수(Boltzmann's constant)이다. 이상기체의 상태방정식은 식 (2.16)과 같이 볼츠만상수를 써서 나타낼 수 있다.

2.1.1 혼합기체의 상태방정식

여러 종류의 기체가 혼합되어 있는 경우 계의 상태는 혼합기체의 상태방정식으로 기술할 수 있다. 체적 V 속에 있는 기체의 성분 i에 대한 분압을 p_i라고 하면, 돌턴(Dalton)의 법칙에 따라 혼합기체의 압력 p는 각 기체의 분압의 합이므로, 즉

$$p = \sum_i p_i \tag{2.17}$$

으로 나타낼 수 있다.

상태방정식은 기체의 각 성분에 대해 성립하므로 식 (2.9)에

$$p_i V = m_i T \frac{R^*}{M_i} \tag{2.18}$$

으로 주어진다. 여기서 T는 혼합기체의 온도이고, m_i는 각 기체 성분의 질량, M_i는 각 성분에 대한 분자량이다. 식 (2.18)을 (2.17)에 적용하면

$$p = \frac{TR^*}{V}\sum_i \left(\frac{m_i}{M_i}\right) \tag{2.19}$$

이 된다. 식 (2.19)의 양변에 V를 곱한 다음에 혼합기체의 전체 질량 $m = \sum_i m_i$로 나누어 주면 다음 식을 얻는다.

$$p\alpha = R^* T \frac{\sum_i (m_i/M_i)}{\sum_i m_i} \tag{2.20}$$

여기서 혼합기체의 평균 분자량 M'은 총질량/총 몰수이므로 다음과 같이

$$M' = \frac{\sum_i m_i}{\sum_i (m_i / M_i)} \tag{2.21}$$

으로 주어진다. 그리고 혼합기체에 대한 기체상수 R'을

$$R' = \frac{R^*}{M'} \tag{2.22}$$

으로 나타내면, 식 (2.20)은 다음과 같이 주어진다.

$$p\alpha = R' T \tag{2.23}$$

대기 중에서 수증기를 제외한 혼합기체를 건조공기(dry air)라고 한다. 대류권 내에서 건조공기의 평균분자량(M_d)은 $M_d = 28.96$ (kg kmole^{-1})이다(문제 2.1 참고). 식 (2.22)에 의하면 건조공기의 비기체상수는 다음과 같다.

$$R_d = \frac{R^*}{M_d} = 287(\mathrm{J\,K^{-1}\,kg^{-1}}) \tag{2.24}$$

건조공기에 대한 상태방정식은 식 (2.11)을 이용하면 다음과 같이 나타낼 수 있다.

$$p_d = \rho_d R_d T \tag{2.25}$$

여기서 p_d와 ρ_d는 각각 건조공기의 압력과 밀도이다.

한편 수증기에 대한 상태방정식은 수증기압을 e, 수증기의 밀도를 ρ_v 그리고 수증기에 대한 비기체상수를 R_v라고 하면 식 (2.11)에 의해

$$e = \rho_v R_v T \tag{2.26}$$

으로 주어진다. 여기서 $R_v = 461\,\mathrm{J\,K^{-1}\,kg^{-1}}$이다. 주어진 대기 상태에서 대기의 압력 p는 건조공기의 압력과 수증기의 압력의 합이므로

$$p = p_d + e = (\rho_d R_d + \rho_v R_v) T \tag{2.27}$$

와 같이 나타낼 수 있다.

2.2 열역학 제 1 법칙

2.2.1 일과 내부에너지

계의 내부 에너지는 분자들이 가지고 있는 분자의 병진 운동(translation), 회전, 진동(vibration) 그리고 분자들 사이의 인력에 의한 총 위치에너지의 합으로 정의할 수 있다.

기체로 이루어진 어떤 계(그림 2.1의 피스톤 내의 공기)의 내부에너지의 증가(dU)는 주위에서 계에 주어진 열(dQ)과 일(dW_e)의 합으로 다음과 같이 나타낼 수 있다.

$$dU = dQ + dW_e \tag{2.28}$$

주위에서 계에 주어진 일(dW_e)은 그림 2.1을 참고하면 다음과 같이 나타낼 수 있다.

$$dW_e = -Fdx = -p_e dV \tag{2.29}$$

여기서 주위에서 계에 가해진 외부 압력은 $F = p_e A$ 그리고 $dV(= Adx)$는 계의 체적변화를 나타낸다. 식 (2.29)에서 주위가 계에 일을 하여 계가 수축($dV < 0$)하는 경우 $dW_e > 0$이다. 식 (2.29)를 (2.28)에 대입하고 정리하면 다음 식을 얻는다.

$$dQ = dU + p_e dV \tag{2.30}$$

식 (2.30)에서 p_e를 실린더 내 기체의 압력 p로 바꾸어 주면 계에 대한 다음 식을 얻는다.

$$dQ = dU + dW \tag{2.31}$$

여기서 dW는 계가 주위에 한 일을 나타내며, dW_e와 부호가 반대가 된다. 식 (2.31)의 물리적 해석은 기체로 이루어진 어떤 계(예; 풍선)에 열에너지 dQ를 가할 경우 이 에너지는

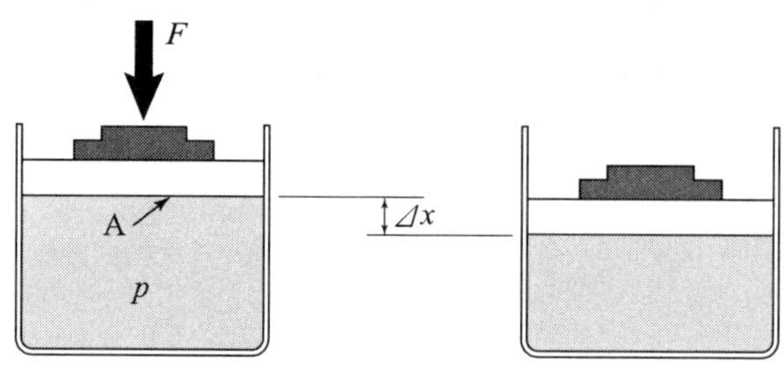

그림 2.1 피스톤이 힘을 받아 실린더에 있는 기체에 한 일: $dw_e = -Fdx$

내부에너지의 증가와 계가 팽창 시에 주위에 한 일의 합으로 주어짐을 보여준다. 식 (2.31)을 열역학 제1법칙이라고 하며, 이 법칙은 에너지 보존과 열이 역학적 에너지로 전환되는 것에 관한 기술이다. 열이 역학적 에너지로 전환되는 것은 줄(Joule)의 실험에 의해서 확인되었으며, 그 관계는 다음과 같다.

$$1\ \text{cal} = 4.1868\ \text{J} \tag{2.32}$$

식 (2.31)에서 계가 한 일 dW를 구하기 위해서 그림 2.2와 같이 처음에 표면적 A, 체적 V인 계의 팽창을 고려하자. 표면에서 각 방향으로 dn만큼 거리가 증가했을 때 체적의 증가는 $dV = A\,dn$로 주어진다. 한편 기체가 계의 전 표면(A)에 미치는 힘을 F라 하면 계의 내부 압력은 $p = F/A$으로 주어진다. 여기서 p와 dV를 이용하면

$$dW = p\,dV = F\,dn \tag{2.33}$$

을 얻는다. dW를 단위 질량에 대한 일 $dw(= \mathrm{dW/m})$으로 나타내면 다음과 같다.

$$dw = p\,d\alpha \tag{2.34}$$

따라서 계가 주위에 대해서 일을 한 경우 $dw > 0$, 주위가 계에 대해서 일을 한 경우 $dw < 0$이다.

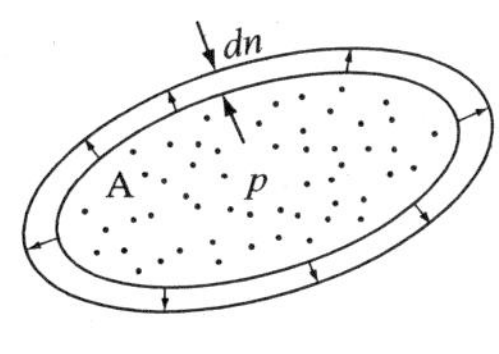

그림 2.2 공기덩이의 팽창에 의한 일

식 (2.31)에 (2.33)를 대입하고, 계의 질량으로 나누어 주면 열역학 제1법칙을 다음과 같이 기술할 수 있다.

$$dq = du + p\,d\alpha \tag{2.35}$$

여기서 dq와 du는 각각 단위 질량에 가한 열과 단위 질량에 대한 내부에너지의 변화를 나타낸다. 식 (2.35)는 열역학 제1법칙에 관한 두 가지 표현 중 하나이다. 여기서 dq는 외부에서 계에 주어진 열(dq_{ext})과 계 내부에서 생성된 열(dq_{int})로 구분할 수 있다. 계의 단열과정은 $dq_{ext} = 0$인 경우이다.

예제 01

온도가 0℃, 압력이 1기압, 체적이 1 m^3인 공기가 있다.

(1) 이 공기를 등온과정으로 10기압까지 압축하는데 필요한 일은 얼마인가?

(2) 이때 공기 압축 시에 발생하는 열로 0℃의 얼음 몇 g을 녹일 수 있을까? 단, 0℃에서 얼음의 융해열은 3.33×10^5 J/kg이다.

풀이

(1) 외부압력을 p_e라 하면 외부에서 계에 가해진 일은 식 (2.29)에 의해 다음과 같이 주어진다.

$$W=-\int p_e dV \tag{1}$$

여기서 외부압력과 기체의 압력을 같다고 가정하면, 등온과정에서 Boyle의 법칙 $pV=C$ (상수)를 앞의 식에 적용하면

$$W=-C\int_{V_1}^{V_2}\frac{dV}{V}=-C\ln\left(\frac{V_2}{V_1}\right) \tag{2}$$

으로 주어진다. Boyle의 법칙을 이용하여 C와 V_2를 구하면

$$p_1V_1=1.013\times10^6\ \mathrm{dyne/cm^2}\times10^6\ \mathrm{cm^3}=1.013\times10^{12}\ \mathrm{erg}=1.013\times10^5\ \mathrm{J}$$

을 얻는다. 따라서 $C=p_1V_1=1.013\times10^5$ J이다. 또 등온압축 후의 계의 체적은

$$V_2=\frac{p_1V_1}{p_2}=\frac{1\times1}{10}=10^{-1}\ \mathrm{m^3} \tag{3}$$

이다. 앞에서 구한 C와 V_2의 값을 식 (2)에 대입하면

$$W=-1.013\times10^5\ln\left(\frac{0.1}{1}\right)=1.03\times10^5\ \ln0.1=2.37\times10^5\ \mathrm{J} \tag{4}$$

(2) 역학적 일은 모두 열로 전환되므로 공기압축으로 발생한 열과 융해되는 얼음의 질량(m_i), 얼음의 융해열(L_f) 사이의 관계식은 $W=Q=mL_f$으로 주어진다.

$$m=\frac{W(\mathrm{J})}{L_f(\mathrm{J})}=\frac{2.37\times10^5}{3.33\times10^5}\approx0.7\ \mathrm{kg}=700\ \mathrm{g} \tag{5}$$

이 경우에 등온 압축과정에서 약 700 g의 얼음이 녹는다.

2.2.2 내부에너지의 특성

기체의 상태는 세 개의 변수(p, α, T)로 나타낼 수 있다. 따라서 기체의 비내부에너지도

$$u=u(p,\ \alpha,\ T) \tag{2.36}$$

으로 나타낼 수 있다. 그러나 이상기체의 상태방정식 $p\alpha=RT$에서 p는 α, T의 함수로

고려할 수 있으므로 식 (2.36)은 다음과 같이 나타낼 수 있다.

$$u = u(\alpha,\ T) \tag{2.37}$$

식 (2.37)에서 비체적과 온도 변화에 따른 u의 변화를 나타내는 u의 전미분은

$$du = \left(\frac{\partial u}{\partial \alpha}\right)_T d\alpha + \left(\frac{\partial u}{\partial T}\right)_\alpha dT \tag{2.38}$$

으로 주어진다.

줄(Joule)은 온도와 비체적에 대한 u의 의존성을 조사하기 위하여 그림 2.3과 같은 장치를 이용하여 실험을 하였다. 그림에서 용기 A에는 기체가 들어있고 용기 B는 진공 상태이다. 온도계로 조사하여 열량계가 열적 평형을 유지했을 때 밸브(valve)를 틀어 기체를 A에서 B로 자유 팽창시켰다. 이 과정에서 기체의 팽창이 주위 압력(p_e)이 영인 상태에서 이루어졌으므로 기체가 한 일은 $dw = 0$이다. 또한 실험 장치가 외부와 열 차단이 완전하게 되었으므로 $dq = 0$이다. 따라서 열역학 제1법칙, $dq = du + dw$ 에서

$$du = 0 \tag{2.39}$$

이다. 이 결과를 식 (2.38)에 적용하면

$$\left(\frac{\partial u}{\partial T}\right)_\alpha dT = -\left(\frac{\partial u}{\partial \alpha}\right)_T d\alpha \tag{2.40}$$

을 얻는다. 줄의 실험 결과에 의하면 실제기체(real gas)에 대해서는 냉각이 일어났으나 분간할 수 없을 정도로 작았다.

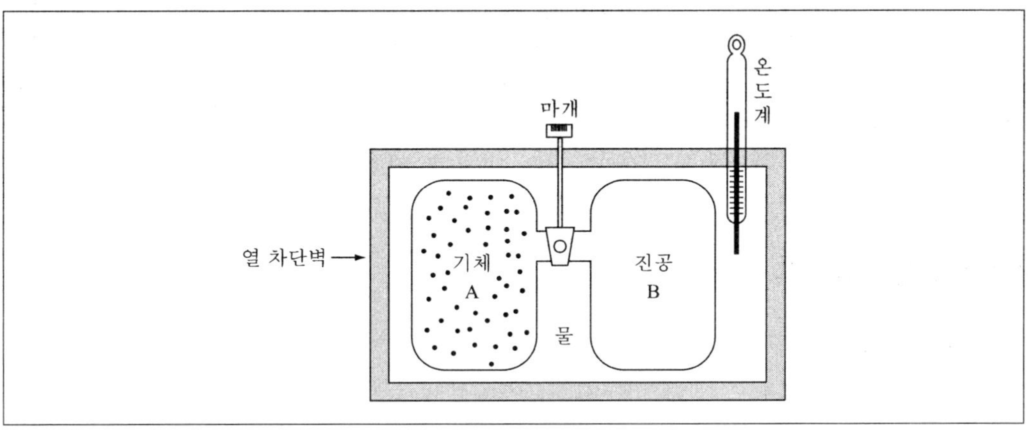

그림 2.3 기체의 내부에너지에 대한 줄(Joule)의 실험

한편 분자간의 인력이 무시되는 이상기체의 자유팽창에 대해서 $dT=0$이지만, 비체적의 변화는 자유팽창으로 인해 $d\alpha \neq 0$이다. 따라서 식 (2.40)이 만족하려면

$$\left(\frac{\partial u}{\partial \alpha}\right)_T = 0 \tag{2.41}$$

이 되어야 한다. 이 식은 이상기체의 비내부에너지 u는 비체적 α의 함수가 아님을 나타낸다. 이 관계를 식 (2.38)에 적용하면 $du = \left(\frac{\partial u}{\partial T}\right)_\alpha dT$로 비내부에너지는 온도만의 함수, 즉

$$u = u(T) \tag{2.42}$$

으로 주어진다. 그리고 이 정의가 열역학 제1법칙에 이용되고 있다.

▌기체의 내부에너지

이상기체는 기체분자들 간의 서로 충돌이 없을 때는 아무런 상호작용을 하지 않는다. 따라서 기체분자들 사이에 분자 간 인력(intermolecular force)이 작용하지 않을 경우에는 분자의 위치에너지는 주어지지 않고, 다만 기체분자는 운동에너지만을 갖는다. 그러나 실제기체는 매우 작긴 하지만 분자 간 인력이 존재한다. 따라서 계에 δQ만큼의 미소한 열이 주어질 경우 이 열은 분자의 운동에너지의 증가(ΔK)뿐만 아니라 분자의 위치에너지(ΔI)도 증가시킨다. 그 이유는 계에 주어진 열의 일부가 분자 간의 인력에 거슬러 분자간의 상대적 위치를 변화시키기 때문이다. 따라서 실제 기체의 내부에너지 변화는

$$\Delta U = \Delta K + \Delta I \tag{1}$$

으로 나타낼 수 있다. 이 식에서 이상기체의 경우는 $\Delta I = 0$이다. 실제 기체의 경우 자유팽창 시에는 분자 간의 거리가 멀어진다. 단열 팽창의 경우 분자 사이의 인력에 거슬러 일을 해야 하므로 내부에너지가 감소하며, 온도가 낮아진다. 이는 줄(Joule)의 실험결과와 일치하며, 이 때 내부에너지는 온도만의 함수로 주어진다.

2.2.3 순환과정에서 계의 일과 열

제1장에서 계가 외계에 한 일은 경로에 의존하는 경로함수라고 기술하였다. 여기에서는 순환과정에서 계의 일과 열의 열역학적 함수로서의 그 의미를 살펴보자. 순환과정(cyclic process)은 그림 2.4와 같이 계가 출발점에서 주어진 폐곡선상의 경로를 따라서 원래의 위

치로 되돌아오는 과정으로 정의하며, 계의 처음상태와 나중상태가 동일하다. 순환과정에서 계가 한 일을 구하기위해서 그림 2.4에서 폐곡선 상에서 시계방향으로 적분을 취하면

$$\oint dw = \oint p\,d\alpha = \int_{\alpha_1}^{\alpha_2} p(c_1)d\alpha + \int_{\alpha_2}^{\alpha_1} p(c_2)d\alpha \tag{2.43}$$

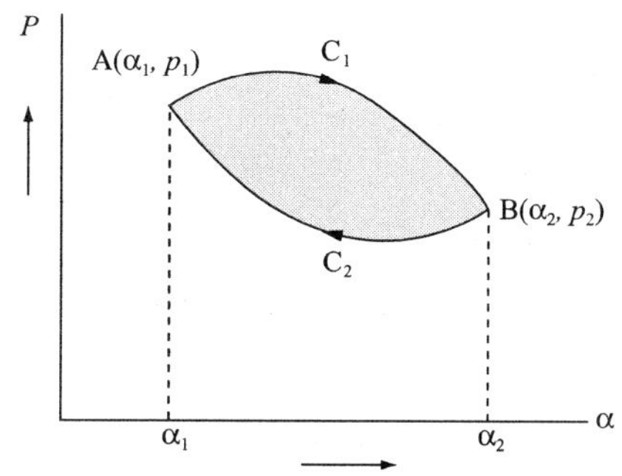

그림 2.4 순환과정

으로 주어진다. 경로 c_1은 상태 $A(\alpha_1,\ p_1)$에서 상태 $B(\alpha_2,\ p_2)$로 계의 상태가 바뀌는 과정을, 그리고 경로 c_2는 계의 상태가 상태 B에서 A로 바뀌는 과정을 나타낸다. 식 (2.43)을 다음과 같이 표현할 수 있다.

$$w_n = \oint dw = \int_{\alpha_1}^{\alpha_2} [p(c_1) - p(c_2)]\,d\alpha = w_1 - w_2 \tag{2.44}$$

여기서 w_n은 순환과정에서 계가 한 알짜일(net work)을 표시한다. 그림 2.4에서 A와 B점을 제외한 적분 경로 상에서 $p(c_1) > p(c_2)$ 그리고 $\alpha_2 > \alpha_1$이므로 $w_1 > w_2$이다. 따라서 이 경우 계에 의한 알짜 일은 다음과 같이 주어진다.

$$w_n = \oint dw > 0 \tag{2.45}$$

식 (2.45)의 적분 값은 그림 2.4에서 폐곡선의 면적에 해당되며 $\oint dw \neq 0$이다. 여기서 적분 값이 영이 아닌 이유는 w가 경로함수이기 때문이다. w_n의 값은 폐곡선 상에서 순환 방향에 따라 달라지며, 순환이 시계 방향일 때는 $w_n > 0$, 그러나 경로 상에서 순환이 반시계 방향일 때는 $w_n < 0$이 된다. w가 상태함수가 아닌 것은 예제 2를 살펴보면 더욱 명확하다.

예제 02

기체의 체적이 압력과 온도의 함수, 즉 $V=f(p,\ T)$로 주어질 때

(1) 1 mole의 기체에 대해서 $dV=\dfrac{R^*}{p}dT-\dfrac{R^*T}{p^2}dp$임을 보이시오.

(2) 위에 주어진 식이 완전미분인지 여부를 조사하시오.

(3) 기체의 열팽창에 따른 역학적 일은 $dW=pdV$로 주어진다. 문제(1)에 주어진 식을 이용하여 W가 상태함수인지를 결정하시오.

여기서 p와 T는 각각 기체의 압력과 온도이고, R^*는 보편 기체상수이다.

➲ 풀이

(1) 주어진 관계식 $V=f(T,p)$에 대한 전미분은

$$dV=\left(\frac{\partial V}{\partial T}\right)_P dT+\left(\frac{\partial V}{\partial p}\right)_T dp \tag{1}$$

으로 주어진다. 여기서 1 mole의 기체의 경우 상태방정식은 $PV=R^*T$으로 된다. 이 식을 이용하면

$$\left(\frac{\partial V}{\partial T}\right)_p=\frac{R^*}{p},\quad \left(\frac{\partial V}{\partial p}\right)_T=-\frac{R^*T}{p^2} \tag{2}$$

를 얻는다. 식 (2)를 (1)에 대입하면 다음 식을 얻는다.

$$dV=\frac{R^*}{p}dT-\frac{R^*T}{p^2}dp \tag{3}$$

(2) $M=\dfrac{R^*}{p}$, $N=-\dfrac{R^*T}{p^2}$이라고 두면 $\dfrac{\partial M}{\partial p}=-\dfrac{R^*}{p^2}=\dfrac{\partial N}{\partial T}$을 얻는다.

따라서 dV는 완전미분이며, V는 상태함수이다.

(3) 문제(1)에서 주어진 식 (3)을 이용하면 $dW=pdV=R^*dT-\dfrac{R^*T}{p}dp$을 얻는다.

여기서 $M=-R^*$, $N=\dfrac{R^*T}{p}$로 두면

$\dfrac{\partial M}{\partial p}=\dfrac{\partial R^*}{\partial p}=0$, $\dfrac{\partial N}{\partial T}=\dfrac{\partial}{\partial T}\left(\dfrac{R^*T}{p}\right)=\dfrac{R^*}{p}$을 얻는다.

$\dfrac{\partial M}{\partial p}\neq\dfrac{\partial N}{\partial T}$이므로 dW는 불완전미분이다. 따라서 W는 상태함수가 아니다.

기체로 이루어진 계는 주위와 열 교환을 하는 경우에 수축 또는 팽창한다. 이 성질을 이용하여 계에 출입하는 열에너지 q가 경로함수임을 살펴보자. 순환과정의 경우 열역학 제1법칙은

$$\oint dq=\oint du+\oint p\,d\alpha \tag{2.46}$$

로 주어진다. 여기서 비내부에너지 u는 상태함수이므로

$$\oint du = 0 \tag{2.47}$$

이다. 따라서 식 (2.46)은 다음과 같이 된다.

$$\oint dq = \oint p\,d\alpha = \oint dw \tag{2.48}$$

한편 그림 2.4에서 경로 c_1을 따라 계가 팽창할 때 흡수한 열을 q_A, 그리고 경로 c_2를 따라 계가 수축 시 방출한 열을 q_B라고 하면 식 (2.48)은

$$\int_A dq + \int_B dq = q_A - q_B = \oint dw \tag{2.49}$$

으로 나타낼 수 있다. 앞에서 기술한 바와 같이 w는 경로 함수이므로 $\oint dw \neq 0$이다. 따라서 식 (2.49)에서 $q_A - q_B \neq 0$ 이 성립한다. 따라서 열역학적 계에 출입하는 열도 일과 마찬가지로 경로함수임을 알 수 있다.

2.3 비열과 엔탈피

2.3.1 정압비열과 정적비열

단위 질량의 물체에 미소량의 열에너지 dq를 가하여 온도가 dT만큼 증가했다면 단위 질량의 물체의 온도를 1℃ 높이는데 필요한 열량, 즉 비열(specific heat 또는 specific heat capacity) c는

$$c = \frac{dq}{dT} \tag{2.50}$$

으로 주어지며 그 단위는 $\mathrm{J\,kg^{-1}\,K^{-1}}$와 같다.

식 (2.35)에 의하면 열역학 제1법칙은

$$dq = du + p\,d\alpha \tag{2.51}$$

으로 주어진다. 이 식에서 $d\alpha = 0$인 경우에 계는 열에너지 dq를 받아 모두를 계의 온도 증가에 사용한다. 이 경우에 비열은

$$c_v = \left(\frac{dq}{dT}\right)_\alpha = \left(\frac{du}{dT}\right)_\alpha \tag{2.52}$$

으로 나타낼 수 있다. 여기서 c_v는 체적이 일정한 경우의 비열로서 정적비열이라고 한다.

식 (2.52)에서 비내부에너지는 $du = c_v\, dT$로 주어지며 이를 (2.51)에 적용하면 열역학 제1법칙은 다음과 같이 주어진다.

$$dq = c_v\, dT + p\, d\alpha \tag{2.53}$$

한편 압력이 일정한 경우 식 (2.53)은 다음과 같이 기술할 수 있다.

$$dq = d(u + p\alpha) \tag{2.54}$$

이 식에서 압력이 일정한 경우의 비열, 즉 정압비열은 다음과 나타낼 수 있다.

$$c_p = \left(\frac{dq}{dT}\right)_p = \left(\frac{dh}{dT}\right)_p \tag{2.55}$$

여기서 h는 비엔탈피(specific enthalpy)를 나타내며

$$h = u + p\alpha \tag{2.56}$$

으로 정의한다. 식 (2.56)으로부터 비엔탈피의 변화는 다음과 같이 주어진다.

$$dh = c_p\, dT \tag{2.57}$$

기체의 정압비열과 정적비열 간의 관계를 살펴보자. 상태방정식 $p\alpha = RT$를 미분하면 다음 식을 얻는다.

$$p d\alpha + \alpha\, dp = R dT \tag{2.58}$$

이 관계식을 식 (2.53)에 대입하면

$$dq = (c_v + R)\, dT - \alpha dp \tag{2.59}$$

으로 주어진다. 여기서 압력이 일정한 경우, 즉 $dp = 0$에서의 정압비열을 구하면

$$c_p = \left(\frac{dq}{dT}\right)_p = c_v + R \tag{2.60}$$

으로 주어지다. 여기서 정압비열(c_p)이 정적비열(c_v)보다 더 큰 이유는 열이 계에 주어졌을 경우 정적과정에서는 그 열이 모두 계의 온도 상승(즉, 내부 에너지의 증가)에만 사용되는 반면에, 정압(또는 등압)과정에서는 그 열의 일부만이 온도 상승에 사용되기 때문이다.

건조공기에 대한 정적비열(c_{vd})과 정압비열(c_{pd})은 각각 다음과 같다.

$$c_{vd} = 718\ \mathrm{J\,kg^{-1}K^{-1}}$$

$$c_{pd} = 1005\ \mathrm{J\,kg^{-1}K^{-1}}$$

식 (2.60)에 의하면 ($c_{pd} - c_{vd}$)는 건조공기의 기체상수 $R_d = 287\ \mathrm{J\,kg^{-1}K^{-1}}$과 같다. 식 (2.60)을 이용하면 식 (2.59)는 다음과 같이 두 개의 형태로

$$dq = c_p dT - \alpha dp \tag{2.61}$$

$$dq = dh - \alpha dp \tag{2.62}$$

와 같이 나타낼 수 있다. 이 식은 열역학 제1법칙의 다른 형태의 기술로서 식 (2.53)에 비해 대기 분석에 많이 이용된다. 그 이유는 실제 대기 관측에서 밀도보다는 온도와 압력 관측이 더 용이하기 때문이다. 앞에 주어진 2개의 식에서 dq는 외부열원(external heat source)과 계의 내부에서 발생하는 내부열원(internal heat source)으로 구분하여 생각할 수 있다. 단열과정은 외부 열원에만 적용되며 계에서 수증기의 응결에 의한 잠열 방출은 내부 열원으로 고려한다.

2.3.2 엔탈피의 물리적 의미

엔탈피는 식 (2.56)에 의하면 내부에너지와 변위 일(displacement work)의 합으로 정의되는 상태함수이다. 등압과정에서 엔탈피의 변화는 계가 외부에서 받은 열 또는 계에서 외계로 이동한 열과 같다. 엔탈피의 특성을 이해하기 위해 일정한 압력 하에서 열이 기체에 가해질 경우 열역학 제1법칙, $dq = du + pd\alpha$는 다음과 같이 나타낼 수 있다.

$$dq = (u_2 - u_1) + p(\alpha_2 - \alpha_1) \tag{2.63}$$

여기서 (u_1, α_1)과 (u_2, α_2)는 비내부에너지와 계의 비체적의 처음 상태와 나중 상태를 각각 나타낸다. 식 (2.63)에 h의 정의에 관한 식 (2.56)을 적용하면

$$dq = h_2 - h_1 \tag{2.64}$$

으로 표현할 수 있다. 여기서 비엔탈피 h는 상태함수로서 압력이 일정한 조건에서 기체가 가진 열의 양을 나타낸다. 한편 비엔탈피의 변화는 $dh = c_p dT$이므로 이를 적분하면

$$h = c_p T \tag{2.65}$$

가 된다. 이 식에 의하면 절대온도 $T=0\,\mathrm{K}$에서 엔탈피는 $h=0$으로 가정하고 있다.

2.4 열역학적 과정

계의 열역학과정은 다음 2가지 유형의 열역학 제1법칙에서 얻어진다.

$$dq = c_v dT + p d\alpha \tag{2.66}$$

$$dq = c_p dT - \alpha dp \tag{2.67}$$

여기서 등압, 등온, 등체적, 그리고 단열과정(그림 2.5)을 고려하면 다음과 같다.

(i) 등압과정(isobaric process) : $dp = 0$

$$dq = c_p dT = \left(\frac{c_p}{c_v}\right) du \tag{2.68}$$

(ii) 등온과정(isothermal process) : $dT = 0$

$$dq = -\alpha dp = p d\alpha = dw \tag{2.69}$$

(iii) 등체적과정(isochoric process) : $d\alpha = 0$

$$dq = c_v dT = du \tag{2.70}$$

(iv) 단열과정(adiabatic process) : $dq = 0$

$$c_p dT = \alpha dp \tag{2.71}$$

또는

$$c_v dT = -p d\alpha = -dw \tag{2.72}$$

으로 주어진다.

식 (2.72)는 공기덩이가 단열 상승하여 팽창($d\alpha > 0$)하면 그 온도가 하강($dT < 0$)하고, 반대로 단열 하강하여 수축($d\alpha < 0$)하면 그 온도가 상승($dT > 0$)함을 보여준다. 한편 식 (2.72)에 상태방정식을 적용한 다음에 적분하면

$$T\alpha^{R/c_v} = \text{상수} \tag{2.73}$$

을 얻는다. 이 식은 단열과정에서 온도에 따른 비체적의 변화를 계산하는데 유용하다.

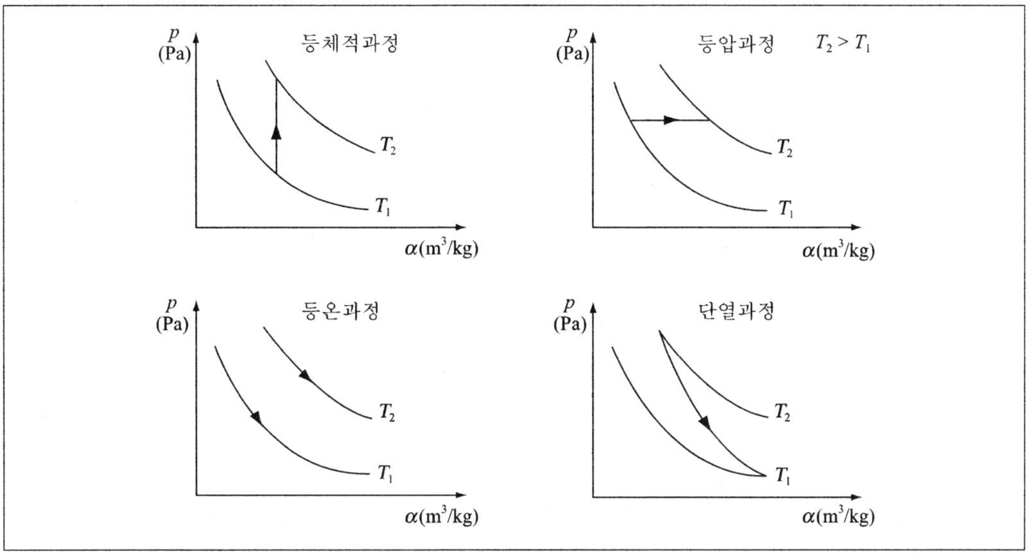

그림 2.5 열역학의 4가지 기본과정

내부 에너지의 변화

(1) 순환과정 : 순환과정에서는 처음상태와 마지막 상태가 동일하므로 내부에너지의 변화는 $\Delta U=0$이다. 따라서 계가 받은 열과 주위에 한 일의 양은 같다. $\Delta Q = \Delta W$이다.

(2) 단열과정 : 계에 주어진 열이 없으므로 $\Delta Q=0$ 이다. 따라서 단열과정에서 계가 주위에 일을 하면 내부 에너지가 감소한다. 즉, $\Delta U = -\Delta W$이다.

(3) 단열 자유팽창 : 외계에서 계에 주어진 열과 일이 없으며, 계가 외계에 한 일이 없이 기체의 팽창이 일어나므로 $\Delta Q = \Delta W = 0$이다. 따라서 내부 에너지의 변화는 없으며 $\Delta U=0$이다.

연 습 문 제

2.1 지구 대기를 구성하는 주요 기체의 질량비는 N_2(75.51%), O_2(23.14%), Ar(1.3%) 그리고 CO_2(0.05%)이다. 건조공기의 평균 분자량은 얼마인가? 또 이로부터 건조공기에 대한 기체 상수를 구하시오.

2.2 1기압 0℃에서 얼음의 밀도는 916.23 kg m^{-3}이고 물의 밀도는 999.84 kg m^{-3}이다. 10 kg의 얼음이 녹으면서 대기에 대해 얼마만큼의 일을 했는가?

2.3 질량 50 g의 건조공기의 초기 상태가 기압 1000 hPa, 온도 280 K이다. 등압과정에서 이 공기에 열을 가한 후 그 체적의 처음 상태보다 10% 증가하였다. 다음을 계산하시오.

(a) 공기덩이의 온도(K)
(b) 공기덩이에 가해진 열(cal)
(c) 공기덩이가 주위에 한 일(Joule)

2.4 여객기가 기압이 200 hPa, 기온이 −63℃인 상공을 날고 있다.

(a) 외부 공기를 기내 기압인 1000 hPa로 단열 압축시킬 경우 공기의 온도는 얼마인가?
(b) 실내 기온을 25℃로 유지하려고 할 때 공기 1 kg에 대해서 얼마만큼의 열을 제거해 주어야 하는가? (단, 공기는 건조공기로 고려한다)

2.5 (a) 이상기체에 대하여 등온선의 기울기가 $\left(\frac{\partial p}{\partial \alpha}\right)_T = -\frac{p}{\alpha}$으로 그리고 등체적선의 기울기는 $\left(\frac{\partial p}{\partial T}\right)_\alpha = \frac{p}{T}$로 주어짐을 보이시오.

(b) 온위방정식을 적용하여 $p-\alpha$ 다이어그램에서 온위 곡선의 기울기, $\left(\frac{dp}{d\alpha}\right)_\theta$를 구하시오.

2.6 건조공기의 온위는 $\theta = T\left(\frac{1000}{p}\right)^{0.286}$으로 주어진다. 온도가 −9.7℃, 기압 500 hPa인 공기가 700 hPa 고도로 단열 하강하였다.

(a) 700 hPa 고도에서 공기덩이의 온도를 구하시오.
(b) 700 hPa 고도에서 기온이 6℃인 경우 공기덩이와의 온도 차를 구하시오.

Chapter

03

열역학 제 2 법칙

이 장에서는 열역학 제2법칙의 기본 개념을 실생활에 적용한 열기관, 냉동기의 성능과 관련지어 기술하고 있다. 또한 새로운 상태함수인 엔트로피를 정의하고, 이를 이용하여 열역학적 계의 가역과정과 비가역과정에 따른 엔트로피의 변화를 계산하는 방법이 설명되어 있다.

3.1 열역학 제2법칙의 기본 개념

열역학 제1법칙은 에너지가 보존됨을 보여준다. 또한 열역학 제1법칙은 열이 일로 전환, 일이 열로 전환됨을 그리고 내부에너지가 일로 바뀔 수 있음을 보여 주는 매우 기본적인 법칙이다. 그러나 열역학 제1법칙은 다음 두 가지 사항에 대해서는 어떠한 정보도 주지 않는다.

첫째는 계의 진화 방향과 열의 이동 방향에 대한 정보가 포함되어 있지 않다. 즉 열이 물체의 온도가 높은 곳에서 낮은 곳으로 이동하는지 아니면 온도가 낮은 곳에서 높은 곳으로 이동하는지를 열역학 제1법칙만으로는 알 수 없다. 따라서 열이 온도가 낮은 곳에서 높은 곳으로 이동할 수 있을까? 라는 질문을 해 볼 수 있다. 우리는 이와 같은 현상이 우리의 경험에 의하면 일어나지 않는다는 것을 알고 있지만 열역학 제1법칙은 이 가능성을 배제하지 않는다. 열이 고온의 물체에서 저온의 물체로 흐르는 것은 일종의 자발적 과정(spontaneous process)으로, 자연 과정(natural process)의 방향성이며 이에 대한 설명이 필요하다. 자발적 과정은 외부에서 일을 가하지 않아도 일어나는 과정을 말한다.

둘째는 역학적 일은 마찰에 의한 소모 과정(dissipative process)을 통해 모두 열로 전환된다는 것은 잘 알려져 있다. 그러나 계에 가해진 열 가운데서 얼마만한 양이 일로 바뀔 수 있는지에 대해서 열역학 제1법칙은 명확한 답을 주지 않는다. 이 문제에 대한 답은 열역학 제2법칙에서 얻을 수 있다. 열역학 제2법칙은 열에너지가 관련되는 비가역과정의 방향성을 규정 해준다.

이 장에서는 열역학 제2법칙을 (i) 자연과정의 방향성과 (ii) 열의 일로 전환될 수 있는 한계에 대해서 엔트로피(entropy)와 열기관의 효율을 도입하여 설명하고 있다. 지구 대기는 일종의 열기관이며, 대기 중에서 일어나는 열역학적 과정은 비가역과정이므로 열역학 제2법칙은 대기열역학에서 중요한 위치를 차지한다.

3.2 열역학 제2법칙의 기술

자연 현상의 비가역적 방향성을 나타내는 열역학 제2법칙은 일반적으로 엔트로피(entropy)라는 상태변수를 이용하여 설명하고 있다. 그러나 이에 앞서 이 법칙은 반복적인 작동(operation)을 하는 열기관이나 냉동기의 효율과 관련하여 어떤 지정된 과정이 불가능함으로 기술할 수 있다.

3.2.1 켈빈-플랑크의 기술

순환과정으로 작동하는 열기관 중에서 그림 3.1(a)와 같이 모든 열을 100% 일로 바꾸어 주는 이상적인 기관은 없다. 실제 열기관은 그림 3.1(b)와 같이 고온의 열원으로부터 열 Q_h 를 받아 일 W를 하면서 저온의 열원으로 열 Q_c를 방출하면서 처음 상태로 되돌아간다. 이 경우 열기관의 효율(ϵ)은 다음과 같이 정의한다.

$$\epsilon = \frac{W}{Q_h} = \frac{Q_h - Q_c}{Q_h} \tag{3.1}$$

이 식에 의하면 효율이 좋은 열기관을 만들려면 Q_c를 줄여야 한다. 식 (3.1)에서 $Q_c = 0$ 이면, 즉 열기관의 효율은 100%가 된다. 실제로 효율이 100%인 열기관은 존재하지는 않는다. 이와 관련하여 켈빈(Kelvin)과 플랑크(Planck)는 다음과 같이

> 외부에 어떠한 영향도 남기지 않으면서 한 순환 동안에 열기관이 열원에서 받은 열을 전부 일로 바꾸는 것은 불가능하다.

라고 기술하였다. 이를 열역학 제2법칙의 켈빈-플랑크의 표현이라고 한다. 켈빈-플랑크의 표현은 열이 온도가 높은데서 낮은 데로 이동하는 자발적 과정에서, 항상 그 일부만이 일로 전환된다는 것을 기술하고 있다.

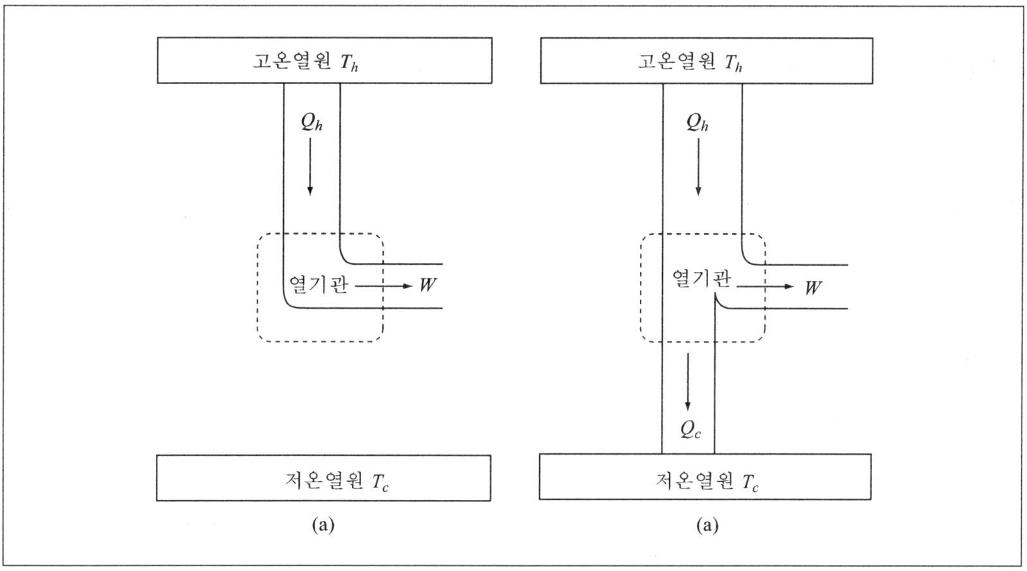

그림 3.1 Kelvin-Planck의 표현: (a) 이상적인 열기관, (b) 실제 열기관.

3.2.2 클라우지우스의 기술

열기관(그림 3.1)을 거꾸로 작동하는 경우를 가정하자. 이 경우 열에너지와 일의 흐름방향이 그림 3.2와 같이 반대로 바뀌면서 열기관이 냉동기가 된다. 냉동기는 일을 통해 저온의 열원에서 고온의 열원으로 열을 이동시키는 장치이다. 그림 3.2(a)는 한 순환 동안에 외부에서 일을 공급받지 않고 순전히 저온부에서 열을 뽑아 고온부로 방출하는 이상적인 냉동기이다. 이와 같은 냉동기는 실제 존재하지 않는다.

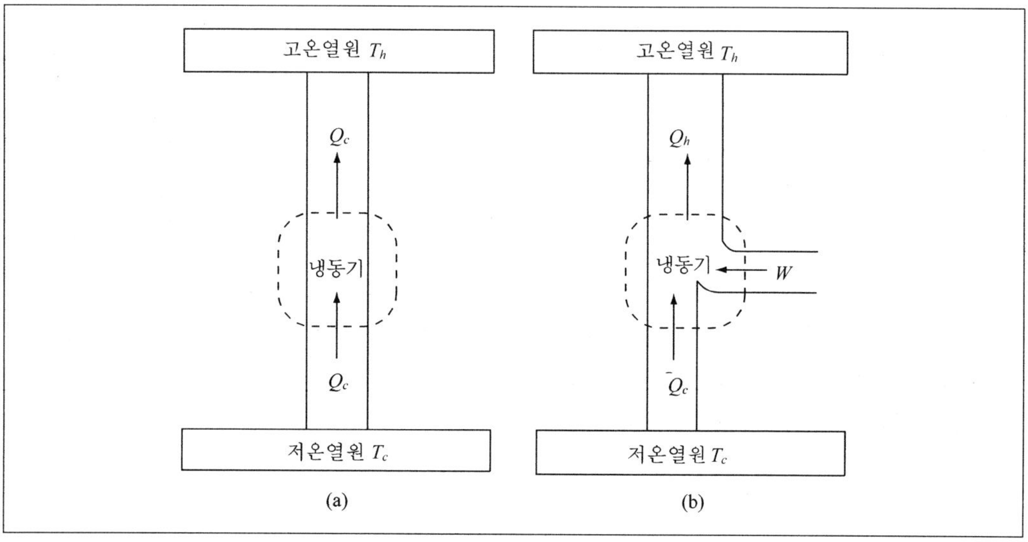

그림 3.2 Clausius의 표현: (a) 이상적인 냉동기, (b) 실제 냉동기.

그림 3.2(b)는 한 순환과정에서 외부에서 일 W를 공급받아서 저온의 열원(T_c)으로부터 열 Q_c를 뽑아내어 고온의 열원(T_h)으로 Q_h를 방출하는 실제 냉동기의 경우를 나타낸 것이다. 이 때 에너지 보존법칙으로부터 $Q_h = Q_c + W$가 성립한다. 냉동기에 공급된 일에 대해 저온의 열 저장부에서 빠져나간 열의 비율을 냉동기의 실행계수 또는 성능계수(coefficient of performance) η는 다음과 같이 정의한다.

$$\eta = \frac{Q_c}{W} = \frac{Q_c}{Q_h - Q_c} \tag{3.2}$$

식 (3.2)에 의하면 η가 큰 냉동기가 좋은 냉동기이다. 식 (3.2)에서 $(Q_h - Q_c) < Q_c$인 경우에는 냉동기의 작동계수는 열기관과 달리 $\eta > 100\%$가 될 수 있다. 식 (3.2)에서 만일 $Q_h = Q_c$이면 $W = 0$이 되고 $\eta = \infty$가 된다. 즉, 냉동기는 전혀 일을 하지 않고 저온의 열원에서 고온의 열원으로 열을 옮긴 결과가 된다. 실제로 이러한 냉동기는 존재하지 않는다. 클라우지우스(Clausius)는 이와 관련하여 다음과 같이 기술하였다.

> 외부에 아무런 영향도 남기지 않고 한 순환과정 동안에 냉동기가 저온의 열원에서 고온의 열원으로 열을 이동하는 것은 불가능하다.

이것을 열역학 제2법칙의 클라우지우스의 표현이라고 한다. 이 표현은 자연 과정에서 열의 자발적인 이동은 다만 고온에서 저온으로만 가능하다는 열 흐름의 단일 방향성과 비가역성을 함축하고 있다. 이는 열역학 제2법칙의 또 다른 표현인 자연에서 일어나는 과정은 엔트로피가 증가하는 방향으로 진행한다는 것과 그 의미가 상통한다. 열역학 제2법칙에 관한 켈빈－플랑크의 표현과 클라우지우스의 표현은 서로 다른 것 같으나 사실은 대등하다.

가정에서 사용하는 냉장고와 에어컨은 모두 가능한 한 일을 적게 하면서 낮은 온도의 열원에서 높은 온도의 열원으로 열을 이동시키도록 설계되어 있다. 가정용 냉장고의 경우 성능계수는 대략 5이고 에어컨은 보통 2∼3의 값을 갖는다.

켈빈－플랑크의 서술과 클라우지우스 서술의 동등성

열기관에 관한 켈빈－플랑크의 서술과 클라우지우스의 서술의 의미가 동등하다는 것은 다음 두 가지 방법으로 증명할 수 있다.

(i) 클라우지우스의 기술이 틀리면 켈빈－플랑크의 기술도 틀린다.

(ii) 켈빈－플랑크의 기술이 틀리면 클라우지우스의 기술도 틀린다.

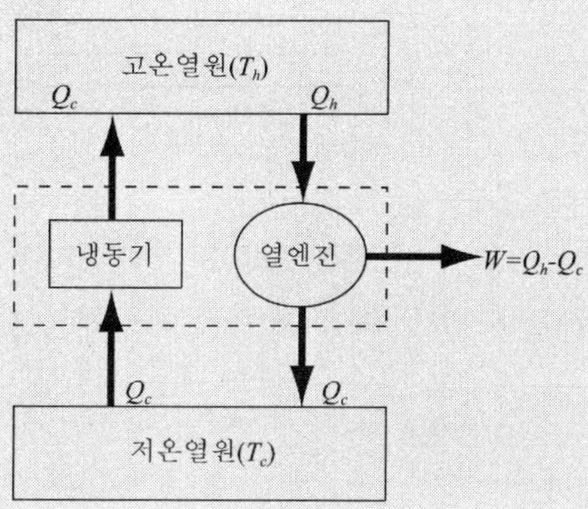

그림과 같이 작동계수가 무한대인 제작 불가능한 냉동기와 정상적인 열기관이 결합하여 하나의 결합장치(combined device)로 활용하는 경우를 고려하자. 예를 들면, 열기관이 배출한 열을 냉동기를 이용하여 고온으로 옮겨서 이 열을 다시 열엔진이 이용하는 것을 고려한다. 이 장치가 작동할 경우 하나의 순환과정에서 고온의 열원에서 빠져나간 열은 $(Q_h - Q_c)$이고 저온의 열원이 받은 열은 $Q_c - Q_c = 0$이다. 한 순환과정에서 장치가 한 일의 양은 $(Q_h - Q_c)$이다.

여기서 결합장치에 주어진 열의 양과 결합장치가 한 일을 비교하면 서로 같다. 즉, 결합장치에 주어진 열이 모두 일로 바뀌었으며 이는 켈빈－플랑크의 서술에 위배되며, 이는 결합장치에 클라우지우스의 서술에 위배되는 냉동기를 도입하였기 때문에 나타난 결과이다. 앞에 (ii)의 경우도 동일한 방법으로 증명할 수 있다.

3.3 열기관으로서의 지구대기

열기관은 외부의 열원에서 열을 받아서 일부는 일을 하고 그 나머지 열은 엔진 밖으로 내보낸다. 지구－대기 시스템 역시 태양에서 단파장의 복사에너지를 받아서 그 일부를 대기를 순환시키는 데 사용하고 나머지는 외계로 장파 복사에너지로 내보낸다. 따라서 지구－대기 시스템을 하나의 거대한 열기관으로 볼 수 있다.

그림 3.3은 지구－대기 시스템에 의한 에너지 변환과정을 나타낸 것이다. 지표와 대기는 지구－대기 시스템을 작동시키는 데 필요한 열을 태양 복사에너지의 흡수에 의해 확보한다. 이 열은 바로 대기의 위치에너지를 증가시키지만, 그 증가량은 지표와 대기의 부등가열로

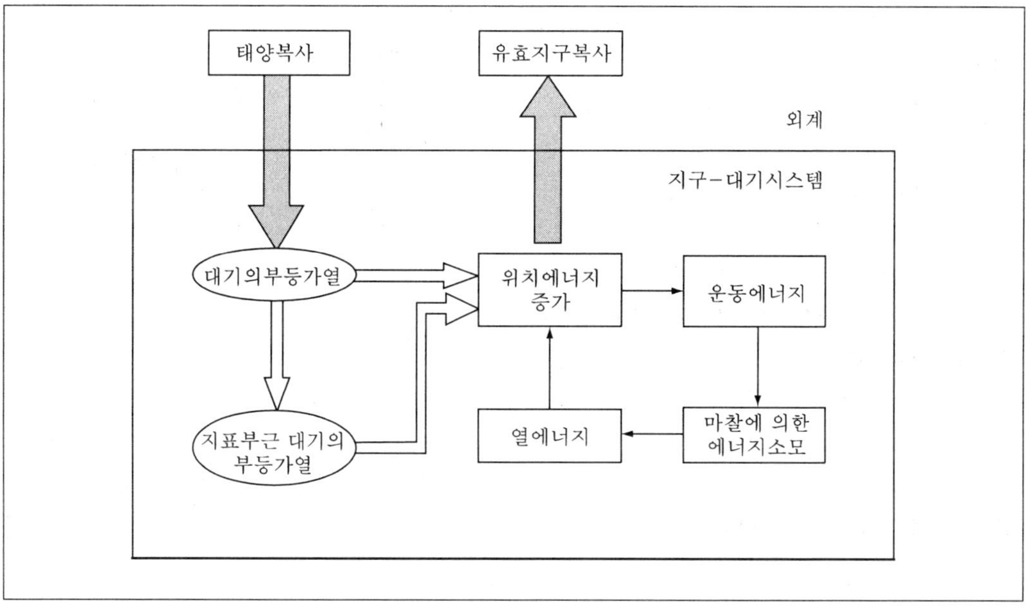

그림 3.3 지구－대기 시스템에서 에너지변화

인해 장소에 따라 다르다. 따라서 위치에너지가 큰 곳에서 작은 곳으로, 마치 물이 높은 곳에서 낮은 곳으로 흘러가듯이, 대기 역시 위치에너지가 큰 곳에서 작은 곳으로 이동하면서 크고 작은 규모의 운동을 일으킨다. 대기가 가진 운동에너지는 지표의 마찰과 대기의 내부 점성에 의한 마찰 과정에서 열로 바뀌어 지구－대기 시스템을 가열시킨다. 가열된 지구－대기 시스템은, 마치 열기관이 고온 열원에서 받은 열의 일부를 일을 하는데 사용하고 나머지 열을 저온 열원으로 방출하듯이, 장파복사를 통해서 외계로 이 열을 방출하여 복사평형을 유지한다.

그림 3.3에 의하면 태양에서 단파복사 에너지가 계속 공급되지 않으면 지구－대기 시스템에서 대기의 순환이 어느 순간에 가서는 정지할 것이다. 전 지구 평균 에너지 수지를 고려할 경우 지표와 대기가 흡수하는 태양복사는 약 209 Wm^{-2}에 해당된다. 이 중에서 대기의 순환에 사용되는 에너지는 약 2 Wm^{-2}이다. 따라서 지구－대기의 열기관의 효율은 대략 1% 정도로 매우 비효율적이다.

3.4 카르노 순환

앞에서 기술한 열역학 제2법칙은 열기관(heat engine)에 주어진 열에너지가 모두 역학적 일로 전환될 수 없음을 보여준다. 열역학 제2법칙의 발견에 앞서 과학자들은 마찰이 매우 작은 열 엔진은 입력된 열에너지를 거의 모두 일로 전환할 수 있다고 생각하였다. 그러나 실제는 그렇지 않다. 이상적 조건에서 열 엔진이 가질 수 있는 최대 효율은 고온 열원(hot reservoir)의 온도와 저온 열원(cold reservoir)의 온도차에 비례한다는 것이 프랑스 물리학자 카르노(Carnot)에 의해 처음 발견되었다.

열기관이 가질 수 있는 최대 효율을 구하기 위하여 그림 3.4에 2개의 등온선과 2개의 단열선으로 이루어진 카르노 순환(Carnot cycle)을 고려하자. 그림 3.4에 주어진 두 개의 등온선(T_1, T_2)은 상태방정식 $p\alpha = RT$에서 온도가 일정한 경우

$$p\alpha = \mathrm{const} \tag{3.3}$$

을 이용하여 나타낼 수 있다. 한편 단열선(θ_1, θ_2)은 온위방정식 $\theta = T(p_0/p)^{R/c_p}$을 이용하여 나타낼 수 있다. 임의의 기체에 대해 주어진 값의 단열선은

$$\theta = T\left(\frac{p_0}{p}\right)^{R/c_p} = \frac{p\alpha}{R}\left(\frac{p_0}{p}\right)^{R/c_p} \tag{3.4}$$

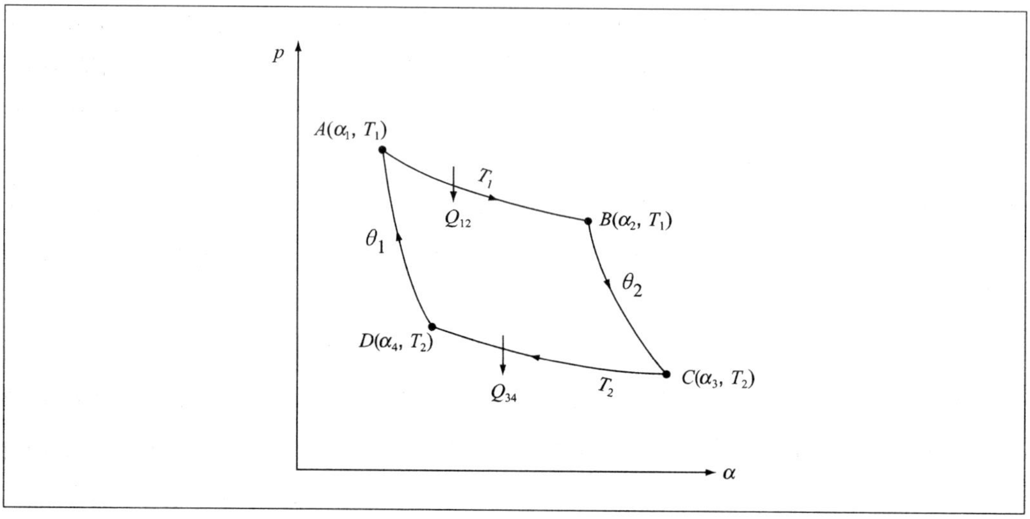

그림 3.4 카르노(Carnot) 순환($T_1 > T_2$)

으로 나타낼 수 있다. 여기서 θ는 단열과정에서 기체의 온도를 표시하며, p_0는 주어진 기체의 임의의 기준압력을 표시한다. 식 (3.4)에서 θ가 일정할 경우

$$\alpha p^{c_v/c_p} = const \tag{3.5}$$

으로 나타낼 수 있다. 식 (3.5)는 그림 3.3에서 $p^{c_v/c_p} \propto 1/\alpha$임을 보여준다.

카르노 엔진이 순환과정에서 한 일과 효율을 구하기 위하여 그림 3.4에 주어진 열역학적 과정에 따른 내부에너지의 변화와 카르노 엔진이 한 일을 구해보자.

(i) 1단계(A → B) : 가역 등온팽창($\alpha_1 \rightarrow \alpha_2$), $T = T_1$

Q_{12} : 계가 흡수한 열

$$\Delta U_{12} = c_v\, dT = 0 \tag{3.6}$$

$$W_{12} = \int_{\alpha_1}^{\alpha_2} p\, d\alpha = RT_1 \int_{\alpha_1}^{\alpha_2} \frac{d\alpha}{\alpha} = RT_1 \ln\left(\frac{\alpha_2}{\alpha_1}\right) \tag{3.7}$$

$$Q_{12} = W_{12} \tag{3.8}$$

여기서 $\alpha_2 > \alpha_1$이므로 $W_{12}, Q_{12} > 0$이다.

(ii) 2단계(B → C) : 단열팽창($\alpha_2 \to \alpha_3$)

$$Q_{23} = 0$$

$$\Delta U_{23} = c_v(T_2 - T_1) < 0 \tag{3.9}$$

$$W_{23} = -\Delta U_{23} = -c_v(T_2 - T_1) > 0 \tag{3.10}$$

여기서 $T_1 > T_2$이며, 단열팽창의 결과로 $\Delta U_{23} < 0$이다.

(iii) 3단계(C → D) : 등온수축($\alpha_3 \to \alpha_4$), $T = T_2$

$$\Delta U_{34} = 0$$

$$W_{34} = \int_{\alpha_3}^{\alpha_4} p\, d\alpha = RT_2 \ln\left(\frac{\alpha_4}{\alpha_3}\right) \tag{3.11}$$

$$Q_{34} = W_{34} \tag{3.12}$$

여기서 $\alpha_4 < \alpha_3$이므로 $W_{34}, Q_{34} < 0$이다. 이는 열기관이 등온수축과정에서 주위로 열을 방출한 것을 의미한다.

(iv) 4단계(D → A) : 단열수축($\alpha_4 \to \alpha_1$)

$$Q_{41} = 0$$

$$\Delta U_{41} = c_v(T_1 - T_2) > 0 \tag{3.13}$$

$$W_{41} = -\Delta U_{41} = -c_v(T_1 - T_2) < 0 \tag{3.14}$$

앞에 주어진 4단계의 순환과정에서 계의 내부에너지의 총 변화 ΔU는 다음과 같다.

$$\Delta U = \Delta U_{12} + \Delta U_{23} + \Delta U_{34} + \Delta U_{41} = \oint dU = 0 \tag{3.15}$$

계가 한 일(W)은 그림 3.4에서 4개의 곡선이 둘러싸고 있는 면적으로

$$W = W_{12} + W_{23} + W_{34} + W_{41} = W_{12} + W_{34} = Q_{12} + Q_{34} \tag{3.16}$$

으로 주어지며, $\oint dQ = \int dW \neq 0$임을 알 수 있다. 순환과정에서 열기관의 효율(ϵ)은

$$\epsilon = \frac{W}{Q_{12}} = \frac{W_{12} + W_{34}}{Q_{12}} \tag{3.17}$$

또는 식 (3.16)을 이용하면

$$\epsilon = \frac{Q_{12} + Q_{34}}{Q_{12}} = 1 + \frac{Q_{34}}{Q_{12}} \tag{3.18}$$

으로 표현된다. 식 (3.18)에서 계가 흡수한 열($Q_{12} > 0$)과 방출한 열($Q_{34} < 0$)의 비는 식 (3.8)과 (3.12)를 이용하면 다음과 같다.

$$\frac{Q_{34}}{Q_{12}} = \frac{T_2 \ln(\alpha_4/\alpha_3)}{T_1 \ln(\alpha_2/\alpha_1)} = -\frac{T_2 \ln(\alpha_3/\alpha_4)}{T_1 \ln(\alpha_2/\alpha_1)} \tag{3.19}$$

식 (2.73)에 의하면 단열과정에서 $T\alpha^{R/c_v} = C$(상수)이므로 이 관계식을 그림 3.4에 있는 단열선과 등온선이 만나는 4개의 점에 대해 적용하면

$$\text{위치 (B, C)} : T_1 \alpha_2^{R/c_v} = T_2 \alpha_3^{R/c_v} \tag{3.20}$$

$$\text{위치 (D, A)} : T_1 \alpha_1^{R/c_v} = T_2 \alpha_4^{R/c_v} \tag{3.21}$$

이다. 여기서 식 (3.20)을 (3.21)로 나누어 주면

$$\frac{\alpha_2}{\alpha_1} = \frac{\alpha_3}{\alpha_4} \tag{3.22}$$

의 관계식을 얻는다. 식 (3.22)를 (3.19)에 적용하면 다음과 같이 주어진다.

$$\frac{Q_{34}}{Q_{12}} = -\frac{T_2}{T_1} \tag{3.23}$$

식 (3.23)을 (3.18)에 적용하면 열기관의 효율은 다음과 같이 기술할 수 있다.

$$\epsilon = 1 - \frac{T_2}{T_1} \tag{3.24}$$

식 (3.24)에 의한 열기관의 효율을 카르노 엔진의 효율이라고 하며, 마찰이 없을 때 가역과정에서 얻을 수 있는 열기관의 최대효율이다. 식 (3.23)에서 온도 T_1의 고열원에서 계가 얻은 열량 Q_{12}을 $Q_1(>0)$으로, 그리고 온도 T_2의 저열원으로 계가 방출한 열 Q_{34}를 $Q_2(<0)$로 표시하면 식 (3.23)은 다음과 같이 주어진다.

$$\frac{Q_1}{T_1} + \frac{Q_2}{T_2} = 0 \tag{3.25}$$

이 식은 다음 절에서 엔트로피를 정의하는 데 매우 유용하다.

3.5 엔트로피의 변화

3.5.1 엔트로피의 정의

가역 순환과정에 관한 식 (3.25), $\dfrac{Q_1}{T_1}+\dfrac{Q_2}{T_2}=0$을 그림 3.5와 같이 무한히 많은 카르노 순환으로 이루어진 과정에 적용하면 다음과 같이 나타낼 수 있다.

$$\sum_{\text{사이클}} \frac{\text{계에 출입한 열량}}{\text{열원의 온도}} = 0; \quad \sum_i \left(\frac{dQ_i}{T_i}\right)_{rev} = \sum_i dS_i = 0 \tag{3.26}$$

여기서 아래첨자(rev)는 가역과정을 의미하며, T_i는 각 열원의 온도이다. dQ_i는 계에 출입한 열량이며, $dQ_i > 0$일 때는 계가 열을 받고, $dQ_i < 0$일 때는 계가 외계로 열을 방출한다.

식 (3.26)에서 계의 온도(T)와 열원의 온도가 거의 같다고 하면, 다음과 같이 적분으로 나타낼 수 있다.

$$\oint \frac{dQ_{rev}}{T} = \oint dS = 0 \tag{3.27}$$

상태함수는 순환과정에 대해서 그 적분 값이 영이 된다. 그리고 식 (3.27)에서 새로 도입된 상태함수인 엔트로피(S)의 변화를 다음과 나타낼 수 있다.

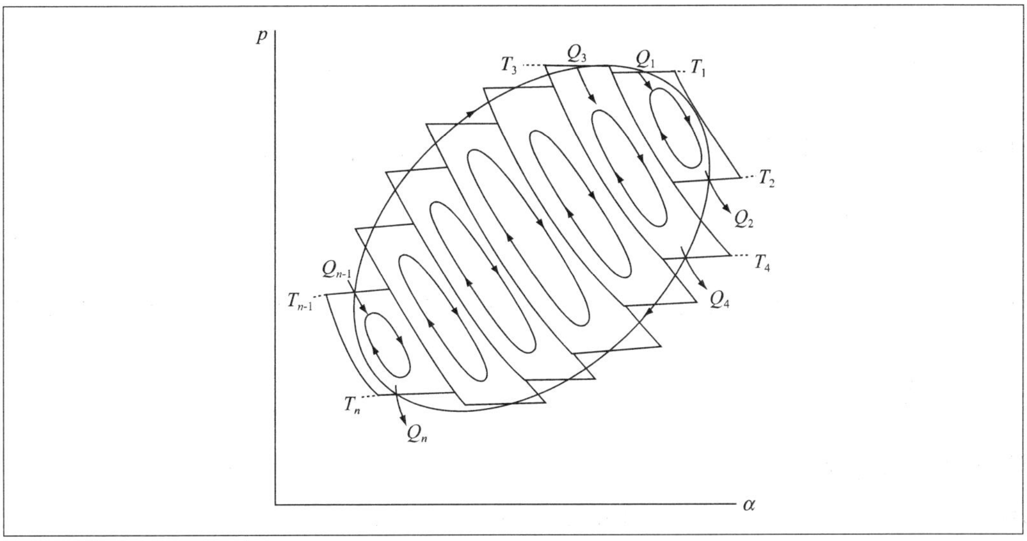

그림 3.5 임의의 가역 순환과정에 대한 다수의 카르노 순환

$$dS = \frac{dQ_{rev}}{T} \tag{3.28}$$

엔트로피는 열역학 제2법칙을 기술하는 기본적인 상태함수로 두 가지 관점에서 해석할 수 있다. 엔트로피에 대한 고전 열역학적 해석은 계가 일로 변환할 수 없는 열에너지 양의 척도를 나타낸다. 통계역학적 해석은 계의 무질서도 또는 무작위(randomness)의 척도를 나타낸다. 실제 응용에 있어서 엔트로피 그 자체보다는 계의 상태 변화에 따른 엔트로피의 변화(ΔS)가 더 물리적 의미를 갖는다. 식 (3.28)에서 단위질량에 대한 엔트로피의 변화는 $ds = \dfrac{dq_{rev}}{T}$ 로 나타낸다.

비가역 순환과정에서 열 엔진의 효율(ϵ_I)은 가역 순환과정에서의 효율(ϵ_R)을 비교하면

$$\epsilon_I < \epsilon_R \tag{3.29}$$

이다. 따라서 식 (3.18)을 적용하면 다음 관계식을 얻는다.

$$\frac{Q_1' + Q_2'}{Q_1'} < \frac{Q_1 + Q_2}{Q_1} \tag{3.30}$$

여기서 Q_1, Q_2는 가역 순환과정, Q_1', Q_2'은 비가역 순환과정에 관계된 열이다. 식 (3.30)을 정리하고 (3.25)를 이용하면

$$\frac{Q_2'}{Q_1'} < \frac{Q_2}{Q_1} = -\frac{T_2}{T_1} \tag{3.31}$$

또는

$$\frac{Q_1'}{T_1} + \frac{Q_2'}{T_2} < 0 \tag{3.32}$$

가 성립한다. 따라서 식 (3.32)는 무한한 비가역 순환과정을 고려할 경우

$$\oint \frac{dQ_{irr}}{T} < 0 \tag{3.33}$$

으로 나타낼 수 있다. 가역순환과 비가역순환을 다음과 같이 하나의 식으로 나타낼 수 있다.

$$\oint \frac{dQ}{T} \leqq 0 \tag{3.34}$$

식 (3.34)에서 등호는 가역 순환과정, 그리고 부등호는 비가역 순환과정에 적용되며, 이를 클라우지우스 부등식(Clausius inequality)이라고 하며 닫힌계에 적용된다.

3.5.2 비가역과정에서 엔트로피 변화

열역학적 계가 그림 3.6과 같이 상태변화($1 \rightarrow 2 \rightarrow 1$)를 할 때 가역과정과 비가역과정으로 이루어진 순환과정을 고려하여 엔트로피의 변화를 서로 비교해보자.

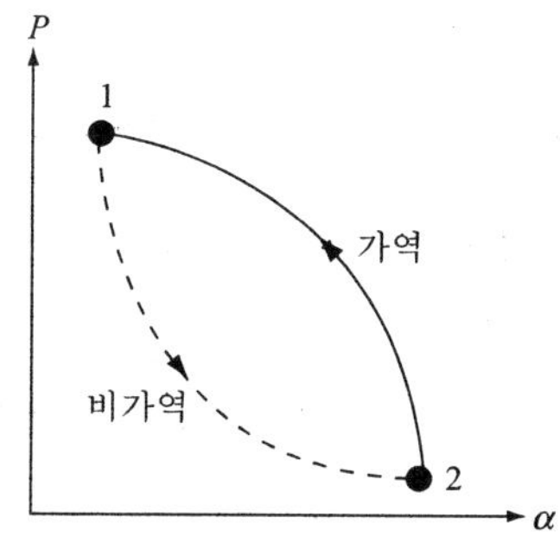

그림 3.6 상태1과 상태2를 연결하는 비가역과정(점선)과 가역과정(실선)

비가역 순환과정이 그림 3.6과 같이 비가역과정과 가역과정의 두 부분으로 이루어졌을 경우에 식 (3.34)는 반시계 방향의 경로를 고려할 경우

$$\oint \frac{dQ}{T} = \int_1^2 \frac{dQ_{irr}}{T} + \int_2^1 \frac{dQ_{rev}}{T}$$
$$= \int_1^2 \frac{dQ_{irr}}{T} - \int_1^2 \frac{dQ_{rev}}{T} < 0 \tag{3.35}$$

으로 주어진다. 이 식을 정리하면 다음과 같다.

$$\int_1^2 \frac{dQ_{irr}}{T} < \int_1^2 \frac{dQ_{rev}}{T} = S_2 - S_1 \tag{3.36}$$

여기서 엔트로피의 차이(ΔS)에 대해 가역과정과 비가역과정을 함께 고려하면

$$\Delta S = S_2 - S_1 \geq \int_1^2 \frac{dQ}{T} \tag{3.37}$$

또는

$$dS \geq \frac{dQ}{T} \tag{3.38}$$

로 나타낼 수 있으며, 등호는 가역과정, 그리고 부등호는 비가역과정에 적용한다.

열 출입이 없는 $dQ = 0$인 고립계에 대해서 식 (3.37)을 적용하면

$$\Delta S = S_2 - S_1 \geq 0 \tag{3.39}$$

이다. 즉, 고립계 내에서 가역과정에 대해서는 $\Delta S = 0$이지만 비가역과정에 대해서는 $\Delta S > 0$이 되어 엔트로피가 증가함을 알 수 있다.

3.5.3 가역과정에 대한 엔트로피의 계산

(1) 기체의 엔트로피의 변화

가역과정에서 기체의 상태변화에 따른 엔트로피 변화는 준정적과정을 고려한 $\frac{dq_{rev}}{T} \neq 0$인 경우에 해당하며, 이상기체의 경우 다음에 주어진 방정식을 이용하여 계산한다.

열역학 제1법칙에 관한 식, $dq = c_v dT + pd\alpha$와 $dq = c_p dT - \alpha dp$에서 온도와 관련된 항만이 바로 적분이 가능한 상태함수이고 나머지 항들은 상태함수가 아니다. 그러나 두 방정식의 양변을 T로 나누면 다음과 같이 주어진다.

$$ds = c_v \frac{dT}{T} + R\frac{d\alpha}{\alpha} \tag{3.40}$$

$$ds = c_p \frac{dT}{T} - R\frac{dp}{p} \tag{3.41}$$

앞에 두 개의 방정식은 완전미분의 조건을 만족하며, 동시에 $\oint ds = 0$이다. 따라서 비엔트로피 s는 상태함수이며, 따라서 ds는 비엔트로피의 미소변화를 나타낸다. 또한 상태방정식 $p\alpha = RT$에 자연대수를 취하고 미분한 후 그 결과를 식 (3.40)에 적용하면

$$ds = c_p \frac{d\alpha}{\alpha} + c_v \frac{dp}{p} \tag{3.42}$$

으로 표현된다. 식 (3.40)~(3.42)는 기체로 구성된 계의 어떤 두 상태 사이의 가역과정에 대한 엔트로피 변화를 계산하는데 유용하다.

(i) 등압과정에서 온도변화에 따른 엔트로피 변화 : 등압과정에서 계의 온도를 T_1에서 T_2로 상승시켰을 때 비엔트로피의 변화에 관계한 열은 열역학 제1법칙에 의하면

$$dq_{rev} = c_p dT \tag{3.43}$$

으로 주어진다. 따라서 계의 비엔트로피 증가는 다음과 같다.

$$\Delta s = \int \frac{dq_{rev}}{T} = c_p \int_{T_1}^{T_2} \frac{dT}{T} = c_p \ln\left(\frac{T_2}{T_1}\right) \tag{3.44}$$

(ii) 정적과정에서 온도변화에 따른 엔트로피 변화 : 온도가 T_1에서 T_2로 상승했을 때에도 위와 동일하게 생각할 수 있다. 이 경우는, 식 (3.40)에서 $d\alpha = 0$이므로 계의 비엔트로피 변화는 다음과 같이 표현된다.

$$\Delta s = \int \frac{dq_{rev}}{T} = c_v \int_{T_1}^{T_2} \frac{dT}{T} = c_v \ln\left(\frac{T_2}{T_1}\right) \tag{3.45}$$

(iii) 등온과정에서 기체의 비체적이 변화에 따른 엔트로피 변화 : 비체적이 α_1에서 α_2로 변하는 경우 엔트로피 변화도 같은 방법으로 식 (3.40)에서 구할 수 있다.

$$\Delta s = \int \frac{dq_{rev}}{T} = R \int_{\alpha_1}^{\alpha_2} \left(\frac{d\alpha}{\alpha}\right) = R \ln\left(\frac{\alpha_2}{\alpha_1}\right) \tag{3.46}$$

(2) 액체, 고체의 엔트로피 변화

고체나 액체의 비열(c)이 일정하다고 가정할 경우에 계의 비엔트로피 변화는 근사적으로

$$ds = c\frac{dT}{T} - \alpha_o \beta \, dp \tag{3.47}$$

으로 나타낼 수 있다. 여기서 α_o는 어떤 주어진 온도와 압력에서 계의 비체적을 나타내며 β는 체적 팽창계수를 나타낸다.

(3) 상변화에 따른 엔트로피 변화

물체의 상변화(phase change)는 밀도 또는 비체적의 변화를 동반한다. 물체의 상변화에 따른 엔트로피 변화의 계산은 등온·등압상태에서 가역과정 아래에서 열이 관계한 것으로 고려한다. 예를 들어, 고체가 일정한 압력 하에서 융해점(melting point)에서 매우 천천히 녹는 경우 고체와 액체는 평형상태에 있다고 생각한다. 그리고 일정 압력 하에서 일어나므로 상변화에 관계된 열은 고체와 액체의 엔탈피의 차이라고 볼 수 있다. 따라서 단위질량의 물체에 대해서 상변화에 관계한 잠열(L)은

$$L = dq_{rev} = d(u + p\alpha) = dh \tag{3.48}$$

으로 주어진다. 그리고 비엔트로피의 변화는 다음과 같다.

$$ds = \frac{L}{T} = \frac{dh}{T} \tag{3.49}$$

식 (3.49)에서 계의 상태가 1에서 2로 변할 때 등온과정에서 비엔트로피의 변화는

$$\Delta s = \frac{L}{T} = \frac{h_2 - h_1}{T} \tag{3.50}$$

으로 주어진다. 여기서 h_1과 h_2는 각각 상태가 1과 2의 비엔탈피의 값을 나타낸다.

예제 01

온도 0℃의 얼음 10 g이 100℃의 수증기로 바뀔 때 엔트로피 증가를 구하여라. 얼음의 융해열(L_f)은 80 calg^{-1}이고, 물의 기화열(L_e)은 539 calg^{-1}, 물의 비열은 1 calg^{-1}K^{-1}이다.

풀이

0℃의 얼음 10 g이 같은 온도의 물로 바뀌었을 때의 엔트로피 증가를 ΔS_1, 0℃의 물이 100℃로 가열되었을 때 엔트로피증가를 ΔS_2, 그리고 100℃의 물이 100℃의 수증기로 되었을 때 엔트로피 증가를 ΔS_3라고 하면, 구하는 총 엔트로피는 $\Delta S = \Delta S_1 + \Delta S_2 + \Delta S_3$이다.

(i) ΔS_1의 계산

$$\Delta S_1 = \int \frac{dQ_1}{T} = \frac{L_f m}{T} = \frac{10 \times 80}{273} = 2.93(\mathrm{calK}^{-1})$$

(ii) ΔS_2의 계산

$$dQ_2 = m\,c\,dT = 10 \times 1 \times dT$$

$$\Delta S_2 = \int \frac{dQ_2}{T} = 10 \int_{273}^{373} \frac{dT}{T} = 10 \ln\left(\frac{373}{273}\right) = 3.12(\mathrm{calK}^{-1})$$

(iii) ΔS_3와 ΔS의 계산

$$\Delta S_3 = \int \frac{dQ_3}{T} = \frac{L_e m}{T} = \frac{10 \times 539}{373} = 14.55(\mathrm{calK}^{-1})$$

$$\Delta S = \Delta S_1 + \Delta S_2 + \Delta S_3 = 20.6(\mathrm{calK}^{-1})$$

여기서 c, L_m, L_e는 각각 물의 비열, 융해열, 기화열을 나타낸다.

3.5.4 비가역과정에 대한 엔트로피의 계산

비가역과정에서 엔트로피 변화는 가역과정이나 준정적과정을 가정하여 계산한다. 그러나 단열팽창이나 기체의 혼합과 같이 비가역과정에서 열이 계의 상태변화에 관계되어 있지 않는 경우가 있다. 이와 같은 경우에는 계가 비가역과정을 따라 상태변화(A → B)를 일으켰다면 먼저 A와 B를 연결하는 적당한 가역과정을 선택하고 그 과정을 따라 엔트로피를 계

산한다. 예를 들면, 단위질량의 기체가 상태 1 $(T_1,\ p_1)$에서 비가역적으로 상태 2 $(T_2,\ p_2)$로 바뀌었을 경우, 비엔트로피의 변화를 계산하기 위하여 다음과 같은 가역과정의 경로를 고려한다.

$$A(T_1,\ p_1) \rightarrow B(T_2,\ p_1) \rightarrow C(T_2,\ p_2)$$

그리고 각 단계에서 구한 비엔트로피의 변화를 합하여 총 비엔트로피의 변화를 구한다. 1단계(A → B)에서 비엔트로피 변화는 가역 등압과정을 가정하여 다음과 같이 계산한다.

$$\Delta s_1 = c_p \int_{T_1}^{T_2} \frac{dT}{T} = c_p \ln\left(\frac{T_2}{T_1}\right) \tag{3.51}$$

2단계(B → C)에서 비엔트로피 변화는 가역 등온과정을 고려하면

$$\Delta s_2 = -\int_{P_1}^{P_2} \frac{\alpha}{T} dp = -\int_{P_1}^{P_2} R\frac{dp}{p} = -R\ln\left(\frac{p_2}{p_1}\right) \tag{3.52}$$

과 같다. 따라서 총 비엔트로피의 변화는 다음과 같이 주어진다.

$$\Delta s = \Delta s_1 + \Delta s_2 = c_p \ln\left(\frac{T_2}{T_1}\right) - R\ln\left(\frac{p_2}{p_1}\right) \tag{3.53}$$

예제 02

(1) 단열적으로 자유 팽창하여 그 비체적이 α_1에서 α_2로 증가했을 때 비엔트로피의 변화와,
(2) 기체가 가열에 의해 등온 팽창하여 그 비체적이 α_1에서 α_2로 증가했을 때 비엔트로피의 변화는 얼마인가?

➲ 풀이

(1) 실제는 단열적인 비가역과정의 단열팽창이지만 기체의 온도가 변하지 않기 때문에 가역적인 등온팽창과정을 가정한다. 이 경우에 비엔트로피 변화는 다음과 같다.

$$dT = 0\text{이므로 } dq_{rev} = p d\alpha, \quad \therefore\ \Delta s = \int \frac{dq_{rev}}{T} = \int_{\alpha_1}^{\alpha_2} \frac{p d\alpha}{T} = R\ln\left(\frac{\alpha_2}{\alpha_1}\right)$$

(2) $\Delta s = \int \frac{dq_{rev}}{T} = \int_{\alpha_1}^{\alpha_2} \frac{p d\alpha}{T} = R\ln\left(\frac{\alpha_2}{\alpha_1}\right)$ (결과가 동일함)

(1) 우주의 엔트로피의 변화

가역과정과 비가역과정에서 우주의 엔트로피는 다음과 같은 성질을 가진다.

(i) 가역 순환과정 : 가역 순환과정의 경우 우주의 엔트로피는 클라우지우스 부등식, 식 (3.34)에 의해 다음과 같이 주어진다.

$$\oint dS_u = \oint dS_{sys} + \oint dS_{Sur} = 0 \tag{3.54}$$

한편 식 (3.54)를 유한한 가역과정에 적용하면

$$\int_A^B dS_{sys} + \int_A^B dS_{sur} = \Delta S_{sys} + \Delta S_{sur} = 0 \tag{3.55}$$

또는 다음과 같이 나타낼 수 있다.

$$\Delta S_{sys}(\text{계}) = -\Delta S_{sur}(\text{외계}) \tag{3.56}$$

즉, 가역과정에서 계의 엔트로피 증가량은 외계의 엔트로피 감소량과 같다.

(ii) 비가역과정 : 비가역과정에서 우주의 엔트로피는 항상 증가하며, 이것은 다음과 같이 증명할 수 있다. 먼저 계와 외계의 온도가 각각 T_1과 $T_2(> T_1)$라고 가정한다. 그리고 외계에서 열이 δQ만큼 가역적으로 계로 이동하는 경우에 계의 엔트로피의 증가는 $\Delta S_{sys} \geq \delta Q/T_1$이다. 한편 외계의 엔트로피의 감소는 $\Delta S_{sur} = -\delta Q/T_2$으로 나타낼 수 있다. ΔS_u를 구하기 위하여 ΔS_{sys}과 ΔS_{sur}을 더하면

$$\Delta S_u = \Delta S_{sys} + \Delta S_{sur} \geq \delta Q\left(\frac{1}{T_1} - \frac{1}{T_2}\right) \tag{3.57}$$

주어진다. 여기서 $T_2 > T_1$이므로 비가역과정에서 $\Delta S_u > 0$이다. 이를 가역과정과 함께 고려하면 $\Delta S_u \geq 0$ 같이 나타낼 수 있다.

우주의 진화를 열역학 관점에서 살펴보면 흥미롭다(그림 3.7). 열역학 제1법칙에 의하면 우주에서 한 종류의 에너지가 다른 종류의 에너지로 전환되어도 에너지의 총량은 보존된다. 한편 열역학 제2법칙에 의하면 자연과정은 엔트로피가 증가하는 방향, 즉 무질서도가 증가하는 방향으로 진행한다. 이것은 시간이 지남에 따라 유용한 에너지가 점차 쓸모가 적은 에너지로 변환됨을 의미한다. 따라서 결국에는 우주의 어느 곳에서나 물질의 조성과 온도가 균일한 열 죽음(heat death) 상태가 된다. 이 상태에서 우주의 엔트로피가 최대가 되며, 어떤 운동이나 생명을 유지할 수 있는 유용한 에너지가 없게 된다. 그림 3.7은 우주의 총 에너지와 유용한 에너지의 시간에 따른 변화를 개념적으로 보여준다.

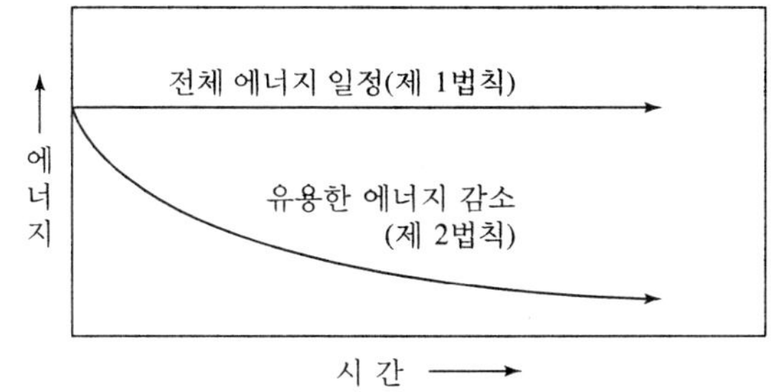

그림 3.7 우주의 에너지와 열역학 제1, 2법칙

예제 03

질량이 100 g, 온도가 90℃인 물이 방안의 온도 20℃로 냉각되었다. 물의 정압비열(c_p)이 4180 J kg^{-1} K^{-1}일 때 (1) 계(물)의 엔트로피 변화, (2) 주위의 엔트로피 변화, (3) 우주의 엔트로피 변화는 얼마인가?

➲ 풀이

(1) 계의 엔트로피 변화 : ΔS_1, $T_1 = 363$ K, $T_2 = 293$ K

$$\Delta S_1 = \int \frac{dQ_{rev}}{T} = mc_p \int_{T_1}^{T_2} \frac{dT}{T} = mc_p \ln\left(\frac{T_2}{T_1}\right)$$

$$\Delta S_1 = (0.1)(4180)\ln\left(\frac{293}{363}\right) = -89.6\ (\mathrm{J\ K^{-1}})$$

(2) 주위의 엔트로피 변화

에너지 보존에서 $Q_{sur} + Q_{sys} = \mathrm{const.}$이므로 계와 주위와의 열에너지 교환에서 계가 잃은 열은 주위가 얻은 열과 동일하다. 따라서

$$\Delta Q_{sur} = -\Delta Q_{sys} = -\int_{T_1}^{T_2} mc_p\, dT$$

으로 나타낼 수 있다. 열에너지 교환을 가역적으로 고려할 때 외계의 엔트로피 변화 $\Delta S_2 = -\frac{\Delta Q_{sys}}{T_2}$ 으로 주어지며 그 결과는 다음과 같다.

$$\Delta S_2 = -\frac{1}{T_2}\int_{T_1}^{T_2} mc_p\, dT = mc_p\left(\frac{T_1 - T_2}{T_2}\right)$$

$$\Delta S_2 = (0.1)(4180)\left(\frac{363-293}{293}\right) = 99.8\ (\mathrm{J\ K^{-1}})$$

(3) 우주의 엔트로피 변화 : ΔS_u

$$\Delta S_u = \Delta S_1 + \Delta S_2 = -89.6 + 99.8 = 10.2\ (\mathrm{J\ K^{-1}})$$

여기서 계의 엔트로피는 감소했지만 우주의 엔트로피는 증가했다.

3.6 열역학 제1법칙과 제2법칙의 결합

열역학 제1법칙과 열역학 제2법칙에서 도입된 비엔트로피 변화(ds)를 하나의 식으로 결합하면 다음과 같이 주어진다.

$$ds \geq \frac{dq}{T} = c_v \frac{dT}{T} + R\frac{d\alpha}{\alpha} \tag{3.58}$$

여기서 등호는 가역과정에 대해서, 부등호는 비가역과정에 대해서 적용된다. 식 (3.58)은 단위 질량의 계에 대한 열역학 제1법칙, $dq = c_v T + pd\alpha$의 양변을 T로 나누어 준 다음에 상태 방정식을 적용하면 얻을 수 있다. 이 식에서 엔트로피가 상태함수임을 확인할 수 있다.

열역학 제1법칙에서 T는 상태함수인 반면에, 일($dw = pd\alpha$)은 경로함수이다. 그러나 식 (3.58)에서 우변의 두 개의 항 모두가 바로 적분이 가능한 하나의 변수로 되어 있어서 엔트로피가 상태함수 임을 보여준다. 비엔트로피(specific entropy)의 변화를 열역학 제1법칙을 나타내는 두 개의 식에 도입하면 다음과 같이 주어진다.

$$Tds \geqq c_v dT + p d\alpha = du + dw \tag{3.59}$$

$$Tds \geqq c_p dT - \alpha dp = dh - \alpha dp \tag{3.60}$$

으로 나타낼 수 있다. 이 식들은 계의 엔트로피 변화와 내부에너지 변화, 계가 한 일 또는 주위에서 계에 한 일, 그리고 엔탈피의 변화를 관련지을 수 있어서 유용하다.

열역학의 법칙과 개념

열역학 법칙	상태함수	관계식	개념
제0법칙	T	U	열평형
제1법칙	U	$dU \equiv dQ \equiv dW$	에너지보존
제2법칙	S	$dS = \frac{dQ}{T}$	가역과정
제2법칙	S	$dS > \frac{dQ}{T}$	비가역과정

연 습 문 제

3.1 다음 각 경우에 건조공기의 비내부에너지, 비엔탈피, 비엔트로피의 변화를 구하시오.

(1) 등온과정에서 비체적이 초기에 900 cm^3g^{-1}에서 950 cm^3g^{-1}으로 팽창한 경우

(2) 등압과정에서 −10℃의 건조공기를 10℃까지 가열한 경우

(3) 기압이 900 hPa, 온도 280 K의 건조공기를 950 hPa 고도까지 단열압축했을 경우

3.2 온도가 25℃인 1 kg의 건조공기가 일정한 체적을 유지한 상태에서 20℃의 방안 온도로 냉각되었다. (1) 공기덩이의 엔트로피 변화, (2) 주위의 엔트로피 변화, (3) 우주의 엔트로피 변화를 계산하시오.

3.3 체적이 V_1, V_2이고, 몰수가 n_1, n_2인 두 종류의 이상기체가 등온 상태에서 혼합될 때 엔트로피의 변화가 $\Delta S = n_1 R^* \ln\left(\frac{V_1 + V_2}{V_1}\right) + n_2 R^* \ln\left(\frac{V_1 + V_2}{V_2}\right)$임을 보이시오.

3.4 건조공기가 압력이 900 hPa, 온도가 273 K인 고도에서 950 hPa인 고도로 하강했을 때 온도가 269 K로 바뀌었다면 비엔트로피의 변화는 얼마인가?

3.5 한 카르노 엔진이 온도가 400 K와 300 K의 두 열원 사이에서 작동하고 있다.

(1) 이 열기관이 400 K 열원에서 1200 cal의 열을 받는다면 300 K의 열원에 몇 cal의 열이 방출되는가?

(2) 이 열기관을 냉동기로 거꾸로 작동시켜 300 K 열원에서 1200 cal의 열을 뽑으면 400 K의 열원으로 몇 cal의 열을 방출하는가?

(3) 냉동기를 작동시키는 데 필요한 역학적 일이 모두 열로 바뀐다면 몇 cal의 열이 발생되는가?

3.6 1몰의 과냉각수가 −10℃에서 비가역과정에 의해 −10℃의 얼음으로 바뀌었다. 엔트로피의 변화는 얼마인가?

3.7 계의 비엔탈피는 $h = u + p\alpha$으로 정의한다. 등온과정에서 계의 비엔탈피의 변화, $dh = 0$ 임을 상태방정식을 이용하여 보이시오.

Chapter

04

열역학 퍼텐셜과 그 변화

이 장에는 열역학 퍼텐셜과 맥스웰 관계식, 그리고
화학 퍼텐셜의 정의와 그 응용에 대해 기술되어 있다.

4.1 계의 평형조건

계가 그 주위와 평형상태에 있다면, 모든 가능한 무한소의 변화(infinitesimal change)는 가역적이다. 따라서 평형에 대한 필요한 조건은 가역과정에 대해서 우주(계+주위)의 엔트로피의 변화(dS_u)가 0이다. 한편 비가역과정, 즉 자발적 변화(spontaneous change)에 대한 가장 일반적인 기준은 다음과 같이 우주의 엔트로피가 증가($dS_u > 0$)하는 것이다. 따라서, 가역과정과 자발적 변화에 대해 우주의 엔트로피 변화를 함께 고려하면

$$dS_u = dS + dS' \geqq 0 \tag{4.1}$$

으로 표현된다. 여기서 dS_u는 우주의 엔트로피, dS는 계의 엔트로피 그리고 dS'는 주위의 엔트로피를 나타낸다.

식 (4.1)은 계의 자발적 변화나 평형을 조사하는데 실제로 적용하기가 어렵다. 그 이유는 이 기준은 계만 고려하는 것이 아니라 계와 주위를 함께 고려하기 때문이다. 따라서 계의 평형과 자발적 변화에 대한 기준을 정하기 위해서 새로운 상태함수가 필요하며, 이 필요성을 충족시키기 위해 도입된 함수가 헬름홀츠 에너지(Helmholtz energy)와 깁스 에너지(Gibbs energy)이다.

4.2 헬름홀츠 에너지와 깁스 에너지

(1) 헬름홀츠 에너지

헬름홀츠 에너지를 정의하기 위하여 그림 4.1과 같이 계의 온도(T)와 주위 온도(T')의 온도 차이가 $\delta T(>0)$이며, $T' = T + \delta T$인 커다란 열원을 고려한다. 이 경우 온도의 미소한 차이로 인해 주위에서 계로 열 dQ가 주위로 가역과정에서 이동했다고 하면 계의 엔트로피가 증가한다.

계의 엔트로피 증가는 $dS \geq dQ/T$으로 주어지며, 이 식에 열역학 제1법칙을 적용하면 다음 식을 얻는다.

$$TdS \geq dU + pdV \tag{4.2}$$

여기서 dU는 계의 내부에너지의 증가, 그리고 $dW(= pdV)$는 계가 주위에 한 일이다. 등온과정을 고려하면 식 (4.2)는 다음과 같이 기술할 수 있다.

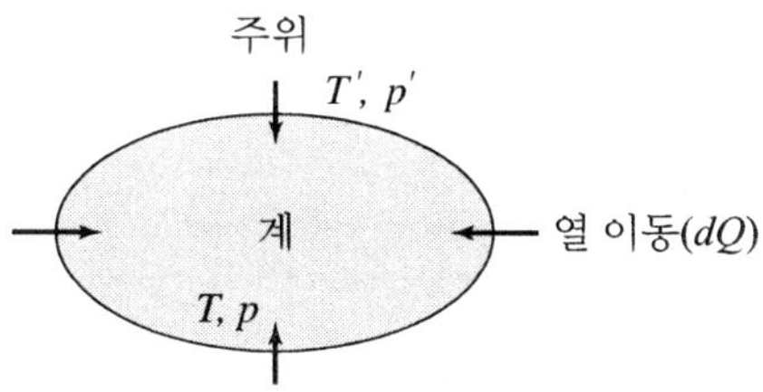

그림 4.1 고온의 열원에서 저온의 계로 열의 이동

$$dW \leq -d(U-TS) \tag{4.3}$$

식 (4.3)에서 새로운 상태함수인 헬름홀츠 에너지를 다음과 같이 정의한다.

$$F = U - TS \tag{4.4}$$

식 (4.4)를 식 (4.3)에 적용하면 다음 식을 얻는다.

$$dW \leq -dF \tag{4.5}$$

여기서 등호는 가역과정 그리고 부등호는 비가역과정을 나타낸다. 식 (4.5)에 의하면 헬름홀츠 에너지는 열역학적 상태함수로써 가역 등온과정에서 일로 전환될 수 있는 계의 에너지로 정의할 수 있다.

계의 엔트로피와 헬름홀츠 에너지의 관계를 살펴보자. 계에 열이 주어지면 엔트로피와 일이 증가($dW > 0$)한다. 엔트로피 증가는 자발적 과정으로 해석할 수 있다. 여기서 $dW > 0$이므로 식 (4.5)가 성립하려면 $dF < 0$이어야 한다. 즉, 자발적 과정에서 엔트로피와 달리 계의 헬름홀츠 에너지는 그림 4.2와 같이 감소한다. 한편 가역과정에서 F의 감소는 계가 최대로 한 일에 해당되므로 다음과 같이 나타낼 수 있다.

$$dW_{\max} = -dF \tag{4.6}$$

(2) 깁스 에너지

깁스 에너지(G)는 계가 등온·등압과정에서 일로 전환될 수 있는 열역학적 에너지로 정의할 수 있으며, 다음과 같이 유도된다. 가역 등압과정에서 부피변화에 따른 일은 $dW = d(pV)$로 나타낼 수 있다. 이를 식 (4.5)에 적용하면 다음과 같이 주어진다.

$$(dG)_{T,p} \equiv d(F + pV) \leqq 0 \tag{4.7}$$

여기서 F는 등온과정에서 정의된 함수이므로 dG에 아래첨자 T가 포함되어 있다.

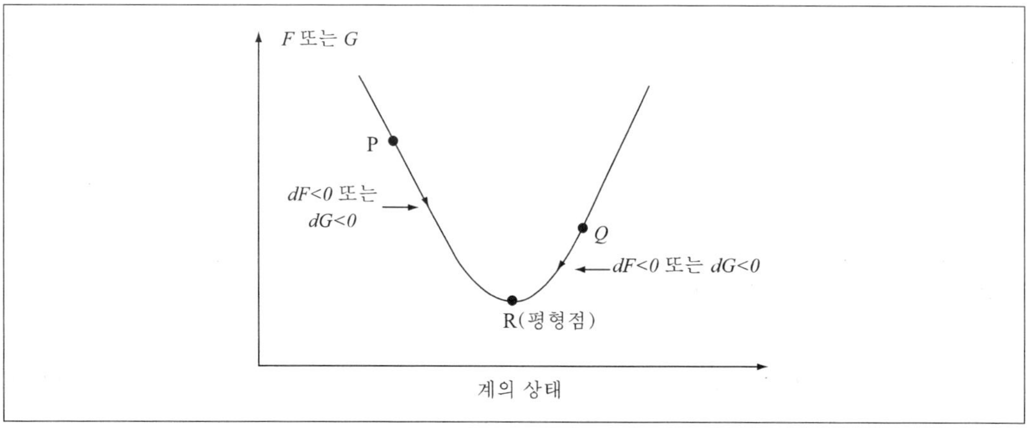

그림 4.2 계의 상태와 헬름홀츠 에너지와 깁스 에너지의 변화

식 (4.7)에서 등호는 가역과정을, 그리고 부등호는 비가역과정을 표시한다. 상태함수 G는 다음과 같이 F의 정의를 이용하여

$$G = F + pV = U - TS + pV \tag{4.8}$$

또는 엔탈피 $H = U - pV$를 이용하여

$$G = H - TS \tag{4.9}$$

으로 정의한다. 깁스 에너지(G)는 식 (4.7)에 의하면 가역 등온, 등압과정에서 일정하며, 평형상태에서는 $dG = 0$이 된다. 자발적 과정, 즉 비가역과정에 대해서는 F와 마찬가지로 계의 상태가 그림 4.2와 같이 깁스 에너지가 최소인 방향으로 진행한다. 이것은 물체가 위치 에너지가 큰 곳에서 작은 쪽으로 이동하는 것과 유사하다.

예제 01

체적이 1몰인 이상기체가 온도 200 K에서 가역 등온팽창에 의해 부피가 처음의 3배가 되었다. 깁스 에너지의 변화는 얼마인가?

➲ 풀이

식 (4.8)의 미분결과 : $dG = -SdT + Vdp$에서 $dT = 0$이다.
따라서 $dG = Vdp$이다.
상태방정식 $pV = nR^*T$를 이용하면

$$\Delta G = \int_{P_1}^{P_2} Vdp = nR^*T\int_{P_1}^{P_2} \frac{dp}{p} = nR^*T\ln\left(\frac{p_2}{p_1}\right)$$

을 얻는다. 한편 등온과정에서 $p_1 V_1 = p_2 V_2$이므로

$$\Delta G = nR^{*}T\ln(V_1/V_2) = -(1\text{ mole})(8.314\text{ J mole}^{-1}\text{ K}^{-1})(200\text{ K}) \times \ln 3 = -1827\text{ J}$$

깁스 에너지와 계의 비팽창 일

깁스 에너지와 계의 비팽창 일과 관계를 보기위해 G를 미분하면 다음과 같이 주어진다.

$$dG = dU + pdV + Vdp - TdS - SdT \quad (1)$$

깁스 에너지와 일과의 관계를 보기위해 열역학 제1법칙 $dQ = dU + dW$에서 가역과정에서 $dQ = TdS$을 적용하고, 이 식을 이용하면 식 (1)은 다음과 같이 표현된다.

$$dU = -dW + TdS \quad (2)$$

여기서 일(dW)은 팽창에 의한 일($dW_{pv} = pdV$)과 비팽창 일(non-PV work) dW_{npv}과의 합으로 다음과 같이 나타낼 수 있다.

$$dW = dW_{pv} + dW_{npv} \quad (3)$$

비팽창 일의 예로 수적의 응결성장을 들 수 있다. 수증기가 응결하여 수적의 표면이 증가할 때, 새로 형성된 물 분자가 표면장력에 거슬러 일을 해야 한다. 여기서 수적 표면적의 증가와 관련된 표면일(surface work)이 비팽창 일에 해당된다.

식 (2)와 (3)을 식 (1)에 적용하면 다음 식을 얻는다.

$$dG = -dW_{npv} + Vdp - SdT \quad (4)$$

가역 등온, 등압과정에서 식 (4)는 다음과 같이 주어진다.

$$dG = -dW_{npv} \quad (5)$$

이 식은 가역 등온, 등압과정에서 비팽창 일(non-expansion work)은 깁스 에너지의 감소와 같음을 보여준다. 따라서 깁스 에너지는 등온·등압과정에서 비팽창 일로 전환될 수 있는 계의 에너지로 정의할 수 있다.

4.3 맥스웰 관계식

앞에서 기술한 3가지 상태함수 엔탈피(H), 깁스 에너지(G), 내부에너지(U)와 헬름홀츠 에너지(F)를 포함하여 열역학 퍼텐셜(thermodynamic potential)이라 하며, 이로부터 맥스웰 관계식(Maxwell relation)이 유도된다.

(i) 내부에너지 : U

$$dU = TdS - pdV \tag{4.10}$$

여기서 $U = U(S, V)$이므로 U의 전 미분은

$$dU = \left(\frac{\partial U}{\partial S}\right)_V dS + \left(\frac{\partial U}{\partial V}\right)_S dV \tag{4.11}$$

와 같다. 식 (4.10)과 (4.11)을 비교하면 다음 관계식을 얻는다.

$$\left(\frac{\partial U}{\partial S}\right)_V = T, \quad \left(\frac{\partial U}{\partial V}\right)_S = -p \tag{4.12}$$

U는 상태함수이므로 식 (1.19)의 완전미분 조건을 식 (4.10)에 적용하면

$$\left(\frac{\partial p}{\partial S}\right)_V = -\left(\frac{\partial T}{\partial V}\right)_S \tag{4.13}$$

을 얻는다. 이를 맥스웰 관계식이라 하며, 식 (4.13)의 역수를 취하여 다음과 같이 나타낼 수도 있다.

$$\left(\frac{\partial S}{\partial p}\right)_V = -\left(\frac{\partial V}{\partial T}\right)_S \tag{4.14}$$

(ii) 엔탈피 : $H = U + pV$

$$\begin{aligned} dH &= dU + pdV + Vdp \\ &= (TdS - pdV) + pdV + Vdp \\ &= TdS + Vdp \end{aligned} \tag{4.15}$$

여기서 $H = H(p, S)$이므로 H의 전미분은

$$dH = \left(\frac{\partial H}{\partial S}\right)_p dS + \left(\frac{\partial H}{\partial p}\right)_S dp \tag{4.16}$$

으로 주어지며, 식 (4.15)와 비교하면 다음 식을 얻는다.

$$\left(\frac{\partial H}{\partial S}\right)_p = T, \quad \left(\frac{\partial H}{\partial p}\right)_S = V \tag{4.17}$$

H가 상태함수이므로 완전미분의 조건을 식 (4.15)에 적용하면 다음의 맥스웰 관계식을 얻는다.

$$\left(\frac{\partial V}{\partial S}\right)_p = \left(\frac{\partial T}{\partial p}\right)_S \tag{4.18}$$

(iii) 깁스 에너지 : $G = F + pV = H - TS$

$$\begin{aligned} dG &= dF + p\,dV + V\,dp \\ &= (-p\,dV - S\,dT) + p\,dV + V\,dp \end{aligned}$$

$$dG = -S\,dT + V\,dp \tag{4.19}$$

여기서 $G = G(T, p)$이므로 G의 전미분은

$$dG = \left(\frac{\partial G}{\partial T}\right)_p dT + \left(\frac{\partial G}{\partial p}\right)_T dp \tag{4.20}$$

이며, 식 (4.19)와 비교하면 다음 관계식을 얻는다.

$$\left(\frac{\partial G}{\partial T}\right)_p = -S, \quad \left(\frac{\partial G}{\partial P}\right)_T = V \tag{4.21}$$

여기서 G가 상태함수이므로 식 (4.19)에 완전미분의 조건을 적용하면 다음의 맥스웰 관계식을 얻는다.

$$\left(\frac{\partial S}{\partial p}\right)_T = -\left(\frac{\partial V}{\partial T}\right)_p \tag{4.22}$$

(iv) 헬름홀츠 에너지 : $F = U - TS$

dF는 F에 관한 정의식 (4.4)를 미분하면 다음과 같이 주어진다.

$$dF = -S\,dT - p\,dV \tag{4.23}$$

여기서 $F = F(T, V)$이므로 F의 전미분은

$$dF = \left(\frac{\partial F}{\partial T}\right)_V dT + \left(\frac{\partial F}{\partial V}\right)_T dV \tag{4.24}$$

으로 주어지며, 식 (4.23)과 비교하면 다음 식을 얻는다.

$$\left(\frac{\partial F}{\partial T}\right)_V = -S, \quad \left(\frac{\partial F}{\partial V}\right)_T = -p \tag{4.25}$$

F가 상태함수이므로 식 (4.23)에 완전미분의 조건을 적용하여 다음의 맥스웰 관계

식을 구할 수 있다.

$$\left(\frac{\partial S}{\partial V}\right)_T = \left(\frac{\partial p}{\partial T}\right)_V \tag{4.26}$$

앞에서 얻어진 4개의 맥스웰 관계식(표 4.1)은 쉽게 직접 측정할 수 없는 양을 얻는데 유용하다. 예를 들면, 식 (4.26)에서 등온 상태에서 $\left(\frac{\partial S}{\partial V}\right)_T$를 측정하는 것보다 등체적 상태에서 온도변화에 따른 압력변화, $\left(\frac{\partial p}{\partial T}\right)_V$를 측정하는 것이 더 쉽다.

표 4.1 열역학 퍼텐셜과 미분관계식

열역학 퍼텐셜	미분형	편미분 계수	맥스웰 관계식
U	$dU = TdS - pdV$	$\left(\frac{\partial U}{\partial V}\right)_S = -p$, $\left(\frac{\partial U}{\partial S}\right)_V = T$	$\left(\frac{\partial S}{\partial p}\right)_V = -\left(\frac{\partial V}{\partial T}\right)_S$
$H = U + pV$	$dH = TdS + Vdp$	$\left(\frac{\partial H}{\partial p}\right)_S = V$, $\left(\frac{\partial H}{\partial S}\right)_p = T$	$\left(\frac{\partial S}{\partial V}\right)_p = \left(\frac{\partial p}{\partial T}\right)_S$
$F = U - TS$	$dF = -SdT - pdV$	$\left(\frac{\partial F}{\partial V}\right)_S = -p$, $\left(\frac{\partial F}{\partial T}\right)_V = -S$	$\left(\frac{\partial S}{\partial V}\right)_T = \left(\frac{\partial p}{\partial T}\right)_V$
$G = F + pV$	$dG = -SdT + Vdp$	$\left(\frac{\partial G}{\partial p}\right)_T = V$, $\left(\frac{\partial G}{\partial T}\right)_p = -S$	$\left(\frac{\partial S}{\partial p}\right)_T = -\left(\frac{\partial V}{\partial T}\right)_p$

예제 02

이상기체에 대해 $\left(\frac{\partial U}{\partial V}\right)_T = 0$, 즉 내부에너지가 체적에 무관함을 맥스웰 관계식을 써서 보이시오.

➲ 풀이

열역학 제1법칙에서 $dU = TdS - pdV$

$$\left(\frac{\partial U}{\partial V}\right)_T = T\left(\frac{\partial S}{\partial V}\right)_T - p \tag{1}$$

맥스웰 관계식 : $\left(\frac{\partial S}{\partial V}\right)_T = \left(\frac{\partial p}{\partial T}\right)_V$를 식 (1)에 적용하면 다음 식을 얻는다.

$$\left(\frac{\partial U}{\partial V}\right)_T = T\left(\frac{\partial p}{\partial T}\right)_V - p \tag{2}$$

여기서 상태방정식 $pV = nR^*T$를 이용하면 $\left(\frac{\partial p}{\partial T}\right)_V = \frac{nR^*}{V}$

$$\therefore \left(\frac{\partial U}{\partial V}\right)_T = T\left(\frac{p}{T}\right) - p = 0 \tag{3}$$

[Note 4.1] 열역학 퍼텐셜의 미분

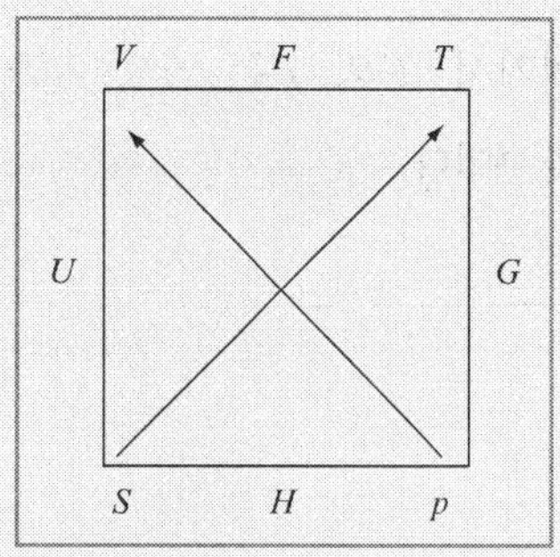

열역학 퍼텐셜의 미분은 주어진 열역학 사각형을 이용하면 쉽게 기억할 수 있다. 먼저 열역학 퍼텐셜(U, F, G, H)과 변수의 위치는 그림에서 "*Good Physicists Have Studied Under Very Fine Teachers*"라는 문장을 이용하여 기억한다. 이때 문장의 시작은 사각형의 오른쪽 변에서 시계방향으로 시작한다. 열역학의 퍼텐셜의 미분을 구하기 위해 다음을 고려하자. 사각형의 네 개의 변에 위치한 열역학 퍼텐셜은 U, F, G, H이며, 그 바로 그 변의 양쪽 모서리에는 각 퍼텐셜에 대한 독립변수가 위치하고 있다.

예를 들면, F의 경우 독립변수는 V와 T이므로 $F=F(V, T)$로 나타낼 수 있다. 열역학 퍼텐셜의 미분 dF를 독립변수의 미분으로 나타낼 경우, 이 경우 독립변수(V, T)의 미분과 곱해지는 계수에 해당되는 변수(p,S)는 그 독립변수와 화살표로 연결되어 있다. 이때 계수의 부호는 화살표가 독립변수를 향하고 있으면 음($-$)의 부호, 그렇지 않으면 양($+$)의 부호를 취한다. 따라서 dF는 다음과 같이 주어진다.

$$dF = -pdV - SdT \tag{1}$$

이 규정을 적용하면 U, F, H에 대해서 다음 3개의 관계식을 얻을 수 있다.

$$dU = TdS - pdV \tag{2}$$

$$dG = Vdp - SdT \tag{3}$$

$$dH = Vdp + TdS \tag{4}$$

4.4 깁스 에너지의 특성

깁스 에너지는 대기 열역학에서 가장 많이 적용되는 열역학 퍼텐셜이다. 깁스 에너지의 특성을 습윤공기에 적용해서 그 물리적 의미를 살펴보자.

(1) 습윤공기의 깁스 에너지의 변화

열린계와 주위의 물리적 교환은 그림 4.3과 같이 나타낼 수 있다. 여기서는 습윤 공기덩이(계)가 건조공기와 수증기로 이루어진 간단한 열린계를 고려한다. 계에서 수증기의 응결은 일어나지 않는다고 가정하면 깁스 에너지 G는 다음과 같이 기술할 수 있다.

$$G = G(p,\ T,\ n_d\ ,\ n_v) \tag{4.27}$$

여기서 T와 p는 각각 계의 온도와 압력이며, n_d는 건조공기의 몰수와 n_v는 수증기의 몰수이다.

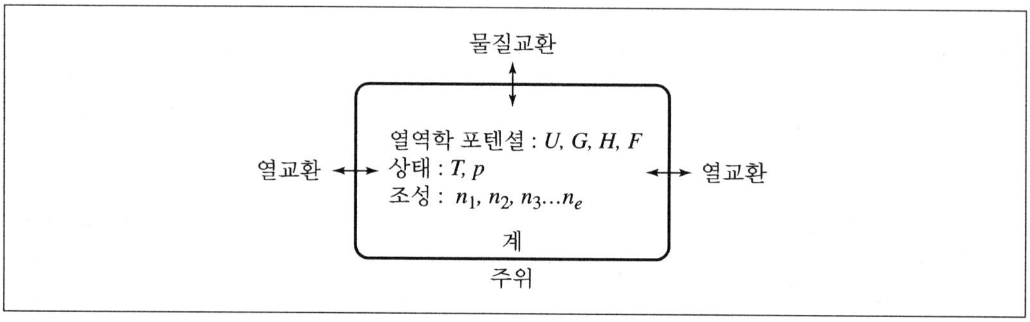

그림 4.3 열린계의 변수와 열역학 퍼텐셜

열린계는 주위와 에너지와 물질 교환이 이루어지므로 이에 따른 G의 변화, 식 (4.27)의 전미분 dG는 다음과 같이 주어진다.

$$dG = \left(\frac{\partial G}{\partial p}\right)_{T, n_i} dp + \left(\frac{\partial G}{\partial T}\right)_{T, p, n_i} dT + \mu_d dn_d + \mu_v dn_v \tag{4.28}$$

식 (4.28)에서 계수 μ_d와 μ_v을 화학 퍼텐셜(chemical potential)이라고 하며, 성분 i의 화학 퍼텐셜(chemical potential)을 다음과 같이 정의한다.

$$\mu_i = \left(\frac{\partial G}{\partial n_i}\right)_{T,\ p,\ n_j} \tag{4.29}$$

여기서 아래첨자 n_j는 어떤 주어진 성분 i에 대한 편미분 $(\partial G/\partial n_i)$에서 성분 i를 제외한 다른 모든 성분을 일정하게 두었음을 의미한다. 화학 퍼텐셜은 압력, 온도 그리고 성분 i를 제외한 다른 모든 성분의 몰수를 일정하게 둔 상태에서 성분 i의 단위 몰에 대한 깁스 에너지(열역학 퍼텐셜)의 변화를 나타내는 세기변수이다. 화학퍼텐셜의 차이는 서로 다른 물질 간의 화학반응 또는 한 물질에서는 하나의 상에서 다른 상으로 물질 이동을 일으킨다. 식 (4.21)을 (4.28)에 적용하면 다음 식을 얻는다.

$$dG = V dp - S dT + \sum_i \mu_i\, dn_i \tag{4.30}$$

(2) 응결한 물을 포함한 습윤공기

계의 구성이 건조공기, 수증기, 응결한 물로 구성되어 있으며 깁스 에너지 변화는

$$dG = \left(\frac{\partial G}{\partial p}\right)_{T,n_i} dp + \left(\frac{\partial G}{\partial T}\right)_{T,p,n_i} dT + \mu_d dn_d + \mu_v dn_v + \mu_w dn_w \tag{4.31}$$

으로 주어진다. 계가 닫혀있는 경우는 질량이 보존되므로 $d\mu_d = 0$이고, $n_w + n_v = \text{const.}$ 이므로 식 (4.31)은 다음과 같이 기술할 수 있다.

$$dG = \left(\frac{\partial G}{\partial p}\right)_{T,n_i} dp + \left(\frac{\partial G}{\partial T}\right)_{T,p,n_i} dT + \mu_d dn_d + (\mu_v - \mu_w) dn_v \tag{4.32}$$

[Note 4.2] 화학 퍼텐셜의 개념

화학 퍼텐셜(chemical potential)은 구성성분이 다르거나 또는 구성성분은 같지만 상이 다른 한 계에서 물질의 이동과 이에 따른 평형현상 또는 상평형(phase equilibrium)을 설명하기 위하여 이용된다. 다시 말해 물질의 화학 퍼텐셜은 물질의 이동을 유발하는 추진력을 나타내는 개념이다. 예를 들면, 서로 다른 두 물체 사이에 전도에 의한 열의 이동은 두 물체의 온도가 서로 다른 경우에 일어나며, 두 물체의 온도가 같아지면 열의 이동이 중단된다. 이때 열의 이동을 유발하는 추진력에 해당하는 것은 온도 차이며, 이 추진력이 사라지면 열은 이동하지 않고 두 물체는 열적 평형에 도달한다. 또한 일정한 길이의 관을 통해 유체가 흐른다는 것은 관의 입구와 출구 사이의 압력의 차이 때문이다. 압력이 동일해지면 유체의 흐름이 중단된다. 이때 유체의 이동을 유발하는 추진력은 압력의 차이이다. 이와 유사하게 두 개의 다른 상이 인접해 있는 경우 두 상에서 화학 퍼텐셜이 서로 다르면, 그 물질은 화학 퍼텐셜이 큰 상에서 작은 상으로 이동하게 된다. 그리고 두 상에서 그 물질의 화학 퍼텐셜이 같아지면, 물질의 순 이동은 중단되고 두 상은 평형에 도달한다. 이때 물질의 이동을 유발하는 추진력은 그 성분의 화학 퍼텐셜의 차이로 설명할 수 있다.

4.5 계의 평형과 자발적 과정

한 물질로 구성된 계가 그림 4.4와 같이 두 개의 상인 액체(α)와 기체(β)로 구분되어 분포하고 있다. 일정한 온도와 압력에서 액체와 기체의 화학 퍼텐셜을 각각 μ_α, μ_β라고 하면 식 (4.30)에 의한 깁스 에너지의 변화는 다음과 같이 주어진다.

$$dG = \mu_\alpha \, d\, n_\alpha + \mu_\beta \, d\, n_\beta \tag{4.33}$$

여기서 질량보존 $n_\alpha + n_\beta = c$ (일정)을 고려하면 $dn_\alpha = -dn_\beta$ 이므로 식 (4.33)은

$$dG = (\mu_\beta - \mu_\alpha)\, dn_\beta \tag{4.34}$$

와 같이 나타낼 수 있다. 계가 평형상태에 있을 때는 $dG = 0$이고, $dn_\alpha + dn_\beta = 0$이지만, $dn_\beta \neq 0$이다. 따라서 식 (4.34)에서 다음과 같이 주어진다.

$$\mu_\alpha = \mu_\beta \tag{4.35}$$

즉, 평형상태에서 두 개의 상의 화학 퍼텐셜은 동일하다. 이 결과를 확장하면 온도와 압력이 일정한 조건에서 계가 평형상태에 있을 때 계를 구성하고 있는 물질의 상(phase) 사이에는 $\mu_{i\alpha} = \mu_{i\beta}$가 성립한다. 여기서 i는 계를 구성하는 각 성분을 나타낸다.

불포화상태에서 물이 증발하여 수증기로 바뀌는 자발적 과정에 대해서는 식 (4.7)에 의하면 $dG < 0$이다. 이 조건을 등압, 등온 상태에의 증발과정에 적용하면 다음과 같다.

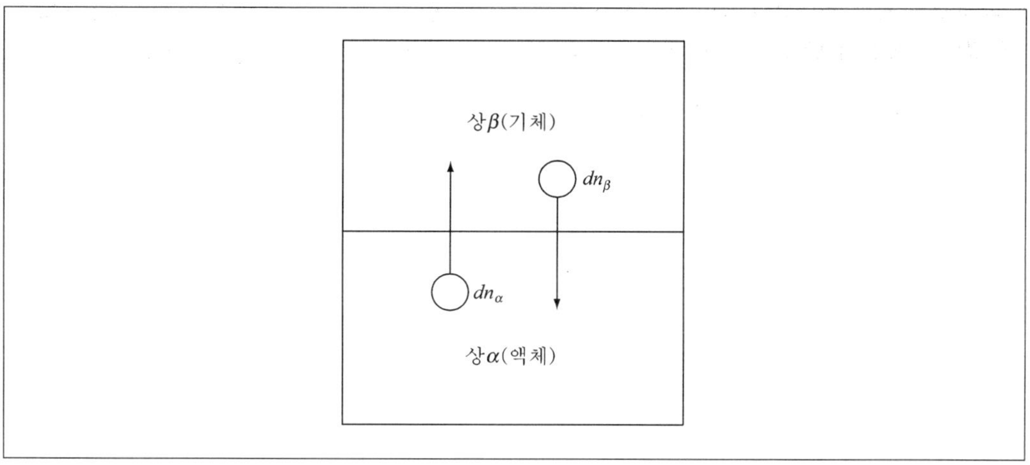

그림 4.4 두 개의 상으로 이루어진 동일 성분의 계에서 분자의 이동

$$dG = \sum_i \mu_i \, dn_i = \mu_l \, dn_l + \mu_g \, dn_g < 0 \quad (4.36)$$

여기서 첨자 l은 액체 상태의 물, g는 수증기를 나타낸다. 질량보존을 고려하면 식 (4.36)은

$$(\mu_l - \mu_g) \, dn_l < 0 \quad (4.37)$$

으로 주어진다. 식 (4.37)에 따르면 다음과 같이 기술할 수 있다.

$$\text{물의 증발 } (dn_l < 0) \quad : \mu_l > \mu_g \quad (4.38)$$

$$\text{수증기의 응결}(dn_l > 0) : \mu_l < \mu_g \quad (4.39)$$

식 (4.38)과 (4.39)에 의하면 동일 물질에서 입자는 화학 퍼텐셜이 높은 곳에서 낮은 곳으로 이동한다.

[Note 4.3] 깁스 에너지와 구름 입자의 핵생성

깁스 에너지는 구름 입자의 핵생성 과정을 이해하는데 유용한 상태함수이다. 예를 들어 과냉각 수적에서 빙정이 형성되는 자발적 과정을 살펴보자. 아래 그림은 과냉각 수적에서 동결에 의해 빙정으로 바뀔 때 깁스 에너지의 변화를 보여준다. 여기서 G_1과 G_2는 각각 과냉각수적과 빙정의 깁스 에너지이고, 그 차이는 $\Delta G = (G_2 - G_1)$이며 물의 경우 상변화에 따른 잠열 또는 엔탈피 변화를 나타낸다. 한편 상변화 과정에서 과냉각 수적이 빙정으로 바뀌려면 반드시 곡선 G를 따라 그 값이 최대인 활성화 상태(G_c)를 통과하여야만 한다. 여기서 $\Delta G_a (= G_c - G_1)$을 깁스 에너지 장벽(Gibbs energy barrier)이라고 하며, 이를 극복하는데 필요한 에너지를 활성화 에너지(activation energy)라고 한다. 물 분자가 일단 에너지 장벽을 넘으면 $dG < 0$인 방향으로 계의 상태가 변하면서 평형상태($dG = 0$)에 도달하여 빙정으로 바뀐다.

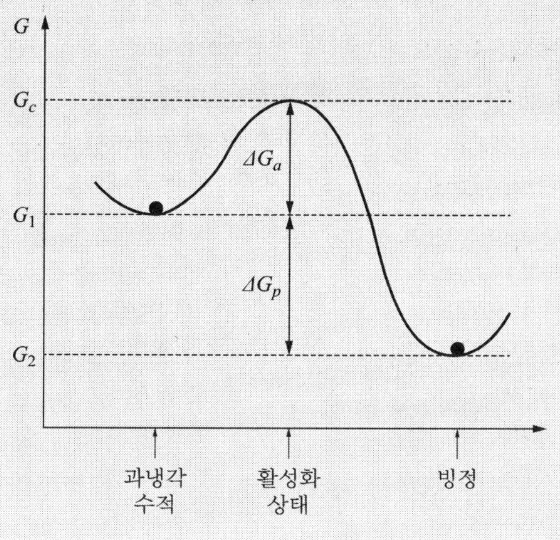

연 습 문 제

4.1 이상기체의 경우 $\left(\frac{\partial H}{\partial p}\right)_T = 0$, 즉 엔탈피가 압력에 무관함을 맥스웰 관계식을 써서 보이시오.

4.2 가역과정에서 계가 한 일과 $dU = dF + TdS$를 비교하여 $dF = -dW_{\max}$ 임을 보이시오.

4.3 (1) 압력이 일정한 가역과정에서 계에서 외계로 이동한 열이 dQ인 경우에 $dS_u = dS - \frac{dH}{T}$로 주어짐을 보이시오. 여기서 dH는 계의 엔탈피 변화이다.

(2) 앞에 주어진 식을 이용하여 온도가 일정한 경우 $TdS_u = -dG$임을 보이시오. 여기서 $G = H - TS$이다.

4.4 등압상태에서 −10℃의 물이 얼음으로 바뀔 때 엔탈피의 변화는 $-5619\ \mathrm{J\ mole^{-1}}$이다. 그리고 −10℃의 물이 얼음으로 바뀔 때 엔트로피의 변화는 $-20.54\ \mathrm{J\ K^{-1}\ mole^{-1}}$이다. −10℃의 물이 얼음으로 바뀔 경우 깁스 에너지의 변화는 얼마인가?

4.5 맥스웰 관계식 $\left(\frac{\partial T}{\partial \alpha}\right)_S = -\left(\frac{\partial p}{\partial S}\right)_\alpha$ 을 이용하여 이상기체에 대해 $\left(\frac{\partial p}{\partial S}\right)_\alpha$ 을 구하시오.

4.6 압력이 1000 hPa, 온도가 25℃인 이상기체가 가역 등온과정에 의해 압력이 100 hPa로 되었다. 다음 문제에 답하시오.

(1) 단위 mole에 대한 깁스 에너지의 변화는 얼마인가?

(2) 만일 여기서 기압 변화가 비가역과정에 의해서 일어났다고 가정했을 경우, 단위 mole에 대한 깁스 에너지의 변화는 얼마인가?

(3) 헬름홀츠 에너지의 변화는 얼마인가?

4.7 이상기체에 대한 비엔트로피 S가 T와 p의 함수로 주어진다. 맥스웰 관계식을 이용하여 $ds = c_p \frac{dT}{T} - R\frac{dp}{p}$ 임을 보이시오.

Chapter

05

물의 상태와 열역학적 특성

이 장에서는 계의 열역학적 평형, 상규칙 그리고 상전이 등에 관해서 기술되어 있다. 또한 온도에 따른 포화수증기압의 변화와 기압하강에 따른 물의 끓는점의 하강 및 수용액에서 수증기압의 강하 등이 논의된다.

5.1 열역학적 평형

상(phase)은 물리적, 화학적으로 동질이면서 분리가 가능한 계의 한 부분을 의미한다. 하나의 물질로 이루어진 계에서 두 개의 서로 다른 상이 존재할 때 상평형(phase equilibrium) 조건을 고려해보자. 계가 그림 5.1과 같이 외부와 열 교환을 막는 단열벽(adiabatic wall)으로 된 내부에 한 물질이 두 개의 상 α, β를 가지며, 그 질량이 각각 n_α, n_β 몰이다. 상의 경계를 통해 열과 입자의 이동이 가능하기 때문에 상의 경계는 위 또는 아래로 이동할 수 있다. 여기서 두 개의 상 사이에 여러 가지 상호작용이 나타날 수 있지만 다음의 구속조건을 받는다.

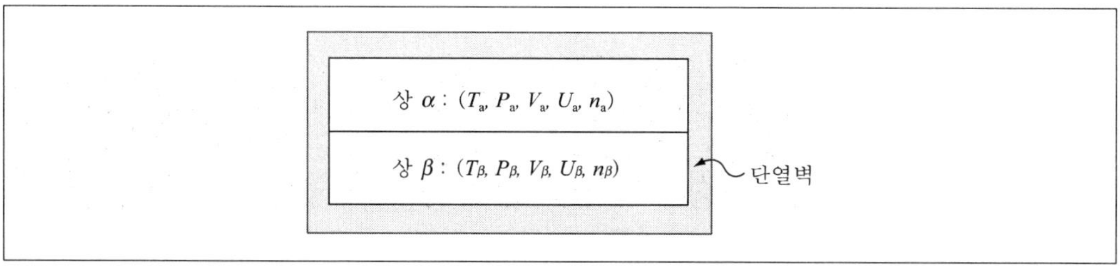

그림 5.1 열역학적 평형상태에 한 물질에서 두 개의 상의 공존

$$\text{질량보존 :}\quad n_\alpha + n_\beta = n\ (\text{상수}) \tag{5.1}$$

$$\text{체적보존 :}\quad V_\alpha + V_\beta = V\ (\text{상수}) \tag{5.2}$$

$$\text{에너지보존 :}\quad U_\alpha + U_\beta = U\ (\text{상수}) \tag{5.3}$$

여기서 V_α, V_β는 각 상의 체적을, 그리고 U_α, U_β는 각 상의 내부에너지를 나타낸다. 평형상태에서 두 개의 상으로 이루어진 계의 엔트로피는

$$S_\alpha + S_\beta = S\ (\text{최대}) \tag{5.4}$$

으로 주어진다. 지금 무한소의 변화를 고려할 경우 다음과 같이 기술할 수 있다.

$$dS = dS_\alpha + dS_\beta = 0 \tag{5.5}$$

여기서 dS_α와 dS_β를 계산하기 위하여 다음의 식 (4.41)을 이용한다.

$$dS = \frac{1}{T}\left(dU + p\,dV - \sum_{i=1}^{\phi} \mu_i\,dn_i\right) \tag{4.41}$$

평형상태에서 각 상에 대해서 n, V, U 그리고 S_α, S_β 의 미소변화를 고려하면 식 (4.41)에 의해 다음과 같이 주어진다.

$$dS_\alpha = \frac{1}{T_\alpha}(dU_\alpha + p_\alpha\, dV_\alpha - \mu_\alpha\, dn_\alpha) \tag{5.6}$$

$$dS_\beta = \frac{1}{T_\beta}(dU_\beta + p_\beta\, dV_\beta - \mu_\beta\, dn_\beta) \tag{5.7}$$

여기서 식 (5.6)과 (5.7)을 식 (5.5)에 대입한다. 그리고 식 (5.1)~(5.3)에서 얻어진

$$dn_\beta = -dn_\alpha, \quad dV_\beta = -dV_\alpha, \quad dU_\beta = -dU_\alpha \tag{5.8}$$

을 이용하면 다음 식을 얻는다.

$$\left(\frac{1}{T_\alpha} - \frac{1}{T_\beta}\right)dU_\alpha + \left(\frac{p_\alpha}{T_\alpha} - \frac{p_\beta}{T_\beta}\right)dV_\alpha - \left(\frac{\mu_\alpha}{T_\alpha} - \frac{\mu_\beta}{T_\beta}\right)dn_\alpha = 0 \tag{5.9}$$

식 (5.9)에서 dU_α, dV_α, dn_α는 임의의 값을 가지므로 등식이 성립하려면 모든 계수가 0이 되어야 한다. 따라서

$$T_\alpha = T_\beta \quad : \text{열적 평형} \tag{5.10}$$

$$p_\alpha = p_\beta \quad : \text{역학적 평형} \tag{5.11}$$

$$\mu_\alpha = \mu_\beta \quad : \text{화학적 평형} \tag{5.12}$$

이 성립한다. 여기서 화학적 평형(chemical equilibrium)은 두 상 사이에 입자의 교환이 평형을 이루는 것을 의미한다. 계의 열역학적 평형(thermodynamic equilibrium)은 열적 평형, 역학적 평형 그리고 화학적 평형이 이루어질 때를 의미한다.

5.2 깁스의 상규칙

깁스의 상규칙(phase rule)은 평형상태에 있는 계의 상(phase)의 수를 변화시키지 않으면서 독립적으로 변화시킬 수 있는 세기변수(예: 압력, 온도, 농도)의 수, 즉 자유도(degree of freedom)를 결정하는 방법이다. 거시적인 관점에서 다수의 성분과 여러 개의 상으로 이루어진 열역학적 평형상태에 있는 계를 규정하는 세기변수는 평형조건에서 얻어진 온도, 압력, 화학 퍼텐셜이며, 여기에 추가적으로 고려해야 할 세기변수는 농도 또는 밀도이다.

평형상태에서 그림 5.2와 같이 계를 구성하는 성분의 수가 c, 상의 수가 ϕ라고 하자. 이

경우 계를 기술하는 세기변수의 수는 구성성분의 수와 그리고 상의 수를 고려할 경우 $c\phi$개이다. 그리고 평형상태에서는 계 전체에 걸쳐 압력과 온도가 일정하므로 상태를 나타내는 세기변수 p, T를 함께 고려하면

$$\text{계의 총변수의 수} = c\phi + 2 \tag{5.13}$$

가 된다. 그러나 계에 주어지는 구속조건 때문에 $c\phi+2$개의 변수가 모두 계의 상태를 표시하는데 필요한 것은 아니다. 계를 기술하는데 필요한 독립변수의 수를 구하기 위해서 계에 관한 다음의 두 가지 구속(constraint)조건을 고려해야 한다. 첫째 구속조건은 주어진 상에 대하여 각 성분의 질량의 합은 일정하다는 것이다. 둘째 구속조건은 계의 화학 퍼텐셜에 의한 상평형 조건이다.

상(ϕ) : μ_1^ϕ, μ_2^ϕ, ... μ_c^ϕ
⋮ ⋮ ⋯ ⋮ ⋮
상(2) : μ_1^2, μ_2^2, ... μ_c^2
상(1) : μ_1^1, μ_2^1, ... μ_c^1

그림 5.2 c개의 성분에 대해 ϕ개의 상이 공존 시에 화학 퍼텐셜

평형상태에서 첫 번째 구속조건을 적용한 각 상에 대한 조성의 몰수(x_i^k)를 고려하면

$$\begin{aligned} \phi=1 &: x_1^1+x_2^1+\ \cdots\ x_c^1=\text{const} \\ \phi=2 &: x_1^2+x_2^2+\ \cdots\ x_c^2=\text{const} \\ &\ \ \vdots \\ \phi=\phi &: x_1^\phi+x_2^\phi+\ \cdots\ x_c^\phi=\text{const} \end{aligned} \tag{5.14}$$

을 얻는다. 여기서 x_i^k의 아래첨자는 성분을, 위첨자는 상을 표시한다. 식 (5.14)에서 방정식

의 개수 ϕ는 변수에 대한 구속조건이 된다.

두 번째 구속조건인 계의 상의 평형조건에 관한 식 (5.12)를 고려하면 그림 5.2에서와 같이 각 조성에 대해 ϕ개의 상이 공존할 경우 화학 퍼텐셜간의 관계는

$$\begin{aligned} c=1 &: \mu_1^1=\mu_1^2=\mu_1^3 \cdots=\mu_1^\phi \\ c=2 &: \mu_2^1=\mu_2^2=\mu_2^3 \cdots=\mu_2^\phi \\ &\vdots \\ c=c &: \mu_c^1=\mu_c^2=\mu_c^3 \cdots=\mu_c^\phi \end{aligned} \tag{5.15}$$

으로 주어진다. 여기서 주어진 각 조성에 대해서 두 개의 상에 대한 $\mu_i^k=\mu_i^{k+1}$의 서로 독립인 등식이 $(\phi-1)$개 주어지므로, c개의 성분에 대해서 $c(\phi-1)$개의 등식이 주어진다. 이 경우에 평형상태에서 열역학적 계의 자유도는 다음과 같이

계의 자유도 = 변수의 수 − 방정식의 수

으로 주어지며, 식 (5.13), (5.14) 그리고 (5.15)를 고려하면 계의 자유도(f)는

$$f=c\phi+2-c(\phi-1)-\phi \tag{5.16}$$

으로 주어진다. 이를 간단히 하면

$$f=c+2-\phi \tag{5.17}$$

와 같이 나타낼 수 있으며, 이를 깁스의 상규칙이라고 한다.

예제 01

건조공기와 수증기로 구성되어 있는 불포화 상태의 계가 있다.
(i) 이 계가 열역학적 평형상태에 있을 때 계의 자유도는 얼마인가?
(ii) 이 계의 자유도의 수에 해당되는 세기변수들은 무엇인가?

➲ 풀이

(i) 구성성분의 수 $c=2$, 상의 수 $\phi=1$이므로 계의 자유도는 $f=c-\phi+2=3$

(ii) 불포화공기의 상태는 건조공기의 압력(p_d), 건조공기의 밀도(ρ_d), 수증기압(e), 온도(T), 수증기의 밀도(ρ_v)로 나타낼 수 있다. 이 5개의 세기변수 중 $f=3$에 해당하는 세기변수는 (p_d, e, T) 또는 (p_d, ρ_v, T)로 나타낼 수 있다. 이 3개의 세기변수를 알면 건조공기와 수증기의 상태방정식을 이용하여 나머지 세기변수들을 구할 수 있다.

[Note 5.1] 상규칙에서 변수의 독립

계의 자유도를 변수의 독립과 관련지어 생각해보자.

단일 성분을 가진 2개의 상(α, β)으로 된 간단한 계를 고려한다. 상이 평형을 이루고 있을 때는 $\mu_i(\alpha)=\mu_i(\beta)$가 성립하며, 화학 퍼텐셜은 일반적으로 압력과 온도의 함수이므로 다음과 같이 나타낼 수 있다.

$$\mu_i(\alpha : p, T) = \mu_i(\beta : p, T) \tag{1}$$

이 식은 p와 T를 연관시키는 유일한 식이므로, p와 T 중 어느 하나만이 독립변수임을 의미한다. 따라서 (1)의 경우 2개의 변수간의 관계는 $p=p(T)$ 또는 $T=T(p)$로 나타낼 수 있다. 따라서 이 계의 자유도는 $f=1$이다.

단일 성분으로 3개의 상 (α, β, γ)가 평형을 이루고 있을 때는 다음 관계가 성립한다.

$$\mu_i(\alpha : p, T) = \mu_i(\beta : p, T) = \mu_i(\gamma : p, T) \tag{2}$$

이 관계는 두 미지수 사이에 두 관계식, 즉 $\mu_i(\alpha : p, T) = \mu_i(\beta : p, T)$와 $\mu_i(\beta : p, T) = \mu_i(\gamma : p, T)$가 성립함을 뜻하는 것이므로 p와 T는 서로 독립인 단일 해를 갖게 된다. 이것은 마치 $2x+y=5$와 $x-y=1$의 두 식이 성립할 때에 x와 y가 서로 독립인 값 $x=2$와 $y=1$만이 방정식의 해가 되가 되며, x와 y는 그 이외의 다른 값은 가질 수 없다는 것과 같다. 따라서 (2)를 만족하는 계의 자유도는 $f=0$이다.

5.3 물의 상태

5.3.1 물의 상태곡선

물은 지구 대기에서 기체, 액체, 고체 상태로 존재하며, 그 상태에 따라서 물리적 특성이 다르다. 순수한 물에 대한 상태방정식은 다음과 같이 주어진다.

$$p = p(T, V) \tag{5.18}$$

따라서 물의 상태는 그림 5.3과 같은 $p-V-T$의 좌표계에서 3차원 곡면으로 나타낼 수 있다. 곡면상의 주어진 곡선은 가능한 가역과정, 즉 평형상태의 연속을 나타낸다. 그림에서 $p-V$면에 나란한 곡선은 주어진 온도를 나타내는 등온선이다. 그림에서 수증기, 물, 얼음으로 표시된 부분은 물의 단일 상(single phase)으로 존재하는 부분이며, 물+수증기 또는 수증기+얼음은 두 개의 상이 공존하는 부분이다. 그림 5.3에서 임계점(c)과 삼중선(triple line)을 중심으로 중요한 곡선을 기술하면 다음과 같다.

(1) $d-c$: 포화액체선(saturation liquid line)으로 물과 물+수증기로 된 영역의 경계이다. $d-c$의 왼쪽 부분은 물, 그리고 오른쪽 부분에는 물과 수증기가 공존한다. 그리고 c점의 온도를 임계온도(T_c), 압력을 임계압력이라고 한다.

(2) $e-f$: 포화고체선(saturation solid line)으로 얼음과 수증기+얼음의 경계를 나타낸다. 따라서 $e-f$의 왼쪽 부분에는 얼음, 그리고 오른쪽 부분에는 수증기와 얼음이 공존한다.

(3) $a-b-c$: 포화증기선(saturation vapor line)으로 수증기와 물+수증기(또는 얼음+물)로 된 영역의 경계를 나타낸다.

(4) $b-e-d$: 온도가 0℃ 인 삼중선(triple line)을 나타내며, 이 선상에서는 물, 얼음, 수증기가 공존한다.

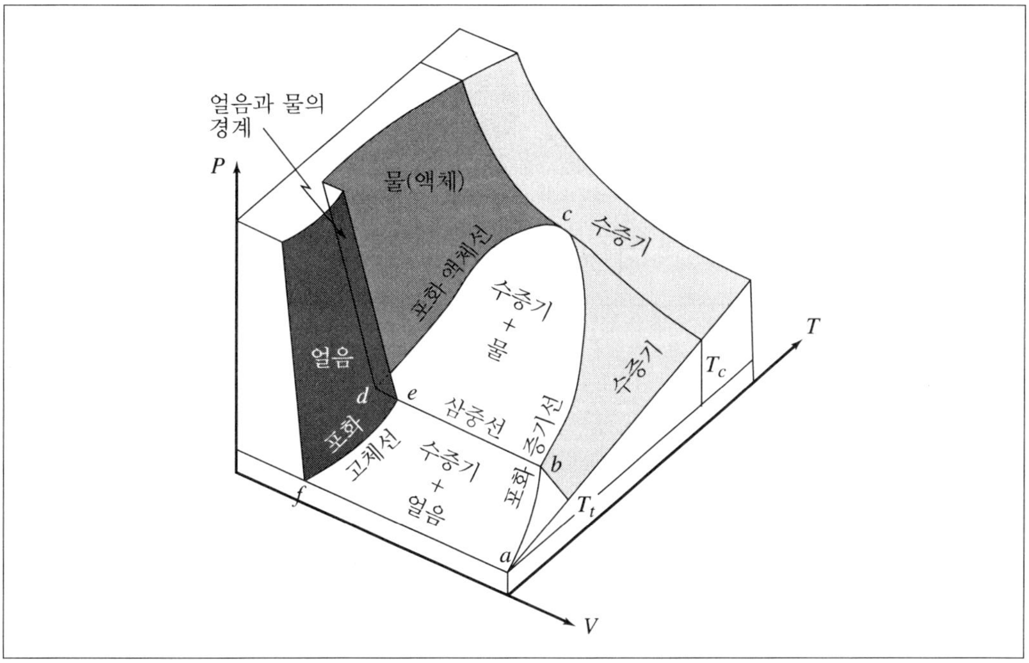

그림 5.3 물의 상태곡선

그림 5.4는 그림 5.3의 상태곡선을 $p-T$면에 나타낸 것이다. 그림 5.3의 삼중선이 그림 5.4에서는 하나의 점, 즉 삼중점(triple point)으로 표시되어 있다. 그림 5.4의 삼중점에서 온도와 수증기압은 각각 273.16 K와 6.11 hPa이고, 열역학 평형상태에서 기체, 액체, 고체 상태의 물이 공존하는 유일한 점이다. 임계점(c)에서 임계압력은 220,598 hPa로서 217.7기압

(atm)에 해당하며, 임계온도는 647 K이다. 임계온도 이상에서는 등온 압축하여도 수증기가 액체로 바뀌지 않으며, 액체와 기체간의 구분이 없다. 임계압력(p_c)은 액체가 가열되어 끓을 때에 기화에 의한 증기가 가질 수 있는 최고 압력이다. 실제로 물이 액체로 존재할 수 있는 최고 온도는 임계온도이므로 이 온도에서 물이 끓으면서 생성된 수증기에 의한 압력이 곧 임계압력이라고 할 수 있다.

그림 5.4는 물의 상태와 상태곡선에 대한 자유도(f)를 나타낸다. 그림에서 보는 바와 같이 3중점에서는 자유도는 $f=0$이다. 그 이유는 그 점에서 주어진 압력과 온도에서만 물이 3가지 상태로 존재할 수 있기 때문이다. 한편 승화곡선, 포화수증기압 곡선 그리고 융해곡선 상에서는 온도 또는 압력만 결정되면 그 상태가 결정되므로, 즉 $p=p(T)$이므로 $f=1$이다. 세 개의 곡선을 제외한 다른 영역(물, 얼음, 수증기)에서는 그 상태를 나타내려면 반드시 2개의 독립적인 상태변수, p, T가 필요하기 때문에 $f=2$이다.

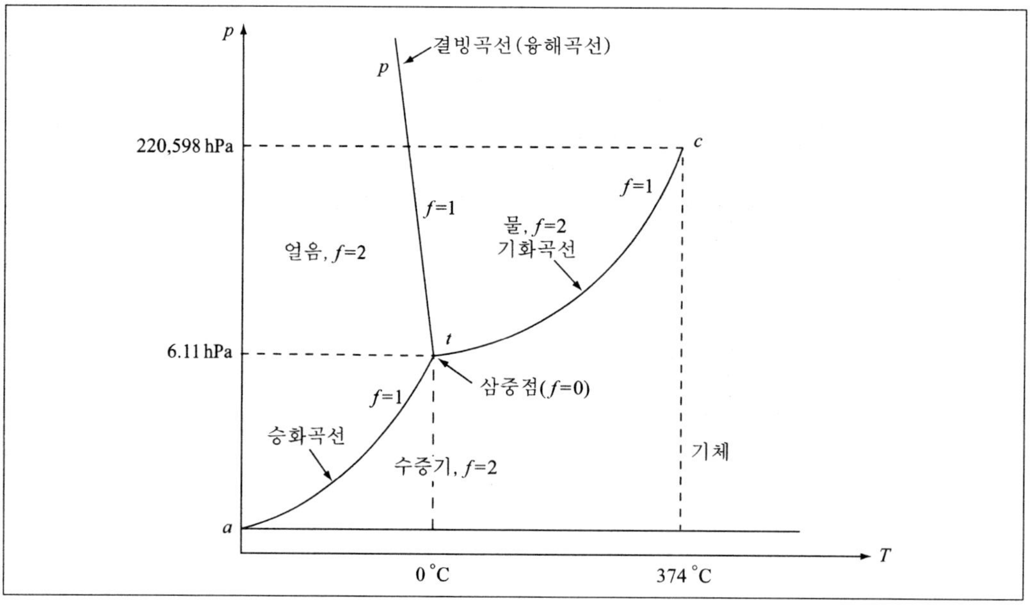

그림 5.4 압력과 온도에 따른 물의 상태

그림 5.4에서 기화곡선과 승화곡선은 각각 열역학적 평형상태에서 물과 수증기, 그리고 얼음과 수증기가 공존할 때에 물에 대한 포화수증기압과 얼음에 대한 포화수증기압을 나타낸다. 융해곡선은 물과 얼음의 경계를 나타내며, 그 기울기는 얼음의 압력 증가에 따른 녹는점의 온도변화를 나타낸다. 그림 5.4에서 세 곡선의 기울기를 살펴보면 기화곡선과 승화

곡선은 $dp/dT > 0$이다. 그러나 융해곡선은 $dp/dT < 0$으로 음의 기울기를 갖는다. 이것은 얼음에 가해지는 압력이 증가함에 따라 녹는점의 온도가 낮아지는 것을 의미한다. 이로 인해 고위도의 산악 지역에 있는 빙하가 0℃보다 낮은 온도에서 경사면을 따라 아래로 이동할 수 있으며, 이 과정에서 U-자 모양의 계곡이 형성될 수 있다. 그 이유는 빙하 무게에 의한 높은 압력으로 지면과 접하고 있는 빙하의 아래 부분이 융해되어 경사면의 마찰이 감소하기 때문이다. 얼음에 압력을 가하면 물이 되고, 압력을 제거하면 얼음으로 되돌아가는 현상을 되얼음 또는 복빙(regelation)이라고 한다.

그림 5.5는 그림 5.3의 $p-V$단면이다. 그림 5.5에 있는 실선들은 모두 등온선을 나타내며, 그림 5.3에서 임계온도 T_c곡선이 그림 5.5의 T_c곡선에 해당된다. 임계온도보다 높은 곳에서 등온선의 모양은 이상기체의 경우와 같은 쌍곡선에 가깝다. 그러나 등온선은 점선으로 둘러싸인 기체와 액체가 공존하는 영역을 통과하면서 크게 꺾이고 있다. 그림에서 등온선 $a-b-c-d$상에서 수증기압의 변화와 물의 상변화를 살펴보자.

(1) $a-b$경로 : 수증기를 등온 압축하면 포화 증기 곡선에 도달할 때까지 수증기의 체적은 계속 감소하지만 수증기압은 증가한다. 그러나 b에 도달하면 수증기가 응결하면서 물과 수증기가 공존한다.

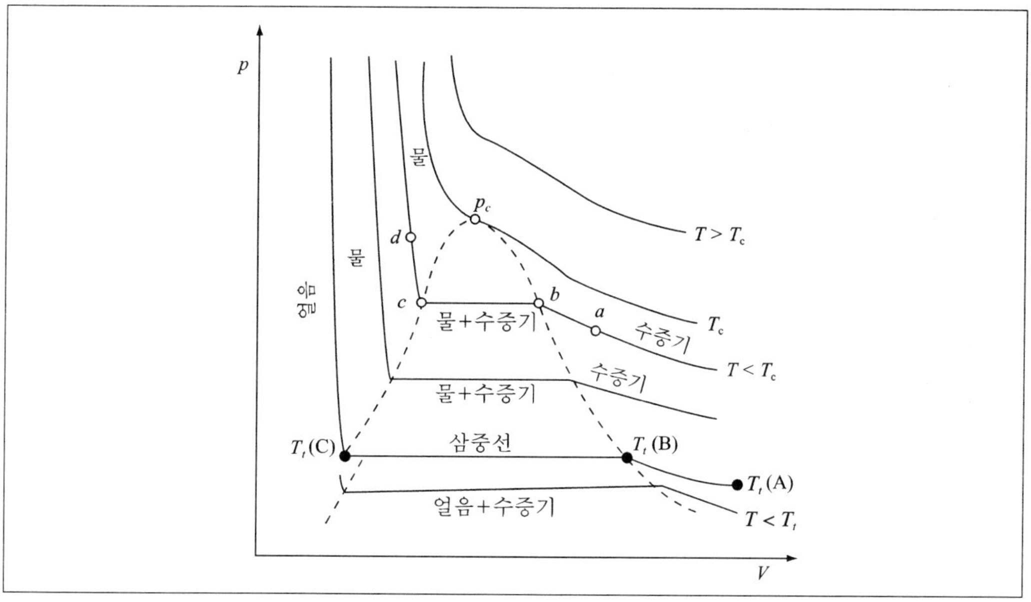

그림 5.5 $P-V$면에서 물의 상태곡선

(2) $b-c$경로 : 등온상태에서 압축이 진행되므로 수증기가 계속 응결하고, 동시에 체적이 감소한다. 물과 수증기가 평형상태에서 공존하며 수증기압은 일정하다. 등온압축이 계속 진행되어 c에 도달하면 수증기가 완전히 물로 바뀐다.

(3) $c-d$경로 : 압력이 증가에 따른 물의 체적이 감소를 나타낸다. 그림에서 물과 수증기에 대한 $|\Delta V/\Delta p|$를 비교하면, 물의 경우가 매우 작다. 이것은 압력이 증가 시에 물의 체적은 수증기에 비해 매우 미소하게 감소함을 말해준다.

(4) T_t-T_t 경로 : 온도가 T_t(A)인 곡선을 따라 수증기를 수축하면 점선으로 표시된 포화 증기 곡선의 B점에 도달한다. 이 점에서부터 3가지 물의 상태가 공존한다.

5.3.2 팽창률과 수축률

일반적으로 거의 모든 물질은 그 온도가 상승하면 팽창하고, 압력을 가하면 수축한다. 물질의 비체적 α는 온도와 압력의 함수인 경우에 물체의 수축률과 팽창률을 살펴보자.

$$\alpha=\alpha(T,\, p) \tag{5.19}$$

식 (5.19)에서 α의 전미분은 다음과 같이 주어진다.

$$d\alpha=\left(\frac{\partial\alpha}{\partial T}\right)_p dT+\left(\frac{\partial\alpha}{\partial p}\right)_T dp \tag{5.20}$$

식 (5.20)을 이용하여 등압상태에서 체적 팽창계수(β)와 등온상태에서 압축률(κ)은 다음과 같이 정의한다(Carter, 2001).

$$\beta=\frac{1}{\alpha}\left(\frac{\partial\alpha}{\partial T}\right)_p,\quad \kappa=-\frac{1}{\alpha}\left(\frac{\partial\alpha}{\partial p}\right)_T \tag{5.21}$$

압축률에서 음의 부호는 압축률의 값을 양으로 표시하기 위한 것이다. 액체와 고체는 기체와 달리 넓은 범위의 온도와 압력에 대해 수축률과 팽창률이 거의 일정하다. 식 (5.21)을 식 (5.20)에 대입하면 다음 식을 얻는다.

$$d\alpha=\beta\alpha dT-\kappa\alpha\, dp \tag{5.22}$$

온도와 압력의 변화에 따른 비체적의 변화가 작을 때 $\alpha\simeq\alpha_0$으로 근사하면 식 (5.22)는 다음과 같이 주어진다.

$$d\alpha\simeq\beta\alpha_0 dT-\kappa\alpha_0 dp \tag{5.23}$$

5.4 상변화와 잠열

5.4.1 잠열과 엔트로피

한 물질이 하나의 상에서 다른 상으로 바뀌는 과정을 상변화(phase change 또는 phase transition)라고 하며, 이 경우 물질의 물리적 성질이 크게 바뀐다. 물질이 상변화를 할 때는 비체적의 변화가 항상 일어난다. 따라서 상변화가 일어나는 동안 계가 주위에 일을 하거나 주위가 계에 일을 하게 된다. 그러므로 상변화 시에는 계가 주위로부터 열을 흡수하거나 또는 계가 주위로 열을 방출하는데 이 열을 잠열(latent heat)이라고 한다. 잠열이 방출 또는 흡수 시에는 계의 엔탈피가 변화한다. 잠열과 엔탈피, 비체적과의 관계를 살펴보기 위하여 식 (3.60), 엔트로피에 의한 열역학 제1법칙을 고려하자.

$$T ds = dh - \alpha\, dp \tag{5.24}$$

여기서 ds는 비엔트로피(specific entropy) 변화이다. 식 (5.24)에서 상전이(phase transition)가 등압, 등온에서 상1에서 상2로 일어날 경우 비엔트로피의 변화는

$$\int_{s_1}^{s_2} T\, ds = \int_{h_1}^{h_2} dh \tag{5.25}$$

으로 주어진다. 식 (5.25)의 적분 결과는 다음과 같이 기술할 수 있다.

$$T(s_2 - s_1) = h_2 - h_1 = \int_1^2 dq_{rev} \tag{5.26}$$

여기서 상변화가 1에서 2로 진행될 때 관계된 잠열을 L_{12}로 표시하면

$$L_{12} = T(s_2 - s_1) = T\Delta s = h_2 - h_1 \tag{5.27}$$

의 관계식을 얻는다. 식 (5.27)은 잠열은 계의 두 상의 비엔탈피 차이와 같다는 것을 보여준다.

상전이가 가역적으로 1에서 2로 일어날 때 흡수한(방출한) 잠열은 상전이가 2에서 1로 일어날 경우 방출한(흡수한) 잠열과 같다.

$$L_{12} = T(s_2 - s_1) = -L_{21} \tag{5.28}$$

여기서 L_{12}가 상변화 시 흡수한 잠열이라면 L_{21}은 방출한 잠열이다.

5.4.2 물의 잠열

물은 지구대기에서 3가지 상태로 존재하며, 상의 변화는 바로 물 분자들 간의 결합구조를 크게 바꾼다. 물의 상변화에 관계된 잠열을 다음과 같이 표시하자.

L_{iv} : 승화열(얼음 ↔ 수증기)

L_{iw} : 융해열(얼음 → 물)

L_{wv} : 기화열(물 → 수증기)

액체상태의 물에서 수증기로 바뀔 때와 같이 상변화가 물 분자의 활동이 낮은 쪽에서 높은 쪽으로 일어나려면 주위에서 계로 잠열이 공급되어야 하고, 그 반대의 경우는 계가 주위로 잠열을 방출한다. 식 (5.27)에서 잠열은 두 개의 상의 엔탈피의 차이와 동일하므로

$$L_{iv} = h_v - h_i \tag{5.29}$$

$$L_{iw} = h_w - h_i \tag{5.30}$$

$$L_{wv} = h_v - h_w \tag{5.31}$$

으로 주어진다. 승화열은 기화열과 융해열의 합으로 주어진다. 이것은 식 (5.29)를 이용하여 다음 식과 같이

$$L_{iv} = (h_v - h_w) + (h_w - h_i) = L_{wv} + L_{iw} \tag{5.32}$$

을 얻는다(그림 5.6 참고). 온도 0℃에서 물의 상변화와 관계된 잠열은 다음과 같다.

$$L_{iv} = 2.83 \times 10^6 \text{ J kg}^{-1} = 677.0 \text{ kcal kg}^{-1} \tag{5.33}$$

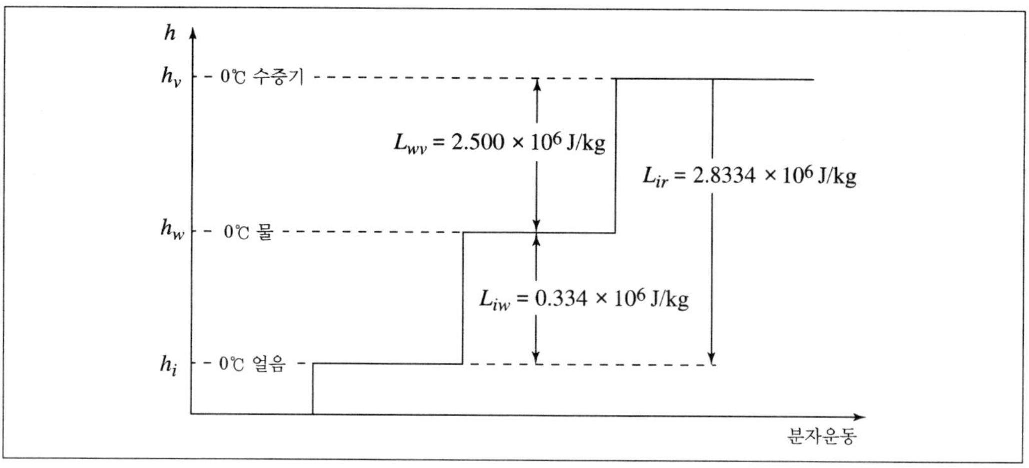

그림 5.6 0℃에서 수증기, 물과 얼음의 엔탈피와 분자운동의 모식도

$$L_{iw} = 0.33 \times 10^6 \text{ J kg}^{-1} = 79.7 \text{ kcal kg}^{-1} \tag{5.34}$$

$$L_{wv} = 2.50 \times 10^6 \text{ J kg}^{-1} = 597.3 \text{ kcal kg}^{-1} \tag{5.35}$$

물의 증발잠열(677.0 kcal kg^{-1})과 융해잠열(79.7 kcal kg^{-1})은 크게 차이가 난다. 그 이유는 얼음 형성 시에 그 결정이 물의 수소 결합으로 인해 빈 공간이 많은 육각 고리 모양을 한다. 얼음이 녹을 때는 이 결정과 관련된 수소 결합만이 끊어진다. 그러나 물이 증발할 때는 물 분자 사이의 수소 결합의 더 강한 인력을 끊기 위해서 더 많은 에너지가 필요하다. 그 결과 증발잠열이 융해잠열보다 훨씬 크다. 잠열은 온도에 따라 조금씩 다르지만 기상현상과 관련된 대부분의 계산에서는 위 값을 사용하고 있다.

예제 02

온도가 0℃, 질량이 1 kg인 얼음이 1000 hPa의 기압에서 0℃의 물로 바뀌었다.

(i) 얼음의 엔탈피(H_i)와 물의 엔탈피(H_w)는 각각 얼마인가?

(ii) 상변화시 공급된 잠열(L_{iw})과 엔트로피의 증가(ΔS)는 얼마인가? 단, 0℃에서 얼음의 비열은 2106 Jkg^{-1}K^{-1}이고, 물의 비열은 4218 Jkg^{-1}K^{-1}이다.

➲ 풀이

(i) $H_i = 1 \times 2106 \times 273.16 = 575275\,(\text{J})$

$H_w = 1 \times 4218 \times 273.16 = 1152189\,(\text{J})$

(ii) 공급된 잠열 : $L_{iw} = H_w - H_i = 576914\,(\text{J})$, $T = 273.16\text{ K}$

엔트로피 증가 : $\Delta S = \dfrac{H_w - H_i}{T} = 2112(\text{JK}^{-1})$

5.4.3 잠열이 온도에 따른 변화

잠열은 일정 압력에서 계의 비엔탈피의 변화이므로 다음과 같이 나타낼 수 있다.

$$L_{ab} = \Delta h = h_b - h_a \tag{5.36}$$

등압과정에 대해서 잠열이 온도에 따른 변화는 다음과 같이 주어진다.

$$\left[\frac{\partial(L_{ab})}{\partial T}\right]_p = \left[\frac{d(\Delta h)}{\partial T}\right]_p = \left(\frac{\partial h_b}{\partial T}\right)_p - \left(\frac{\partial h_a}{\partial T}\right)_p \tag{5.37}$$

여기서 비엔탈피의 변화는 각각 $dh_a = c_{pa}dT$와 $dh_b = c_{pb}dT$이므로

$$\left[\frac{\partial(L_{ab})}{\partial T}\right]_p = c_{pb} - c_{pa} \tag{5.38}$$

으로 주어진다. 여기서 c_{pb}와 c_{pa}는 물질의 상이 각각 a와 b일 때 정압비열이다. 식 (5.38)을 키르히호프(Kirchhoff)의 방정식이라고 한다. 키르히호프 방정식을 물의 상 변화에 따른 잠열에 적용하면

$$\frac{dL_{wv}}{dT} = c_{pv} - c_{pw} \tag{5.39}$$

$$\frac{dL_{iw}}{dT} = c_{pw} - c_{pi} \tag{5.40}$$

으로 주어진다. 식 (5.39)와 (5.40)은 비열을 상수로 가정하고 적분할 수 있다.

비열은 실제로 온도와 압력에 따라 변하지만 그 변화 양은 매우 작다. 온도 0~30℃범위에서는 c_{pv}와 c_{pw}의 변화는 1% 정도에서 변한다. 예를 들면, 물의 비열은 273 K에서 4209 $Jkg^{-1}K^{-1}$이며, 온도에 따라 단조적(monotonic)으로 감소하여 323 K에서 4180 $Jkg^{-1}K^{-1}$이 되며, 그 변화량이 1% 미만이다. 임계온도에서는 수증기의 비열과 액체수(liquid water)의 비열이 같아져서 기화열은 0이 된다.

5.5 물의 상평형

5.5.1 클라우지우스-클라페롱 방정식

클라우지우스-클라페롱(Clausius-Clapeyron) 방정식은 물의 경우 두 개의 상이 서로 평형 상태에 있을 때 온도에 따른 압력의 변화를 나타낸다. 포화수증기압은 온도만의 함수라는 이론은 클라우지우스-클라페롱 방정식에서 도출된다. 하나의 순수한 물질로 구성된 닫힌 계에서 상1과 상2의 평형을 유지할 경우에는, 상1과 상2 사이의 경계에서는 깁스 에너지가 $G_1 = G_2$ 또는 $dG_1 = dG_2$가 성립한다. 즉, 상1과 상2의 깁스 에너지가 같거나 또는 그 변화가 같아야 한다.

그림 5.7과 같이 단위질량에 대한 깁스 에너지(g)의 변화를 물에 대한 포화수증기압 곡선 상에서 고려해 보자. 곡선상의 임의의 상태 (T, p)에서 물과 수증기의 깁스 에너지는 $g_1 = g_2$이다. 그러나 상태가 (T, p)에서 ($T + dT$, $p + dp$)로 되면 깁스 에너지는 $g_1 + dg_1 = g_2 + dg_2$가 된다. 이 경우 상태변화에 따른 깁스 에너지의 변화는 다음과 같이 나타낼 수 있다.

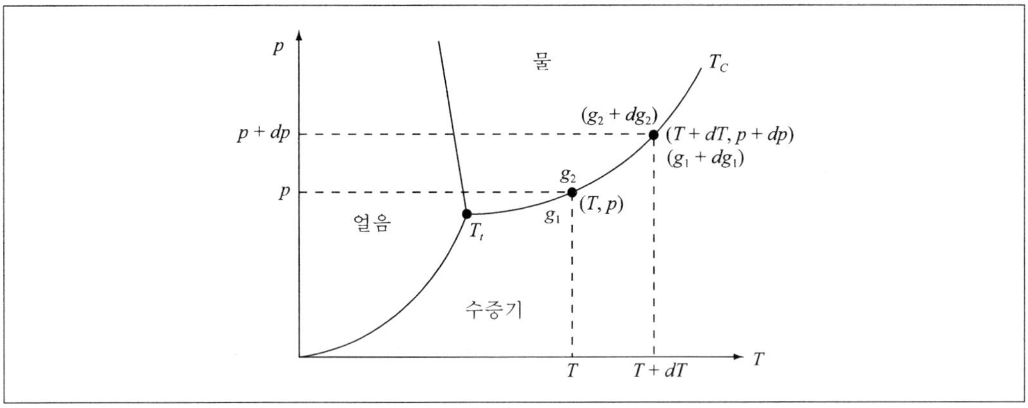

그림 5.7 물의 두 개의 상이 평형상태에서 깁스 에너지의 변화

$$dg_1 = dg_2 \tag{5.41}$$

여기서 식 (4.19)를 단위질량에 대해 표현한 $dg = -sdT + \alpha dp$을 식 (5.41)에 적용하면

$$-s_1 dT + \alpha_1 dp = -s_2 dT + \alpha_2 dp \tag{5.42}$$

으로 주어진다. 식 (5.42)에서 온도변화에 따른 포화수증기압의 변화는

$$\frac{dp}{dT} = \frac{s_2 - s_1}{\alpha_2 - \alpha_1} = \frac{\Delta s}{\alpha_2 - \alpha_1} \tag{5.43}$$

으로 주어진다. 상변화가 가역적으로 일어날 경우 식 (5.27)에 의해서

$$\Delta s = \frac{\Delta h}{T} = \frac{L_{12}}{T} \tag{5.44}$$

으로 나타낼 수 있다. 이 식을 식 (5.43)에 적용하면

$$\frac{dp}{dT} = \frac{L_{12}}{T(\alpha_2 - \alpha_1)} \tag{5.45}$$

으로 주어지며, 이 방정식을 클라우지우스-클라페롱 방정식이라고 한다. 이 방정식을 이용하면 그림 5.4에 주어진 물과 수증기, 얼음과 물, 그리고 얼음과 수증기가 평형상태에 있을 때 상평형 곡선의 기울기를 구할 수 있다.

클라우지우스-클라페롱 방정식 (5.45)를 물과 수증기가 평형을 유지하는 그림 5.4의 기화곡선에 적용할 경우

$$\frac{de_{sw}}{dT} = \frac{L_{wv}}{T(\alpha_v - \alpha_w)} \tag{5.46}$$

으로 주어진다. 여기서 e_{sw}는 물에 대한 포화수증기압, L_{wv}는 물의 기화잠열이며, α_v와 α_w는 각각 수증기와 물의 비체적을 나타낸다.

식 (5.46)에서 $\alpha_v \gg \alpha_w$이고, 포화상태의 수증기에 대해서는 $\alpha_v = R_v T/e_{sw}$를 고려하면, 식 (5.46)은 다음과 같이 주어진다.

$$\frac{de_{sw}}{dT} = \frac{e_{sw}}{T^2}\left(\frac{L_{wv}}{R_v}\right) \tag{5.47}$$

여기서 잠열이 온도에 따른 변화를 무시하여 상수로 가정하고 적분을 하면

$$\int_{e_{s0}}^{e_{sw}} \frac{de_{sw}}{e_{sw}} = \frac{L_{wv}}{R_v}\int_{T_0}^{T}\frac{dT}{T^2} \tag{5.48}$$

으로 주어지고, 그 결과는 다음과 같다.

$$e_{sw}(T) = e_{s0}\ \exp\left[\frac{L_{wv}}{R_v}\left(\frac{1}{T_0} - \frac{1}{T}\right)\right] \tag{5.49}$$

식 (5.49)는 포화수증기압은 온도만의 함수임을 나타낸다. 여기서 e_{s0}는 온도가 T_0일 때 포화수증기압을 나타낸다. 온도가 273.16 K일 때, 포화수증기압은 6.112 hPa이므로, 이 값을 이용하면 이 식에서 포화수증기압을 구할 수 있다. Bolton(1980)은 다음에 주어진 식

$$e_{sw}(T) = 6.112\ \exp\left(\frac{17.67\,T}{T + 243.5}\right) \tag{5.50}$$

을 이용하여 온도 $-30℃ \leq T \leq 35℃$ 범위에 대해 포화수증기압을 1% 오차 범위 내에서 계산할 수 있음을 보였다.

그림 5.4의 융해곡선(melting curve)에 식 (5.46)을 적용하면 다음과 같이 주어진다.

$$\frac{dp_{iw}}{dT} = \frac{L_{iw}}{T(\alpha_w - \alpha_i)} \tag{5.51}$$

여기서 L_{iw}는 융해잠열, α_i는 얼음의 비체적이다. 식 (5.51)에서 $\alpha_w < \alpha_i$이므로 융해곡선의 기울기는 그림 5.4에서와 같이 $dp_{iw}/dT < 0$이며, 그 값은 0℃에서 -1.34×10^5 hPa K^{-1}이다(Bohren and Albrecht, 1998). 그림 5.4의 승화곡선에 식 (5.46)을 적용하면

$$\frac{de_{iv}}{dT} = \frac{L_{iv}}{T(\alpha_v - \alpha_i)} \tag{5.52}$$

이다. 여기서 L_{iv}는 승화잠열을 나타낸다. 식 (5.52)에서 $\alpha_v \gg \alpha_i$이므로 α_v를 무시하고

$\alpha_v = R_v T / e_{si}$를 적용한다. 그리고 잠열의 온도에 따른 변화를 무시하고 상수로 고려하면

$$\frac{de_{iv}}{dT} = \frac{e_{iv}}{T^2}\left(\frac{L_{iv}}{R_v}\right) \tag{5.53}$$

으로 주어진다. 식 (5.53)은 승화곡선의 기울기를 근사적으로 계산하는데 이용할 수 있다.

5.5.2 과냉각수에 대한 포화수증기압

온도가 0℃보다 낮은 경우에 액체 상태로 있는 물을 과냉각수(supercooled water)라고 한다. 그림 5.8에서 보는 바와 같이 과냉각수에 대한 포화수증기압은 얼음에 대한 포화수증기압보다 높다. 그 이유는 얼음을 구성하는 분자들 간의 결합력보다 과냉각수를 구성하는

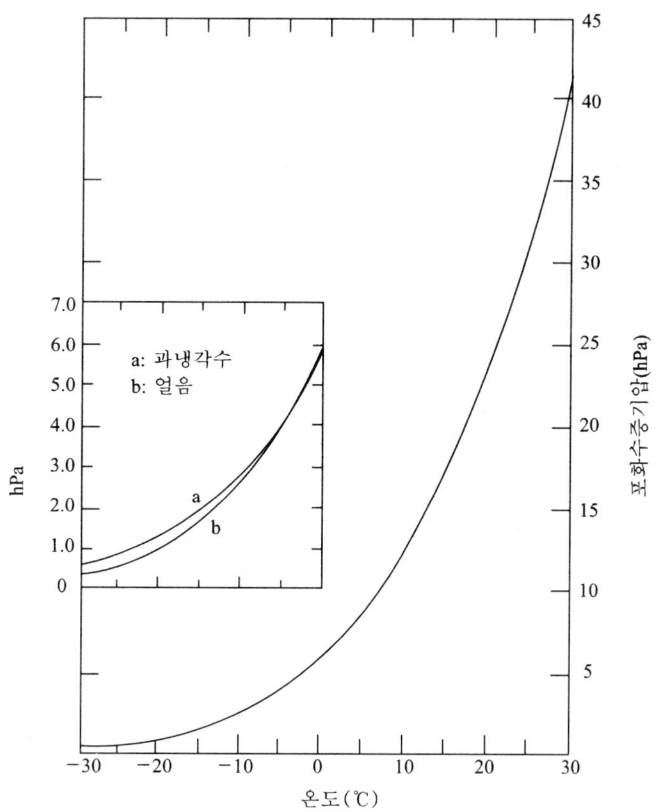

그림 5.8 물과 얼음에 대한 포화수증기압(Byers, 1965)

분자들 간의 결합력이 더 작기 때문이다. 그 결과 과냉각수에서 물분자의 이탈이 얼음에서 보다 더 쉬워진다. 식 (5.49)를 이용하면 얼음의 포화수증기압에 대한 과냉각수의 포화수증기압의 비가 다음과 같이 구해진다.

$$\frac{e_{sw}(T)}{e_{si}(T)} = \exp\left[\frac{L_{iw}}{R_v T_0}\left(\frac{T_0}{T} - 1\right)\right] \tag{5.54}$$

여기서 $L_{iw} = L_{iv} - L_{wv}$이며 융해잠열을 나타낸다. 식 (5.54)는 과냉각수의 온도가 $T < 273.16\,\mathrm{K}$인 경우에는 과냉각수에 대한 포화수증기압(e_{sw})이 얼음에 대한 포화수증기압(e_{si})을 능가함을 보여준다. 표 5.1은 온도가 −40℃에서 40℃의 범위에서 온도에 따른 e_{sw}, e_{si} 그리고 잠열의 변화를 보여준다. 표 5.1에 의하면 −15℃ 부근에서 $(e_{sw} - e_{si})$가 최댓값을 갖는다.

온도 0℃ 이하에서 과냉각수와 얼음에 대한 포화수증기압의 차이는 혼합운(mixed cloud)의 강수발달과정을 설명하는 빙정설에 이용된다. 과냉각 수적과 빙정이 공존하는 혼합운에서는 두 입자에 대한 포화 수증기압의 차이로 과냉각 수적에서 빙정으로 수증기가 확산된다. 이로 인해 과냉각 수적 주위는 불포화 상태가 되어 증발이 일어나는 반면에, 빙정 주위는 과포화 상태가 되어 수증기가 빙정에 침적(deposition)한다. 그 결과 과냉각 수적은 계속 증발하면서 크기가 작아지고 빙정은 계속 성장한다.

표 5.1 물의 잠열(응결 : L_w, 승화 : L_s)과 포화수증기압(List, 1984)

T(℃)	e_{sw} (hPa)	e_{si} (hPa)	L_w (J/g)	L_s (J/g)
−40	0.189	0.128	2603	2839
−35	0.314	0.223		
−30	0.509	0.380	2575	2839
−25	0.807	0.632		
−20	1.254	1.032	2549	2838
−15	1.912	1.652		
−10	2.863	2.600	2525	2837
−5	4.215	4.015		
0	6.108	6.107	2501	2834
5	8.719		2489	
10	12.272		2477	
15	17.044		2466	
20	23.373		2453	
25	31.671		2442	
30	42.430		2430	
35	56.236		2418	
40	73.777		2406	

5.5.3 끓는점의 감률

액체의 기화현상이 그 내부에서 일어나는 것을 비등 또는 끓음(boiling)이라고 한다. 물이 끓을 때는 수증기로 변하면서 그 내부에서 그림 5.9와 같이 기포가 형성된다. 이 때 기포 내부의 수증기압은 대기의 압력과 기포 위의 물의 압력을 합한 것과 균형을 이룰 만큼 충분히 크다. 그러나 끓는점보다 낮은 온도에서는 수증기압이 충분히 크지 않기 때문에 물이 끓기 전 까지는 내부에 기포가 형성되지 않는다.

그림 5.9에서 기포 위의 물의 압력을 무시하면 기포 내의 수증기압은 대기압과 같으므로

$$e_s(T_b) = \rho_v R_v T_b = p \tag{5.55}$$

으로 나타낼 수 있다. 여기서 T_b는 물의 끓는점에서 온도, p는 대기의 압력이다.

물의 끓는점의 온도는 기포 내의 수증기 압력이 대기 압력과 같아질 때 물이 갖게 되는 온도이므로 기압에 따른 끓는점의 변화율은 식 (5.47)에서 e_{sw}를 대기 압력 p, T를 T_b (끓는점의 온도)로 바꾸어주고 식을 역전시키면 다음과 같이 주어진다.

$$\frac{dT_b}{dp} = \frac{R_v T_b^2}{L_{wv} p} \tag{5.56}$$

식 (5.56)을 다음과 같이 정리한다.

$$dT_b = \frac{R_v T_b^2}{L_{wv} p} \frac{dp}{p} \tag{5.57}$$

이 방정식은 잘 알려진 기압이 감소하면 끓는점도 낮아진다는 것을 보여준다. 식 (5.57)에서 고도에 따른 끓는점의 변화율을 구하기 위해서 대기 압력을 다음과 같이 표현한다.

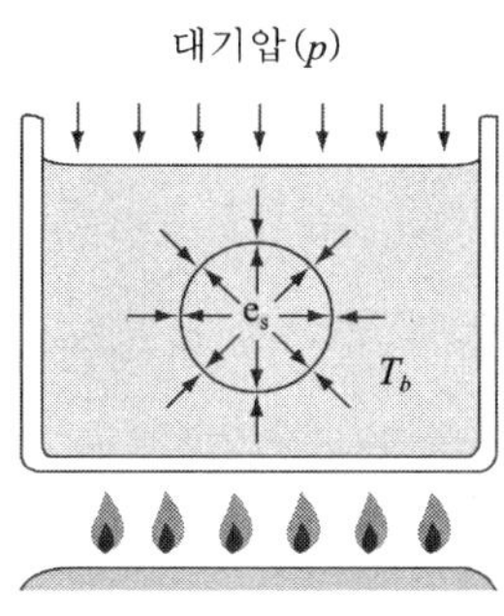

그림 5.9 물 내부에서 기화에 의한 기포형성. 기포 내의 수증기압은 대기압과 같다.

$$p = p_0 e^{-z/H} \tag{5.58}$$

여기서 p_0는 $z=0$에서 압력이며, H는 규모고도 또는 척도고도(scale height)이고, z는 지상에서 고도이다. 식 (5.58)에 자연대수를 취한 다음에 미분하면 다음 식을 얻는다.

$$\frac{dp}{p} = -\frac{dz}{H} \tag{5.59}$$

여기서 규모고도 H는 등온대기의 가정 아래에서 기층의 두께로 고도가 H만큼 증가할 때마다 기압이 $e^{-1}(=0.368)$배로 감소한다. 식 (5.59)를 (5.57)에 대입하고 정리하면

$$\frac{dT_b}{dz} = -\frac{R_v T_b^2}{L_{wv} H} \tag{5.60}$$

으로 주어진다. 이 식에서 L_{wv}를 상수로 가정하고 다음과 같이 적분하면

$$\int_{T_{bo}}^{T_b} \frac{dT_b}{T_b^2} = -\frac{R_v}{L_{wv} H} \int_0^z dz \tag{5.61}$$

와 같다. 여기서 T_{bo}는 해면고도 $z=0$에서의 끓는점의 온도이다. 식 (5.61)의 적분 결과는

$$T_b(z) = T_{bo}\left(1 + \frac{z}{H_b}\right)^{-1} \tag{5.62}$$

으로 표현된다. 여기서 끓는점의 규모고도(H_b)는

$$H_b = \frac{L_{wv} H}{T_{bo} R_v} \tag{5.63}$$

으로 주어지며, $T_{bo} = 373\text{ K}$, $L_{wv} = 2.26 \times 10^6\text{ Jkg}^{-1}$, $H = 8\text{ km}$일 때 $H_b = 107\text{ km}$이다.

식 (5.62)에서 $z \ll H_b$이므로 근사치로 $(1+z/H_b)^{-1} \approx 1 - z/H_b$를 취하면

$$T_b = T_{bo}\left(1 - \frac{z}{H_b}\right) \tag{5.64}$$

가 된다. 여기서 고도에 따른 끓는점의 변화율 dT_b/dz를 구하면

$$\frac{dT_b}{dz} \fallingdotseq -\frac{T_{bo}}{H_b} \fallingdotseq -3.5\,°\text{C km}^{-1} \tag{5.65}$$

이다. 즉, 지구대기에서 고도 1 km 상승할 때마다 물의 끓는점은 대략 3.5℃씩 감소한다.

5.6 수용액의 수증기압 강하

용액의 성질이 용질의 성질보다 용질의 입자 수에 의존하는 것을 총괄성 또는 총괄성질 (colligative property)이라고 한다. 용액의 총괄성으로서는 수용액에 대한 수증기압의 강하 (내림)와 어는점 강하를 들 수 있으며, 이에 대해서 살펴보자.

두 종류 이상의 순 물질이 균일하게 섞이는 현상을 용해라고 하며, 용해 결과 생성된 균일 혼합물을 용액(solution)이라고 한다. 용액의 성분 중 녹이는 물질을 용매(solvent), 그리고 녹는 물질을 용질(solute)이라고 한다. 물이 용매로 작용했을 때 그 용액을 수용액 (aqueous solution)이라고 한다. 용액의 조성은 몰 분율(mole fraction)로 나타낸다.

일정한 온도에서 수용액의 수증기압은 순수한 물에 대한 수증기압보다 낮다. 이를 용액의 수증기압 강하 또는 내림(depression 또는 lowering)이라고 한다. 여기서 수증기압 강하가 일어나는 까닭은 그림 5.10과 같이 수용액 속의 용질 입자가 물 분자에 인력을 미칠 뿐만 아니라 수용액 표면의 일부를 차지하여 물의 증발을 억제하기 때문이다.

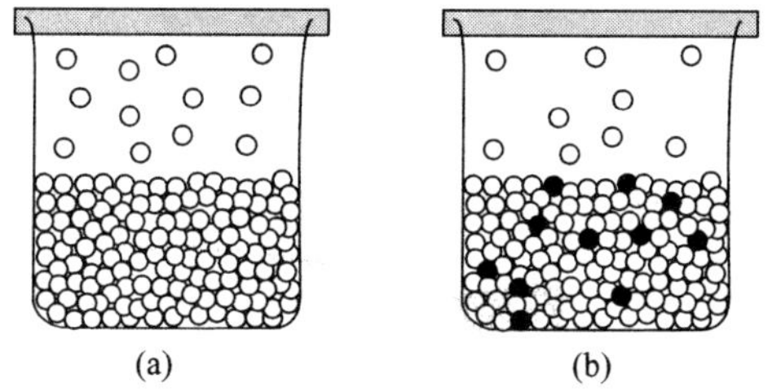

그림 5.10 순수한 물(a)과 수용액(b)의 포화수증기압

수용액의 수증기압 강하는 몰 분율(mole fraction)에 비례하며, 이를 라울의 법칙(Raoult's law)이라고 한다. 온도가 일정한 n_w 몰의 물에 용질(예: 소금) n_a 몰이 녹아 있을 경우, 용액에 대한 포화 수증기압(e_a)은 라울의 법칙에 의하면 다음과 같이 주어진다.

$$e_a = X_w e_s \tag{5.66}$$

여기서 e_s는 순수한 물의 포화 수증기압이고, X_w는 물의 몰분율로서 다음과 같다.

$$X_w = \frac{n_w}{n_a + n_w} \tag{5.67}$$

식 (5.66)에 (5.67)을 적용하고 근사하면

$$\frac{e_a}{e_s} = \frac{n_w}{n_a + n_w} = 1 - \frac{n_a}{n_w} \tag{5.68}$$

으로 나타낼 수 있다. 식 (5.68)은 수용액의 농도가 $n_w \gg n_a$인 경우에 적용되며, 수용액의 포화 수증기압은 순수한 물에 대한 포화 수증기보다 항상 낮다.

참고

서로 다른 두 종류의 액체를 혼합하여 용액을 만들었을 경우에는 몰 분율(mole fraction)이 큰 것을 용매, 그리고 작은 것을 용질이라고 한다.

연 습 문 제

5.1 일정한 성분이면서 두 개의 상으로 이루어진 계가 있다. 이 계가 열역학적 비평형상태에 있을 때 일어날 수 있는 물리과정을 기술하시오.

5.2 온도가 -5℃에서 빙정을 포함한 포화상태의 구름덩이가 있다. 이 계의 자유도는 얼마인가?

5.3 습윤공기로 구성된 계의 자유도 f는 얼마인가?

5.4 혼합운(mixed cloud)의 구름입자는 과냉각 수적과 빙정으로 구성되어 있다. 계의 평형상태를 가정하고 자유도를 구하시오. 그리고 얻어진 자유도의 수에 해당하는 임의 세기변수를 선택하여 계의 상태를 잘 나타낼 수 있는지 여부를 조사하시오. 잘 기술할 수 없다면 그 이유는 무엇인가?

5.5 그림 5.5에는 주어진 온도에 대해 물과 수증기가 공존하는 부분이 있다. 이 부분에서 수증기압이 일정하게 유지되는 이유는 무엇인가?

5.6 고도 1.5 km에서 압력이 850 hPa일 때, 이 고도에서 물의 끓는점은 몇 도인가?

5.7 대기 중에서 90℃에서 물이 끓으려면 주위 기압은 얼마이어야 하는가?

5.8 혼합기체의 전체 압력을 P 그리고 성분 i가 가지는 기체의 압력을 P_i라고 할 때 $\frac{P_i}{P} = \frac{n_i}{n} = x_i$임을 보이시오. 여기서 n_i는 혼합기체의 총 몰수, n_i는 성분 i의 몰수 그리고 x_i는 몰 분율을 나타낸다.

5.9 식 (5.46) $\frac{de_{sw}}{dT} = \frac{L_{wv}}{T(\alpha_v - \alpha_w)}$에 의하면 $\frac{de_{sw}}{dT} \propto \frac{1}{T}$한다. 즉, T가 증가함에 따라 $\frac{de_{sw}}{dT}$가 감소해야 한다. 그러나 그림 5.8에 의하면 $\frac{de_{sw}}{dT}$은 온도증가에 따라 증가하고 있다. 그 이유를 설명하시오.

Chapter

06

습윤공기의 열역학

습윤공기의 열역학적 특성은 건조공기와 크게 다르다. 이 장에서는 대기의 습도, 습윤공기의 상태방정식 그리고 불포화공기와 포화공기의 열역학에 대하여 기술되어 있다.

6.1 대기 중의 수분

대기의 구성 성분 중 수증기를 제외한 공기를 건조공기(dry air), 그리고 건조공기와 수증기를 합쳐서 습윤공기(moist air)라고 한다. 습도는 대기 중에 수증기가 포함된 정도, 즉 습한 정도를 나타낸 것으로 여러 가지 방법으로 기술된다.

(1) 절대습도

단위 체적의 공기 중에 포함되어 있는 수증기의 질량으로, 수증기의 공간 밀도가 절대습도(absolute humidity)이며 그 단위는 gm^{-3}이다. 수증기의 상태방정식에 의하면 수증기의 밀도(ρ_v)는

$$\rho_v = \frac{e}{R_v T} \tag{6.1}$$

으로 주어진다. 여기서 수증기에 대한 기체상수 $R_v = 461.5\ \mathrm{J\,kg^{-1}\,K^{-1}}$을 대입하고 수증기압($e$)을 hPa 그리고 T를 절대온도로 표시할 경우 절대습도는

$$A.H.(\mathrm{g/m^3}) = \frac{217\,e}{T} \tag{6.2}$$

와 같이 나타낼 수 있다. 식 (6.2)에 의하면 기온이 0℃, 포화수증기압이 6.11 hPa일 때 포화 수증기의 밀도는 4.85 gm^{-3}이다.

(2) 상대습도

현재의 기온에서 대기가 포함할 수 있는 포화수증기량에 대해 실제 대기가 포함하고 있는 수증기량과의 비를 상대습도(relative humidity)라고 하며, 보통 백분율(%)로

$$RH(\%) = \frac{\rho_v}{\rho_{vs}(T)} \times 100 = \frac{e}{e_s(T)} \times 100 \tag{6.3}$$

와 같이 나타낸다. 여기서 $e_s(T)$, $\rho_{vs}(T)$는 대기의 온도 T에서 포화수증기압과 포화수증기의 밀도를 나타내며, e와 ρ_v는 현재 대기의 수증기압과 수증기의 밀도를 나타낸다. 식 (6.3)에서 보는 바와 같이 대기 중의 수증기 밀도가 일정한 상태에서도 기온에 따라 $e_s(T)$와 $\rho_{vs}(T)$가 바뀌므로 상대습도도 달라진다. 상대습도의 변화요인은 공기 중의 수증기량과 기온의 변화이다. 하루 중 대기 중의 수증기량은 수증기의 이류나 강수가 없는 한 크게 변

하지 않으므로 상대습도의 일변화에 영향을 미치는 변수는 주로 기온이다.

(3) 혼합비

주어진 대기의 체적에 포함된 건조공기의 질량에 대한 수증기의 질량의 비로서 혼합비 (mixing ratio) w는 다음과 같이 정의한다.

$$w\,(\mathrm{g/kg}) = \frac{m_v}{m_d} = \frac{\rho_v}{\rho_d} \tag{6.4}$$

여기서 m_d와 ρ_d는 각각 건조공기의 질량과 공간 밀도이다. 그리고 m_v와 ρ_v는 수증기의 질량과 공간 밀도를 나타낸다. 식 (6.4)에 건조공기의 상태방정식 $p_d = \rho_d R_d T$와 수증기의 상태방정식 $e = \rho_v R_v T$를 적용하면

$$w = \frac{e}{p_d}\left(\frac{R_d}{R_v}\right) \tag{6.5}$$

으로 주어진다. 여기서 첨자 d는 건조공기를, v는 수증기를 나타낸다. 여기서 건조공기와 수증기에 대한 두 기체상수간의 비는 두 기체간의 분자량의 비로서

$$\epsilon = \frac{R_d}{R_v} = \left(\frac{R^*}{M_d}\right) \bigg/ \left(\frac{R^*}{M_v}\right) = \frac{M_v}{M_d} = 0.622 \tag{6.6}$$

와 같다. 식 (6.6)을 적용하면 (6.5)는

$$w = 0.622\,\frac{e}{p-e}\,(\mathrm{g/g}) \tag{6.7}$$

으로 나타낼 수 있다. 여기서 p는 습윤공기의 압력으로 $p = p_d + e$이다. 보통 $\frac{e}{p}$는 0.04를 넘는 일이 거의 없으므로 앞의 식에서 $p-e$ 대신 p로 근사해서

$$w\,(\mathrm{g/kg}) \fallingdotseq 622\,\frac{e}{p} \tag{6.8}$$

으로 나타낸다. 공기가 포화되었을 때는 e 대신 e_s를 식 (6.8)에 적용한다.

(4) 비습

주어진 대기의 체적 속에 포함된 습윤공기의 질량에 대한 수증기의 질량의 비가 비습 (specific humidity) x이며, 그 정의는

$$x\,(\mathrm{g/kg}) = \frac{m_v}{m_d + m_v} = \frac{\rho_v}{\rho_d + \rho_v} \tag{6.9}$$

이다. 혼합비에서와 같이 습윤공기와 건조공기의 상태방정식을 식 (6.9)에 적용하면

$$x\,(\mathrm{g/kg}) = 622\,\frac{e}{p} \tag{6.10}$$

으로 주어진다.

앞에서 기술한 4가지 습도가 모두 이용되지만 실제로 건조단열과정에서 보존되는 것은 비습과 혼합비이다.

6.2 습윤공기의 상태방정식

습윤공기는 건조공기와 수증기로 구성되어 있다. 따라서 어떤 체적 V 내에 질량 m_d의 건조공기와 질량 m_v의 수증기가 포함되어 있다고 하면, 습윤공기의 밀도(ρ)는

$$\rho = \frac{m_d + m_v}{V} = \rho_d + \rho_v \tag{6.11}$$

으로 주어진다. 즉, 습윤공기의 밀도는 건조공기의 밀도와 수증기의 밀도의 합과 같다. 한편 습윤공기의 압력(p)은 건조공기의 압력(p_d)과 수증기의 압력(e)의 합으로 주어지므로

$$p = \rho_d R_d T + \rho_v R_v T = \rho R_m T \tag{6.12}$$

으로 나타낼 수 있다. 여기서 R_m은 습윤공기에 대한 기체상수이다. 식 (6.12)에서 R_m은 식 (6.11)을 이용하면

$$R_m = \frac{1}{\rho}(\rho_d R_d + \rho_v R_v) = \frac{m_d R_d + m_v R_v}{m_d + m_v} \tag{6.13}$$

으로 주어진다. 이 식을 앞에서 정의한 비습(x)을 써서 좀 더 간단히 정리하면

$$R_m = R_d\left[\frac{m_d}{m_d + m_v} + x\left(\frac{R_v}{R_d}\right)\right] = R_d\left(1 - x + \frac{1}{\epsilon}x\right) = R_d(1 + 0.61x) \tag{6.14}$$

을 얻는다. 이 식을 식 (6.12)에 대입하면 습윤공기의 상태방정식은

$$p = \rho R_d(1+0.61x)T = \rho R_d T_v \tag{6.15}$$

으로 나타낼 수 있다. 여기서 $T_v(\text{K})$는 가온도(virtual temperature)이며

$$T_v = (1+0.61x)T \tag{6.16}$$

으로 나타낸다. 가온도는 식 (6.15)에 의하면 건조공기가 습윤공기와 같은 압력과 밀도를 가질 때의 온도이며, 습윤공기의 부력을 계산하는데 매우 유용하다. 그 까닭은 1몰의 체적에 대해 공기덩이의 온도가 같아도 수증기의 포함 정도에 따라 그 밀도가 달라지기 때문이다. 가온도는 공기덩이 속에 포함된 수증기의 함량을 고려한 온도이다. 가온도는 $T_v(\text{K}) \simeq (1+0.61w)T$와 같이 혼합비를 이용하여 근사할 수 있으며, 이 식을 $T_v(℃) \simeq T + w/6$으로 나타낼 수 있다.

예제 01

기온이 30℃, 비습이 20 g/kg인 공기의 가온도는 얼마인가?

➲ 풀이

$T_v = (1+0.61 \cdot 0.02) \cdot 303.15 = 306.85\text{K} = 33.7℃$

6.3 습윤공기의 비열

질량이 m_a인 습윤공기덩이를 구성하고 있는 건조공기와 수증기의 질량이 각각 m_d와 m_v라고 한다. 단위질량의 습윤공기에 열에너지 dq가 가해져 온도가 dT만큼 증가했을 경우에 에너지보존은

$$m_a dq = m_d dq_d + m_v dq_v \tag{6.17}$$

으로 나타낼 수 있다. 여기서 $m_a = m_d + m_v$이고, dq_d와 dq_v는 각각 단위질량의 건조공기와 수증기에 가해진 열에너지의 양이다. 식 (6.17)을 비습(x)을 써서 나타내면

$$dq = (1-x)dq_d + x dq_v \tag{6.18}$$

와 같다. 습윤공기의 정압비열을 구하기 위해서 식 (6.18)의 양변을 dT로 나누어주면

$$\frac{dq}{dT} = (1-x)\frac{dq_d}{dT} + x\frac{dq_v}{dT} \tag{6.19}$$

또는

$$c_{pm} = (1-x)c_{pd} + xc_{pv} \tag{6.20}$$

를 얻는다. 여기서 c_{pm}는 습윤공기의 정압비열, c_{pd}는 건조공기의 정압비열, 그리고 c_{pv}는 수증기의 정압비열이며, 그 값은 온도 273 K에서 $c_{pd} = 1005\ \mathrm{Jkg^{-1}K^{-1}}$이고 $c_{pv} = 1850\ \mathrm{Jkg^{-1}K^{-1}}$이다. 식 (6.20)을 좀 더 간단히 정리하면 다음과 같다.

$$c_{pm} = c_{pd}[1+(\gamma-1)x] \tag{6.21}$$

여기서 $\gamma = c_{pv}/c_{pd}$를 나타내며, 온도에 따라 비열의 값이 변하므로 $\gamma(=1.84)$의 값도 온도에 따라 변하지만 그 차이는 크지 않다. 온도 273 K에서 계산한 γ의 값을 식 (6.21)에 적용하면 습윤공기의 정압비열은

$$c_{pm} = c_{pd}[1+0.84x] \tag{6.22}$$

으로 주어진다.

동일한 방법으로 습윤공기의 정적비열(c_{vm})을 구하면, 다음 식을 얻는다.

$$c_{vm} = c_{vd}[1+(\eta-1)x] \tag{6.23}$$

여기서 η는 수증기의 정적비열(c_{vv})와 건조공기의 정적비열(c_{vd})의 비로써 $\eta = c_{vv}/c_{vd}$이다. 온도 273 K에서 각 비열의 값, 즉 $c_{vd} = 718\ \mathrm{Jkg^{-1}K^{-1}}$과 $c_{vv} = 1390\ \mathrm{Jkg^{-1}K^{-1}}$을 이용하면 $\eta = 1.94$이다. 이 값을 식 (6.23)에 적용하면 습윤공기의 정적비열은

$$c_{vm} = c_{vd}(1+0.94x) \tag{6.24}$$

으로 주어진다. 건조공기와 수증기의 정압비열과 정적비열은 온도에 따라 다르므로 γ와 η의 값도 온도에 따라 변한다. 그러나 실제로 거의 상수로 취급하는 경우가 많다.

참고

건조공기와 수증기의 정압비열과 정적비열은 온도에 따라 다르지만, 실제 측정값도 인용문헌에 따라 다르다. 예를 들면, Bohren과 Albrecht(1998)에 의하면 0℃에서 수증기의 정압비열은 $c_{pv} = 1850(\mathrm{Jkg^{-1}K^{-1}})$이지만, List(1984)에 의하면 $c_{pv} = 1870(\mathrm{Jkg^{-1}K^{-1}})$이다.

6.4 불포화공기의 열역학

6.4.1 불포화공기의 열역학 제1법칙

불포화상태의 습윤공기에 대한 열역학적 과정은 건조공기의 경우와 거의 같다. 다만 건조공기에 비해 상당히 적은 양의 수증기가 포함되어 있지만 이를 무시하지 않고 고려하고 있다. 불포화상태의 습윤공기에 대한 열역학 제1법칙은

$$dq = c_{vm}\,dT + pd\alpha = du_m + pd\alpha \tag{6.25}$$

또는

$$dq = c_{pm}\,dT - \alpha dp = dh_m - \alpha dp \tag{6.26}$$

으로 표현된다. 여기서 α는 습윤공기의 비체적이며, 첨자 m은 습윤공기를 표시한다. 습윤공기덩이가 포함하고 있는 건조공기의 질량이 m_d, 그리고 수증기의 질량이 m_v일 때 습윤공기덩이의 질량은 $m_a = m_d + m_v$이므로 이 경우 습윤공기의 내부에너지 변화는

$$m_a\,du_m = m_d\,du_d + m_v\,du_v \tag{6.27}$$

또는

$$\begin{aligned} du_m &= (1-x)du_d + xdu_v \\ &= (1-x)c_{vd}\,dT + xc_{vv}\,dT \end{aligned} \tag{6.28}$$

으로 주어진다. 여기서 du_d와 du_v는 각각 단위질량의 건조공기와 수증기의 내부에너지의 변화를 나타낸다. 식 (6.28)을 $\eta = c_{vv}/c_{vd} \simeq 1.94$를 써서 정리하면

$$\begin{aligned} du_m &= c_{vd}[1+(\eta-1)x]\,dT \\ &= c_{vd}(1+0.94x)\,dT \end{aligned} \tag{6.29}$$

와 같다. 습윤공기의 비엔탈피에 대해서도 동일한 방법으로

$$\begin{aligned} dh_m &= (1-x)dh_d + xdh_v \\ &= (1-x)c_{pd}dT + xc_{pv}dT \end{aligned} \tag{6.30}$$

을 유도할 수 있다. 여기서 dh_d와 dh_v는 각각 건조공기와 수증기에 대한 비엔탈피의 변화이다. 식 (6.30)을 $\gamma = c_{pv}/c_{pd} = 1.84$를 써서 나타내면 다음과 같다.

$$\begin{aligned} dh_m &= c_{pd}[1+(\gamma-1)x]dT \\ &= c_{pd}(1+0.84x)dT \end{aligned} \tag{6.31}$$

6.4.2 불포화공기의 온위

불포화상태의 온위(또는 잠재온도)는 공기덩이를 건조 단열적으로 주어진 고도(p, T)에서 $p_0 = 1000\,\mathrm{hPa}$ 고도로 이동시켰을 때 공기덩이의 온도이다. 불포화공기덩이의 온위를 식 (6.26)에서 유도하기 위해 단열과정, $dq = 0$을 가정하면

$$c_{pm}\,dT - \frac{dp}{\rho} = 0 \tag{6.32}$$

을 얻는다. 이 식에 습윤공기의 상태방정식 $p = \rho R_m T$를 이용하여 식을 정리하고, 공기덩이의 단열변화에 의한 상태 변화를 고려하여 (p, T)에서 (p_0, θ_m)까지 적분하면

$$\int_T^{\theta_m} \frac{dT}{T} = \frac{R_m}{c_{pm}} \int_P^{P_0} \frac{dp}{p} \tag{6.33}$$

와 같다. 여기서 θ_m은 불포화 습윤공기의 온위를 나타낸다. 식 (6.33)의 적분결과는

$$\theta_m = T\left(\frac{p_0}{p}\right)^{K_m} \tag{6.34}$$

으로 주어진다. 여기서 $K_m = \dfrac{R_m}{c_{pm}}$이다. 습윤공기의 온위($\theta_m$)와 온위($\theta$)를 비교하면 압력항의 지수(exponent)가 다를 뿐이다. 식 (6.34)에서 R_m과 c_{pm}은 공기덩이의 수증기의 함량에 따라 변하므로 이를 식 (6.14)와 (6.22)를 이용해서 구체적으로 나타내면

$$K_m = \frac{R_d(1+0.61x)}{c_{pd}(1+0.84x)} = \frac{K_d(1+0.61x)}{(1+0.84x)} \tag{6.35}$$

와 같다. 여기서 $K_d = \dfrac{R_d}{c_{pd}}$를 나타내며, 비습($x$)과 관련된 항을 다음과 같이

$$\begin{aligned} K_m &\fallingdotseq K_d(1+0.61x)(1-0.84x) \\ &\fallingdotseq K_d(1-0.23x) \end{aligned} \tag{6.36}$$

으로 근사할 수 있다. 실제로 대기 중에서 비습이 $x \ll 1$이고, 이로 인해 $0.23x$의 값은 더 작아지므로 불포화공기의 온위를 구하는데 $K_m \simeq K_d$로 두고 계산하는 경우가 많으며, 이 경우 불포화공기의 온위는 건조공기의 온위와 같다.

한편 가온위(virtual potential temperature)는 불포화공기에 대한 가온도 T_v를 이용하여

$$\theta_v = T_v \left(\frac{p_0}{p}\right)^{K_d} \tag{6.37}$$

과 같이 정의한다. 가온위(θ_v)는 건조공기가 습윤공기와 같은 밀도와 압력을 가진다고 고려했을 때의 이론적인 온위이며, 습윤 대기의 안정도를 조사하는데 이용된다.

6.5 포화공기의 열역학

건조공기, 수증기, 응결된 물로 구성된 포화상태의 구름덩이를 닫힌계로 고려하고 열역학 제1법칙을 기술하면

$$dQ = dU_s + p\,dV \tag{6.38}$$

$$dQ = dH_s - V\,dp \tag{6.39}$$

으로 나타낼 수 있다. 여기서 dQ는 계에 주어진 열에너지, dU_s는 계의 내부에너지의 변화, dH_s는 계의 엔탈피의 변화, 그리고 V는 계의 체적을 의미한다.

6.5.1 계의 엔탈피의 변화

닫힌계에서 포화공기의 엔탈피는(H_s)는 건조공기, 수증기, 그리고 응결된 물의 엔탈피의 합으로

$$H_s = m_d h_d + m_v h_v + m_w h_w = \sum_i h_i m_i \tag{6.40}$$

같이 주어진다. 이 경우 $H_s = H_s(T, p, m_i)$로 고려하고 엔탈피의 변화 dH_s는

$$dH_s = \left(\frac{\partial H_s}{\partial T}\right)_{p,m} dT + \left(\frac{\partial H_s}{\partial p}\right)_{T,m} dp + \sum_i h_i dm_i \tag{6.41}$$

으로 나타낼 수 있으며, 여기서 첨자 m은 각 구성성분의 질량을 의미하며 편미분시 상수로 고려하며, $h_i = \partial H_s / \partial m_i$이다. 닫힌계에서는 총 질량과 수분의 전체 질량(m_t)이 보존되므로 따라서

$$m_t = m_v + m_w = \text{const.} \tag{6.42}$$

와 같이 나타낼 수 있다. 그리고 식 (6.42)를 미분하면 다음 식을 얻는다.

$$dm_w = -dm_v \tag{6.43}$$

한편 식 (6.40)에서 전미분 dH_s를 구한 후에, 식 (6.43)을 적용하면 다음 식을 얻는다.

$$\begin{aligned} dH_s = \ & m_d\left(\frac{\partial h_d}{\partial T}\right)_{p,m} dT + m_v\left(\frac{\partial h_v}{\partial T}\right)_{p,m} dT + m_w\left(\frac{\partial h_w}{\partial T}\right) dT + (h_v - h_w)dm_v \\ & + m_d\left(\frac{\partial h_d}{\partial p}\right)_{T,m} dp + m_v\left(\frac{\partial h_v}{\partial p}\right)_{T,m} dp + m_w\left(\frac{\partial h_w}{\partial p}\right)_{T,m} dp \end{aligned} \tag{6.44}$$

식 (6.44)를 유도하는 과정에서 건조공기의 질량보존에 의해 $dm_d = 0$이다. 한편 식 (6.44)의 오른쪽의 T로 편미분 한 항들은 다음과 같이 주어진다.

$$\left(\frac{\partial h_d}{\partial T}\right)_{p,m} = c_{pd}, \quad \left(\frac{\partial h_v}{\partial T}\right)_{p,m} = c_{pv}, \quad \left(\frac{\partial h_w}{\partial T}\right)_{p,m} = c_w \tag{6.45}$$

그리고 p로 편미분 한 항들은 건조공기와 수증기를 이상기체로 고려하면 다음과 같다.

$$\left(\frac{\partial h_d}{\partial p}\right)_{T,\,m} = \left(\frac{\partial h_v}{\partial p}\right)_{T,\,m} = 0 \tag{6.46}$$

식 (6.44)에서 $(\partial h_w / \partial p)_{T,\,m}$은 물의 비체적($\alpha_w$)와 물의 등압 팽창계수($\beta_p$)로 다음과 같이 나타낼 수 있다.

$$\left(\frac{\partial h_w}{\partial p}\right)_{T,\,m} = \alpha_w(1 - T\beta_p) \approx \alpha_w \tag{6.47}$$

여기서 $\beta_p \sim 10^{-5}\,\mathrm{K}^{-1}$으로 그 값이 매우 작다. 식 (6.44)에서 (6.47)을 포함한 항은 다른 항과 비교해서 매우 작으므로 무시한다. 그리고 식 (6.45)와 (6.46)을 식 (6.44)에 대입하고 $L_{wv} = h_v - h_w$를 적용하면 다음 식을 얻는다.

$$dH_s = (m_d c_{pd} + m_v c_{pv} + m_w c_w)dT + L_{wv} dm_v \tag{6.48}$$

그러나 이 식을 바로 적분하여 계의 엔탈피의 변화 ΔH_s를 구할 수 없다. 그 이유는 식 (6.48)에서 온도변화에 따라 m_v와 m_w가 변하기 때문이다.

식 (6.48)에서 dH_s를 구하는 방법으로 다음의 A와 B 두 과정을 고려할 수 있다.

(A) $H_0(T_0,\, m_v = 0,\, m_w) \rightarrow H_1(T,\, m_v = 0,\, m_w) \rightarrow H_2(T,\, m_v,\, m_w{}')$

(B) $H_0(T_0, m_v = 0, m_w) \rightarrow H_1(T_0, m_v, m_w') \rightarrow H_2(T, m_v, m_w')$

앞에 주어진 A와 B 두 과정 모두에서 처음에 질량 m_w의 액체수가 있다고 가정하고, 수증기량의 질량은 0이며 최종 상태(H_3)에는 이중에서 m_v가 수증기로 바뀌며, m_w 중에서 남아 있는 액체수의 양은 $m_w'(= m_w - m_v)$이다. 여기서는 과정 A에 의한 엔탈피의 변화 (ΔH_s)를 구해보자. 과정 A에서 처음에 수증기량의 질량은 0이며, 액체수의 질량은 m_w이다. 최종 상태(H_3)에는 액체수 중에서 m_v가 수증기로 바뀐다. 따라서 남아 있는 액체수의 양은 m_w'가 된다. 식 (6.48)에서 과정 A에 대한 경로 적분은 다음과 같다.

$$\Delta H_s = \int_{H_0}^{H_1} dH_s + \int_{H_1}^{H_2} dH_s \tag{6.49}$$

(1) $\int_{H_0}^{H_1} dH_s$의 계산 : 이 과정에서 변수는 온도이고, 계의 $m_v = 0$이다.

$$(1)^* = \int_{T_0}^{T} (m_d c_{pd} + m_w c_w) dT = (m_d c_{pd} + m_w c_w)(T - T_0)$$

(2) $\int_{H_1}^{H_2} dH_s$의 계산 : 이 과정은 일정온도에서 수증기의 질량이 $m_v = 0$에서 m_v가 된다.

$$(2)^* = \int_0^{m_v} L_{wv}(T) dm_v = L_{wv}(T) m_v$$

따라서 ΔH_s는 다음과 같이 $(1)^*$과 $(2)^*$의 합으로 다음과 같이 주어진다.

$$\Delta H_s = (m_d c_{pd} + m_w c_w)(T - T_0) + L_{wv}(T) m_v \tag{6.50}$$

6.5.2 내부에너지의 변화

건조공기, 수증기, 그리고 응결된 물로 구성된 포화공기의 내부에너지(U_s)는 각 성분의 내부에너지의 합으로

$$U_s = m_d u_d + m_v u_v + m_w u_w \tag{6.51}$$

으로 주어진다. 여기서 첨자 m은 각 구성성분의 질량을 의미하며 편미분 시에 상수로 고려한다. 수분의 질량 보존, $m_t = m_v + m_w = \text{const.}$를 식 (6.51)에 적용하면 다음과 같다.

$$U_s = m_d u_d + m_v (u_v - u_w) + m_t u_w \tag{6.52}$$

식 (6.51)의 내부에너지는 온도뿐만 아니라 각 구성성분의 상의 질량에 따라 달라진다. 계의 총 내부에너지를 $U_s = U_s(T, m_v, m_w)$으로 고려하면 dU_s는

$$dU_s = \left(\frac{\partial U_s}{\partial T}\right)_m dT + u_v dm_v + u_w dm_w \tag{6.53}$$

와 같이 나타낼 수 있다. 식 (6.53)에서 건조공기의 질량변화에 대한 내부에너지 변화는 $dm_d = 0$이므로 포함되어 있지 않다. 여기서 식 (6.52)를 (6.53)에 적용하면

$$\begin{aligned} dU_s = \ & m_d \left(\frac{\partial u_d}{\partial T}\right)_m dT + m_v \frac{\partial}{\partial T}(u_v - u_w) dT \\ & + m_t \left(\frac{\partial u_w}{\partial T}\right)_m dT + (u_v - u_w) dm_v \end{aligned} \tag{6.54}$$

으로 주어진다. 식 (6.54)에서 우측의 첫째항과 셋째항의 편미분은

$$\left(\frac{\partial u_d}{\partial T}\right)_m = c_{vd}, \quad \left(\frac{\partial u_w}{\partial T}\right)_m = c_w \tag{6.55}$$

와 같다. 여기서 c_{vd}는 건조공기의 정적비열, c_w는 물의 비열을 나타낸다.

식 (6.54)에서 우측의 둘째 항을 다음과 같이 나타낼 수 있다.

$$m_v \frac{\partial}{\partial T}(u_v - u_w) dT = m_v d(u_v - u_w) \tag{6.56}$$

여기서 수증기의 비내부에너지(u_v)와 물의 비내부에너지(u_w)의 차이는 $h = u + e\alpha$를 이용하면 다음 식으로 주어진다.

$$(u_v - u_w) = (h_v - h_w) - e(\alpha_v - \alpha_w) \cong L_{wv} - R_v T \tag{6.57}$$

여기서 L_{wv}는 응결잠열 그리고 e는 수증기압을 나타낸다. 한편 $e(\alpha_v - \alpha_w) \cong e\alpha_v = R_v T$로 수증기의 상태방정식으로 근사할 수 있다. 식 (6.57)을 (6.56)에 적용하면

$$m_v \frac{\partial}{\partial T}(u_v - u_w) dT = m_v d(u_v - u_w) = m_v d(L_{wv} - R_v T) \tag{6.58}$$

으로 주어진다. 식 (6.55)와 (6.58)을 식 (6.54)에 적용하면 다음과 같이 주어진다.

$$dU_s = m_d c_{vd} dT + m_t c_w dT + d[(L_{wv} - R_v T) m_v] \tag{6.59}$$

식 (6.59)의 적분은 다음과 같은 과정을 고려하여 계산한다.

$$U_0(T_0,\, m_d,\, m_v=0,\, m_t) \rightarrow U_1(T,\, m_d,\, m_v=0,\, m_t) \rightarrow U_2(T,\, m_d,\, m_v,\, m_w)$$

따라서 ΔU_s는 다음과 같이 두 개의 경로 적분의 합으로 나타낼 수 있다.

$$\Delta U_s = \int_{U_0}^{U_1} dU_s + \int_{U_1}^{U_2} dU_s \tag{6.60}$$

(1) $\int_{U_0}^{U_1} dU_s$의 계산 : 이 과정은 액체수의 양은 영이며 온도만 바뀐다.

$$(1)^* = \int_{T_0}^{T} m_d c_{vd}\, dT + \int_{T_0}^{T} m_t c_w\, dT = m_d c_{vd}(T-T_0) + m_t c_w (T-T_0)$$

(2) $\int_{U_1}^{U_2} dU_s$의 계산 : 이 과정은 등온과정이며 m_t의 일부가 수증기로 바뀐다.

$$(2)^* = \int_{(T,\, m_v=0)}^{(T,\, m_v)} d[(L_{wv}(T) - R_v T)m_v] = m_v[L_{wv}(T) - R_v T]$$

을 얻는다. 따라서 ΔU_s는 $(1)^*$과 $(2)^*$의 합으로 다음과 같이 주어진다.

$$\Delta U_s = (m_d c_{vd} + m_t c_w)(T-T_0) + m_v[L_{wv}(T) - R_v T] \tag{6.61}$$

예제 02

1기압 20℃에서 포화된 공기의 수증기의 혼합비가 17.5 g/kg이다. 이 공기가 등압상태에서 냉각되어 0℃에서 포화혼합비가 3.8 g/kg이 되었다. 단위 질량(1 kg)의 건조 공기에 대한 엔탈피와 내부에너지의 변화는 얼마인가?

➲ 풀이

식 (6.50)에서 양변을 m_d로 나누어 주면 비엔탈피가 얻어진다.

(1) $\Delta h_s = (c_{pd} + w_v c_{pv} + w_w c_w)(T-T_0) + L_{wv}(T_0)w_v$ 로 주어진다.

액체수 혼합비 : $w_w = 17.5 - 3.8 = 13.7\,(\mathrm{g/kg}) = 13.7\times10^{-3}$

$$\Delta h_s = (1005 + 3.8\times10^{-3}\times1850 + 13.7\times10^{-3}\times4218)\\ (0-20) + 2.5\times10^6\times3.8\times10^{-3} = -11.9\times10^3\,(\mathrm{J/Kg})$$

(2) 식 (6.61)에서 양변을 m_d로 나누어 주면 비내부에너지가 얻어진다.

$$\Delta u_s = (c_{vd} + w_t c_w)(T-T_0) + w_v[L_{wv}(T) - R_v T]$$

$$\Delta u_s = (718 + 13.7\times10^{-3}\times4218)(0-20)\\ + (3.8\times10^{-3})(2.5\times10^6 - 461.5\times273) = -6.5\times10^3\,(\mathrm{J/Kg})$$

6.6 포화공기의 엔트로피

건조공기, 수증기, 응결된 물로 이루어져 있는 포화상태의 구름덩이를 닫힌계로 고려하고 가역과정에서의 엔트로피 변화를 살펴보자. 이 경우에 계의 총 엔트로피 S_c는

$$S_C = S_d + S_v + S_w = m_d s_d + m_v s_v + m_w s_w \tag{6.62}$$

와 같이 나타낼 수 있다. 여기서 첨자 c, d, v, w는 각각 구름, 건조공기, 수증기, 응결된 물을 나타낸다. 식 (6.62)에서 계의 엔트로피 변화, dS_c는 다음과 같이 기술할 수 있다.

$$dS_c = dS_d + dS_v + dS_w \tag{6.63}$$

여기서 dS_d와 dS_v는 각각 건조공기와 수증기의 엔트로피 변화이고, dS_w는 응결된 물의 엔트로피 변화이다. 엔트로피 변화는 계의 잠열방출 또는 외부와 계의 열 교환에 의한다.

(i) dS_d의 계산 : 건조공기의 엔트로피변화는 식 (6.62)에서 다음과 같이 주어진다.

$$dS_d = d(m_d s_d) = m_d ds_d + s_d dm_d \tag{6.64}$$

닫힌계를 고려하면 건조공기의 질량이 보존되어 $dm_d = 0$이다. 따라서 식 (6.64)는

$$dS_d = d(m_d s_d) = m_d ds_d \tag{6.65}$$

으로 나타낼 수 있다. 한편 열역학 제1법칙에서 건조공기에 대한 비엔트로피의 변화는 다음과 같이 주어진다.

$$ds_d = \frac{dq_d}{T} = c_{pd}\frac{dT}{T} - R_d\frac{dp_d}{p_d} \tag{6.66}$$

식 (6.66)을 (6.65)에 대입하면 다음 식을 얻는다.

$$dS_d = m_d c_{pd}\, d\ln T - m_d R_d\, d\ln p_d \tag{6.67}$$

(ii) dS_v의 계산 : 식 (6.62)에서 수증기의 엔트로피 변화는 다음과 같이 주어진다.

$$dS_v = d(m_v s_v) = m_v ds_v + s_v dm_v \tag{6.68}$$

한편 열역학 제1법칙에서 수증기에 대한 비엔트로피의 변화는 다음과 같이 주어진다.

$$ds_v = \frac{dq_v}{T} = c_{pv}\frac{dT}{T} - R_v\frac{de}{e} \tag{6.69}$$

식 (6.69)를 (6.68)에 대입하면 다음 식을 얻는다.

$$dS_v = m_v c_{pv} d\ln T - m_v R_v d\ln e_s + s_v dm_v \tag{6.70}$$

(iii) dS_w의 계산 : 응결된 물의 엔트로피 변화 dS_w는 다음과 같이 주어진다.

$$dS_w = d(m_w s_w) = m_w ds_w + s_w dm_w \tag{6.71}$$

여기서 $s_w = s_w(T, p)$이므로 전미분 ds_w를 구하여 식 (6.71)에 대입하면

$$dS_w = m_w \left(\frac{\partial s_w}{\partial T}\right)_{p,m} dT + m_w \left(\frac{\partial s_w}{\partial p}\right)_{T,m} dp + s_w dm_w \tag{6.72}$$

으로 주어진다. 여기서 우변의 $\left(\frac{\partial s_w}{\partial p}\right)_{T,m}$ 은 맥스웰 관계식 $\left(\frac{\partial s_w}{\partial p}\right)_{T,m} = -\left(\frac{\partial \alpha}{\partial T}\right)_{p,m}$ 을 이용하여 구한다. 맥스웰 관계식의 우측 항, $\left(\frac{\partial \alpha}{\partial T}\right)_{p,m}$ 은 식 (5.23)에 주어진

$$d\alpha = \beta\alpha_0 dT - \kappa\alpha_0 dp \tag{6.73}$$

을 이용하여 구한다. 물의 비체적은 $\alpha_0 = 1 \times 10^{-3}\,(\mathrm{m^3 kg^{-1}})$, 체적 팽창계수는 $\beta \sim 1 \times 10^{-4}\,(\mathrm{K^{-1}})$ 그리고 κ는 등온 압축률이다. 그리고 식 (6.73)의 $d\alpha$관계식에서 $(\partial\alpha/\partial T)_{p,m} = \alpha_0\beta$를 얻는다. 이를 식 (6.72)의 우변의 두 번째 편미분 항에 이용하면 이항은 다음과 같이 근사할 수 있다.

$$\left(\frac{\partial s_w}{\partial p}\right)_{T,m} = -\alpha_0\beta \approx 0 \tag{6.74}$$

식 (6.72)에 식 (6.74)와 $\left(\frac{\partial s_w}{\partial T}\right)_{p,m} = \frac{c_w}{T}$를 적용하면 다음 식을 얻는다.

$$dS_w = m_w c_w d\ln T + s_w dm_w \tag{6.75}$$

계의 엔트로피의 변화는 식 (6.63)에 의하면 $dS_c = dS_d + dS_v + dS_w$이므로 식 (6.67), (6.70), 그리고 (6.75)를 이용하면 다음과 같이 주어진다.

$$\begin{aligned} dS_c = &(m_d c_{pd} + m_v c_{pv} + m_w c_w) d\ln T - m_d R_d d\ln p_d \\ &- m_v R_v d\ln e_s + s_v dm_v + s_w dm_w \end{aligned} \tag{6.76}$$

여기서 수분의 보존($m_v + m_w = \mathrm{const.}$)과 엔트로피와 잠열과의 관계식

$$dm_w = -dm_v, \quad s_v - s_w = L_{wv}/T \tag{6.77}$$

을 적용하면 식 (6.77)은 다음과 같이 나타낼 수 있다.

$$\begin{aligned} dS_c = &(m_d c_{pd} + m_v c_{pv} + m_w c_w)\, d\ln T \\ &- m_d R_d\, d\ln p_d - m_v R_v\, d\ln e_s + \frac{L_{wv}}{T} dm_v \end{aligned} \tag{6.78}$$

단위질량의 건조공기에 대한 구름의 엔트로피 증가를 구하기 위해 식 (6.78)을 m_d로 나누어주면,

$$ds_c = (c_{pd} + w_s c_{pv} + w_w c_w) d\ln T - R_d d\ln p_d - w_s R_v d\ln e_s + \frac{L_{vw}}{T} dw_s \tag{6.79}$$

으로 주어진다. 여기서 w_s는 수증기의 포화혼합비이고 $w_w(= m_w/m_d)$는 응결된 물의 혼합비를 나타낸다. 식 (6.79)에 $w_w = w_t - w_s$와 $d\ln e_s = de_s/e_s = L_{wv} dT/R_v T^2$를 대입하면 ds_c은 다음과 같이 주어진다.

$$\begin{aligned} ds_c = &[c_{pd} + w_t c_w + w_s (c_{pv} - c_w)] d\ln T - R_d\, d\ln p_d \\ &- \frac{w_s L_{wv}}{T^2} dT + \frac{L_{wv}}{T} dw_s \end{aligned} \tag{6.80}$$

식 (6.80)에 키르히호프의 방정식 $dL_{wv}/dT = c_{pv} - c_w$를 적용한 후 정리하면

$$\begin{aligned} ds_c &= (c_{pd} + w_t c_w) d\ln T - R_d\, d\ln p_d + \frac{w_s dL_{wv}}{T} + \frac{L_{wv} dw_s}{T} - \frac{w_s L_{wv}}{T^2} dT \\ &= (c_{pd} + w_t c_w) d\ln T - R_d\, d\ln P_d + \frac{1}{T} d(w_s L_{wv}) + w_s L_{wv} d\left(\frac{1}{T}\right) \end{aligned} \tag{6.81}$$

을 얻는다. 여기서 우변의 셋째와 넷째 항을 하나로 결합하면

$$ds_c = (c_{pd} + w_t c_w) d\ln T - R_d\, d\ln p_d + d\left(\frac{w_s L_{wv}}{T}\right) \tag{6.82}$$

으로 주어진다. 이 식은 응결된 물을 포함한 포화공기의 엔트로피 변화를 나타내는 가장 일반적인 식으로 7장에서 포화공기의 습윤단열감률을 유도하는데 이용된다.

연 습 문 제

6.1 지표에서 기압이 1000 hPa, 기온이 15℃인 체적 1 m^3의 공기덩이에 5 g의 수증기가 포함되어 있다. 다음 변수들의 값을 구하시오. 단, 건조공기와 수증기에 대한 기체상수는 각각 $R_d = 287\ \mathrm{J\ K^{-1}\ kg^{-1}}$이고, $R_v = 461\ \mathrm{J\ K^{-1}\ kg^{-1}}$이다.

(1) 수증기와 건조공기의 압력 (2) 건조공기의 밀도

(3) 비습과 혼합비 (4) 가온도

6.2 온도가 10℃, 비습이 4 g/kg인 불포화 공기덩이가 500 hPa의 고도에 있을 경우 온위를 구하시오. 그리고 이 공기덩이를 건조공기로 가정했을 때의 온위와 차이를 구하시오.

6.3 비습(x)과 혼합비(w) 사이에는 $x = w/(1+w)$인 관계가 있음을 보이시오.

6.4 식 (6.40)을 이용하여 총 엔탈피의 변화는 다음과 같이 주어짐을 보이시오.

$$dH_s = m_d\left(\frac{\partial h_d}{\partial T}\right)_{p,m} dT + m_v\left(\frac{\partial h_v}{\partial T}\right)_{p,m} dT + m_w\left(\frac{\partial h_w}{\partial T}\right) dT + (h_v - h_w)dm_v$$

6.5 습윤공기의 정적비열이 $c_{vm} = c_{vd}[1+(\eta-1)x]$로 주어짐을 보이시오(6.3절 참고).

6.6 수증기의 비엔트로피 변화가 다음과 같이 주어짐을 보이시오.

$$\left(\frac{\partial s_v}{\partial T}\right)_{e,m} = \frac{c_{pv}}{T},\quad \left(\frac{\partial s_v}{\partial e}\right)_{T,m} = -\frac{R_v}{e}$$

6.7 단위질량의 건조공기가 가역적인 단열팽창 과정에서 그 체적이 초기체적의 1.5배 증가하였다. 초기온도가 270 K일 때 이 건조공기의 엔탈피의 변화는 얼마인가?

6.8 가온도는 $T_v(K) \simeq (1+0.61w)T$와 같이 혼합비(w)로 근사할 수 있으며, 이 식을 $T_v(℃) \simeq T + w/6$으로 나타낼 수 있음을 보이시오.

Chapter

07

대기의 단열과 비단열과정

이 장에서는 건조공기의 단열과정에 의한 온위, 단열감률, 포화공기의 포화단열감률, 위단열감률에 대하여 기술한다. 또한 비단열과정에서 온위의 변화와 다방대기에 관하여 논의된다.

7.1 단열과정에 의한 온도변화

대기 중에서 공기덩이의 연직운동은 일반적으로 단열과정으로 근사할 수 있으며, 푸아송 방정식(Poisson equation)으로 나타낼 수 있다. 단열과정에서 대기의 상태를 분석하는데 많이 이용되는 푸아송 방정식을 유도하기 위해 단위질량의 건조공기에 대한 열역학 제1법칙을 다음과 같이 고려한다.

$$dq = c_{pd}\,dT - \alpha\,dp \tag{7.1}$$

여기서 c_{pd}는 건조공기의 정압비열이고 α는 공기덩이의 비체적이다. 단열과정에서는 $dq=0$이므로 식 (7.1)은

$$c_{pd}\,dT = \alpha\,dp \tag{7.2}$$

가 된다. 여기서 $p\alpha = R_d T$를 적용하면 다음 식을 얻는다.

$$\frac{dT}{T} = \frac{R_d}{c_{pd}}\frac{dp}{p} \tag{7.3}$$

식 (7.3)을 적분하면 단열과정에 대한 방정식이 구해진다.

$$\ln T = \frac{R_d}{c_{pd}}\ln p + c \tag{7.4}$$

또는

$$T p^{-R_d/c_{pd}} = c \tag{7.5}$$

으로 나타낼 수 있다. c는 적분상수이다. 식 (7.5)에 상태방정식 $p\alpha = R_d T$를 적용하면

$$T\alpha^{R_d/c_{vd}} = c \tag{7.6}$$

$$p\alpha^{c_{pd}/c_{vd}} = c \tag{7.7}$$

으로 주어진다. 여기서 c_{vd}는 건조공기의 정적비열을 나타낸다. 식 (7.5)~(7.7)을 푸아송 방정식이라고 하며, 특히 식 (7.5)는 건조공기의 단열과정과 관계된 온위(potential temperature)를 정의하는데 사용된다.

온위는 압력과 온도가 $(p,\ T)$인 공기덩이를 단열적으로 그림 7.1과 같이 $p_0 = 1000\,\text{hPa}$까지 이동시켰을 때 공기덩이의 온도이다. 식 (7.5)를 이용하면 온위(θ)는

$$\theta = T\left(\frac{p_0}{p}\right)^{R_d/c_{pd}} = T\left(\frac{p_0}{p}\right)^{0.286} \tag{7.8}$$

으로 주어진다. 온위는 건조공기의 단열과정에서 보존된다. 일반적으로 대기의 수증기 함량은 건조공기에 비해 상당히 작으므로 식 (7.8)은 불포화공기의 온위를 근사적으로 계산하는데 많이 이용된다.

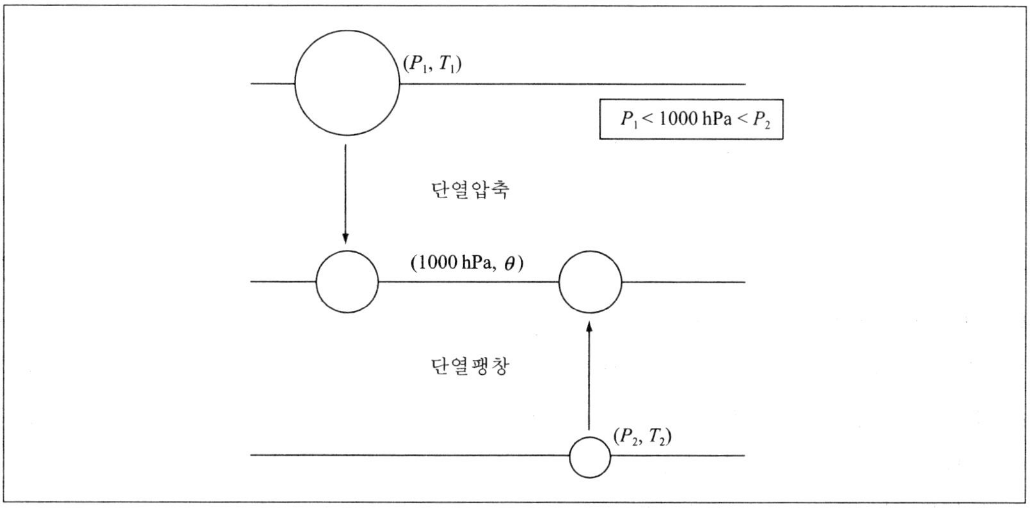

그림 7.1 온위의 정의

단열과정의 근사

많은 경우에 공기덩이의 연직운동을 단열과정이라고 가정한다. 그 이유는 지표근처에서 열전도와 난류혼합(turbulent mixing)은 1일 정도의 시간규모로 공기덩이의 온도변화를 다룰 때 중요하기 때문이다. 그리고 대기복사는 1주일 또는 그 이상의 시간규모를 고려할 때 중요하다. 따라서 시간규모가 1일보다 작은 불포화공기의 연직운동은 단열과정으로 고려할 수 있다. 그러나 구름형성과 관련된 공기덩이의 연직운동(예: 적운대류)에서 수증기의 응결로 인한 잠열방출의 시간규모는 연직운동의 시간규모와 거의 같은 규모로 영향을 미친다.

예를 들면, 포화상태의 공기덩이가 연직속도가 1 ms^{-1}로 상승할 경우 1 km의 구름의 기저고도에서 구름의 정상부인 4 km인 고도까지 도달하는데 걸리는 시간은 50분이다. 이 경우 공기덩이의 연직이동과 관련된 시간규모와 비교해서 열전도, 난류혼합, 복사의 시간규모는 너무 장시간이므로 포화공기덩이의 온도 변화를 고려하는데 이들 과정의 비단열 효과는 무시할 수 있다. 그러나 잠열방출이 공기덩이의 온도변화에 미치는 시간규모는 50분에 해당되므로 포화단열과정에서는 수증기의 응결에 의한 잠열방출이 고려된다.

7.2 불포화공기의 단열감률

불포화공기덩이가 단열상승할 경우 고도에 따른 온도 감소율을 건조단열감률(dry adiabatic lapse rate)이라고 한다. 건조단열감률을 구하기 위해서 식 (7.2)를 이용하면

$$\frac{dT}{dp} = \frac{\alpha}{c_{pd}} \tag{7.9}$$

의 관계를 얻는다. 여기서 정역학 방정식 $dp = -\rho g dz$를 이용하면 건조단열감률은

$$\gamma_d = -\left(\frac{dT}{dz}\right)_d = \frac{g}{c_{pd}} = 9.8\ \mathrm{K/km} \tag{7.10}$$

와 같다. 여기서 첨자 d는 건조공기를 의미한다. 식 (7.10)에 의하면 불포화 공기덩이가 1 km 상승할 때마다 온도는 약 10℃ 감소한다. 공기덩이가 단열상승할 때 온도가 감소하는 까닭은 주위 기압이 낮아지면서 공기덩이의 팽창으로 인하여 주위에 일을 하면서 공기덩이의 내부에너지가 감소하기 때문이다.

공기덩이가 단열상승할 경우 연직속도를 w라고 하면 공기덩이의 온도변화율은

$$\left(\frac{dT}{dt}\right)_d = \left(\frac{dT}{dz}\right)_d \left(\frac{dz}{dt}\right) = -\gamma_d w \tag{7.11}$$

으로 나타낼 수 있다. 식 (7.11)에 의하면 공기덩이가 단열상승($w > 0$)할 경우에는 시간에 따라 온도가 감소하고, 단열하강($w < 0$)할 경우에는 시간에 따라 온도가 증가한다.

단열과정은 등엔트로피 과정(isentropic process)이다. 이를 증명하기 위해서 온위방정식 (7.8)의 양변에 대수를 취하면

$$\ln\theta = \ln T + \frac{R_d}{c_{pd}} \ln\left(\frac{p_0}{p}\right) \tag{7.12}$$

으로 주어지며, 이 식을 미분한 후 식 (7.1)의 우변과 같이 정리하고, T로 나누어주면

$$c_{pd}\, d\ln\theta = \frac{1}{T}(c_{pd}\, dT - \alpha\, dp) = \frac{dq}{T} \tag{7.13}$$

얻는다. 따라서 $d\theta$와 dq와의 관계는 다음과 같이 주어진다.

$$dq = c_{pd}\, T\, d\ln\theta \tag{7.14}$$

한편 엔트로피의 변화 ds와 $d\theta$와의 관계는 $ds = \frac{dq}{T}$를 식 (7.14)에 적용하면

$$ds = c_{pd} d\ln\theta \tag{7.15}$$

와 같이 나타낼 수 있다. 식 (7.15)는 θ가 일정한 건조단열과정의 경우 엔트로피가 보존됨을 보여준다.

예제 01

건조단열과정에서 $\frac{d\theta}{dz} = 0$임을 보이시오.

➲ 풀이

식 (7.15)에서 $\frac{ds}{dz} = c_{pd}\frac{d\ln\theta}{dz} = \frac{c_{pd}}{\theta}\frac{d\theta}{dz}$

건조단열과정은 등엔트로피 과정 : $ds = 0$. 따라서 $\frac{d\theta}{dz} = 0$이다.

7.3 습윤공기의 단열감률

포화공기의 단열과정은 포화단열과정과 위단열과정으로 구분할 수 있다. 이 절에서는 이 두 가지 과정을 비교하며, 열역학 제1법칙을 적용하여 위단열감률을 유도한다.

(1) 포화공기의 단열상승과정

습윤공기가 상승하여 응결고도에 도달하면, 공기덩이는 포화가 된다. 이 공기덩이가 계속 단열상승하면서 냉각되면 수증기가 응결하면서 잠열이 방출된다. 방출된 잠열은 단열상승에 따른 공기덩이의 냉각을 일부 보상한다. 한편 수증기의 응결로 형성된 물은 공기덩이에 남아 있다. 여기서 기상학적으로 두 가지 과정이 고려된다. 하나는 단열과정으로 응결한 물이 계속 공기덩이에 남아 있는 경우로 계의 수분이 보존되는 물리과정이다. 이 과정을 포화단열과정(saturated adiabatic process) 또는 습윤단열과정(moist adiabatic process)이라고 한다. 이 경우 공기덩이의 고도증가에 따른 온도 감률을 습윤단열감률(moist adiabatic lapse rate) 또는 포화단열감률(saturated adiabatic lapse rate)이라고 한다. 즉, 습윤단열감률은 응결된 물을 포함한 공기덩이의 온도감률을 나타낸다. 포화단열과정에서는 수분이 보존되므로

강수는 발생하지 않는다.

다른 하나는 포화상태의 공기덩이가 상승과정에서 수증기의 응결로 형성된 물 또는 얼음이 강수에 의해 계속 상실되는 경우이다. 이 경우 구름덩이는 강수로 응결된 물 뿐만 아니라 그 물이 가지고 있는 열도 상실하므로, 이를 위단열과정(pseudo-adiabatic process)이라고 한다. 수분과 열이 주위로 빠져 나가므로 엄격히 정의하면 단열과정은 아니다. 따라서 그 명칭을 "위단열과정"이라고 하며, 이 경우 공기덩이의 온도 감율을 위단열감률(pseudo－adiabatic lapse rate)이라고 한다. 통상적인 계산에 의하면 습윤단열감률과 위단열감률의 온도차는 1℃ 미만이다. 따라서 이 두 용어를 포화공기의 단열감률을 기술하는데 함께 사용하고 있다. 습윤단열감률에 대한 식은 식 (A1.16)으로 부록A.1에 유도되어 있다. 표 7.1은 기온과 기압의 변화에 따른 습윤단열감률을 보여준다.

표 7.1 습윤단열감률(℃/100 m) (List, 1984)

기압(hPa) \ 기온(℃)	−40	−30	−20	−10	0	10	20	30	40
100	0.775	0.615	0.454	0.335	0.262				
200	0.863	0.746	0.596	0.452	0.345	0.276			
300	0.896	0.807	0.677	0.532	0.409	0.323			
400	0.913	0.842	0.730	0.592	0.462	0.362	0.296		
500	0.925	0.866	0.767	0.637	0.505	0.398	0.322	0.273	
600	0.934	0.882	0.794	0.672	0.542	0.429	0.346	0.291	
700	0.939	0.893	0.814	0.701	0.573	0.457	0.368	0.307	0.267
800	0.944	0.903	0.830	0.725	0.601	0.483	0.389	0.323	0.279
850	0.945	0.907	0.838	0.735	0.613	0.495	0.398	0.330	0.285
900	0.947	0.910	0.844	0.745	0.624	0.506	0.408	0.338	0.290
950	0.948	0.913	0.850	0.755	0.634	0.516	0.417	0.345	0.295
1000	0.950	0.917	0.855	0.763	0.645	0.527	0.426	0.352	0.301

(2) 위단열감률

위단열과정에서 포화공기의 단열감률은 습윤공기에 대한 열역학 제1법칙을 이용하여 구할 수 있다.

$$dQ = (m_d c_{pd} + m_v c_{pv})dT - Vdp \tag{7.16}$$

여기서 dQ는 수증기가 응결 시에 방출한 잠열, m_d는 건조공기의 질량, 그리고 c_{pd}는 건조공기의 정압비열이다. 그리고 m_v는 수증기의 질량, c_{pv}는 수증기의 정압비열, 그리고 V는 공기덩이의 체적이다. 식 (7.16)에서 $m_d \gg m_v$인 경우 이 식은 다음과 같이 근사할 수 있다.

$$dq \fallingdotseq c_{pd}dT - \alpha\, dp \tag{7.17}$$

여기서 α는 포화공기의 비체적이다. 지금 상태가 $(T,\ p,\ w_s)$인 포화공기가 위단열적으로 상승하여 온도, 기압 그리고 포화 혼합비가 $(T+dT,\ p+dp,\ w_s+dw_s)$로 되었다고 가정한다. 그리고 이 과정에서 방출한 잠열을 $dq = -L_{wv}\,dw_s$라고 하면 식 (7.17)은

$$c_{pd}dT + L_{wv}dw_s - \alpha\, dp = 0 \tag{7.18}$$

으로 주어진다. 식 (7.18)에서 $L_{wv}dw_s$는 공기덩이의 내부 열원(heat source)에 의한 열 방출이다. 한편 식 (7.18)에 $dp = -\rho g dz$를 적용하고 고도 증가에 따른 포화공기의 온도감률, 즉 위단열감률(γ_s)을 구하면 다음과 같이 주어진다.

$$\gamma_s = -\frac{dT}{dz} = \frac{g}{c_{pd}} + \frac{L_{wv}dw_s}{c_{pd}dz} \tag{7.19}$$

여기서 건조단열 감률은 $\gamma_d = g/c_{pd}$이므로 γ_s를 다음과 같이 기술한다.

$$\gamma_s = \gamma_d + \frac{L_{wv}dw_s}{c_{pd}dz} \tag{7.20}$$

식 (7.20)에서 포화공기가 단열상승 시에는 $dw_s/dz < 0$이므로 $\gamma_s < \gamma_d$이다. 그러나 공기덩이가 계속 상승하여 포화혼합비가 0에 가까워지면 $dw_s/dz \approx 0$이 되어 γ_s가 γ_d에 거의 같게 된다. 포화혼합비는 건조공기의 압력과 포화수증기압의 함수이므로 식 (7.20)에서 dw_s/dz는 일정하지 않다. 따라서 γ_s의 값도 표 7.1과 그림 7.2에서 보는 바와 같이 일정하지 않으며 보통 $\gamma_s \approx 4 \sim 7℃/\text{km}$의 범위의 값을 가진다.

식 (7.20)의 dw_s/dz항을 좀 더 계산하기 쉬운 형태로 바꾸어주기 위해 포화혼합비의 식, $w_s(T, p) \simeq \epsilon e_s(T)/p$에 자연 대수를 취하고 미분을 하면 다음과 같다.

$$\frac{1}{w_s}\frac{dw_s}{dz} \simeq -\frac{1}{p}\frac{dp}{dz} + \frac{1}{e_s}\frac{de_s}{dz} = -\frac{1}{p}\frac{dp}{dz} + \frac{1}{e_s}\frac{de_s}{dT}\frac{dT}{dz} \tag{7.21}$$

이 식에 정역학 방정식과 클라우지우스－클라페롱 방정식을 적용하면

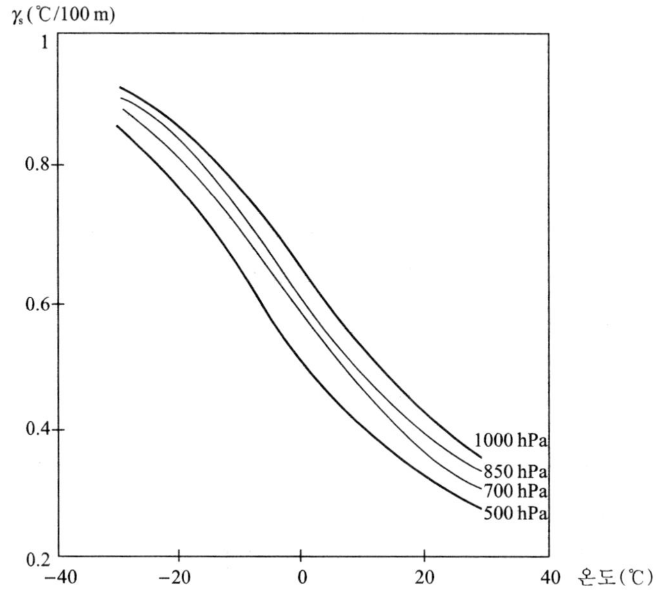

그림 7.2 기압별 온도에 따른 습윤단열감률(γ_s)

$$\frac{1}{w_s}\frac{dw_s}{dz} \simeq \frac{g}{R_d T} + \frac{L_{wv}}{R_v T^2}\frac{dT}{dz} \tag{7.22}$$

으로 주어진다. 식 (7.22)를 식 (7.19)에 적용하면 다음 식을 얻는다.

$$\gamma_s \approx \gamma_d \frac{1 + L_{wv} w_s / R_d T}{1 + L_{wv}^2 w_s / c_{pd} R_v T^2} \tag{7.23}$$

이 식에는 미분 항이 없으므로 γ_s를 계산하는데 식 (7.19)보다 더 편리하다.

예제 02

기압이 850 hPa, 온도가 0℃일 때, 식 (7.23)에 의한 위단열감률은 얼마인가? 구한 값을 표 7.1과 비교하시오.

➲ 풀이

식 (7.23) : $\gamma_s \approx \gamma_d \dfrac{1 + L_{wv} w_s / R_d T}{1 + L_{wv}^2 w_s / c_{pd} R_v T^2}$

을 이용한다. 여기서 포화혼합비 w_s는 다음과 같이 계산한다.

$$w_s = \frac{\epsilon e_s}{p - e_s} = \frac{(0.622)(6.11)}{850 - 6.11} = 0.0045$$

$$\gamma_s = \frac{(9.8℃/\mathrm{km})\left\{1 + \frac{2.501 \times 10^6 \times 0.0045}{(287.05)(273.15)}\right\}}{1 + \frac{(2.501 \times 10^6)^2 (0.0045)}{(1005)(461.51)(273.15)^2}}$$

$$\simeq 6.18℃/\mathrm{km}$$

을 얻는다. 이 값을 표 7.1과 비교하면 그 오차는 6.13 − 6.18 = 0.05℃/km이다.

습윤단열감률의 근사값

주어진 고도에서 대기가 포화상태에 있을 때 기압과 기온을 알면 습윤단열감률(γ_s)은 다음의 근사식을 이용하여 계산할 수 있다(Gill, 1982).

$$\gamma_s = 6.4 - 0.12T + 2.5 \times 10^{-5} T^3 + \left[10^{-3}(T-5)^2 - 2.4\right](1 - 0.001p) \tag{1}$$

여기서 T(℃)와 p (hPa)는 각각 기온과 압력을 나타내며, γ_s의 단위는 ℃ km^{-1}이다. 이 식을 이용하면 p = 500 hPa , T = −20℃에서 γ_s = 7.7℃ km^{-1}을 얻는다.

7.4 대기의 비단열과정

계와 외계 사이에 온도차로 인해서 에너지 교환이 일어날 때 계의 열역학적 상태변화를 비단열과정(diabatic process)이라고 하며, 이 절에서는 온위의 변화와 다방과정을 다룬다.

7.4.1 온위의 변화

비단열과정에서 온위의 변화를 살펴보기 이전에 먼저 온도 변화를 생각해보자. 열역학 제1법칙에 비단열 가열률(J)을 도입하면 다음과 같이 주어진다.

$$dq = J\,dt = c_{vd}T + p\,d\alpha = c_{pd}\,dT - \alpha\,dp \tag{7.24}$$

여기서 J는 복사가열(또는 냉각), 계와 주위 공기와의 온도차에 기인한 열전도에 의한 가열(또는 냉각), 수증기의 응결에 따른 잠열의 흡수, 방출에 의한 계의 가열을 나타내며 그 단위는 JKg^{-1}s^{-1}이다. 식 (7.24)를 시간미분, dt로 나누어준 다음 정리하면

$$\frac{dT}{dt} = \frac{J}{c_{pd}} + \frac{\alpha}{c_{pd}}\frac{dp}{dt} = \frac{J}{c_{pd}} + \kappa T\frac{\omega}{p} \tag{7.25}$$

을 얻는다. 여기서 dT/dt는 비단열 가열에 기인한 불포화 공기덩이의 온도변화율이며, $\kappa = R_d/c_{pd} = 0.286$이다. 그리고 $\omega \equiv dp/dt$는 공기덩이의 연직속도이며, $\omega > 0$이면 공기덩이의 하강운동을, $\omega < 0$이면 공기덩이의 상승운동을 의미한다. 식 (7.25)를 적용하여 중위도의 대류권에서 종관규모의 연직운동에 대한 dT/dt의 크기를 분석해 보자.

중위도의 대류권 중부($p \sim 500$ hPa)에서 종관규모의 대기요란(disturbance)에 의한 공기덩이의 연직변위에 따른 기압변화율을 $dp/dt \sim 100$ hPa/day(연직속도 : $w \sim 1$ cm/sec), 그리고 $T \sim 250$ K로 고려하면 단열적인 공기덩이의 온도변화율은 ~15℃/day 정도이다. 이에 비하여 복사에 의한 비단열 가열에 의한 온도변화는 1℃/day보다 적다. 수증기에 의한 잠열방출은 국지적으로 온도변화율에 영향을 주지만 종관규모로 대류권 전역을 고려하면 단열적인 온도변화율보다 매우 작다. 실제로 식 (7.25)의 비단열 효과에 의한 온도변화는 매우 작아서 종관규모의 연직운동에 따른 공기덩이의 온도변화율은 단열변화에 의한 것으로 근사할 수 있다.

비단열 가열에 의한 온위변화는 온위방정식 (7.8)을 자연대수를 취한 다음에 시간 t로 미분한 후, 그 결과 식에 열역학 제1법칙에 관한 식 (7.24)를 적용하면 다음과 같이 주어진다.

$$\frac{d\theta}{dt} = \frac{dq}{dt}\frac{1}{c_{pd}}\left(\frac{p_o}{p}\right)^{R_d/c_{pd}} \tag{7.26}$$

그림 7.3은 지표에서 불포화 공기가 300 K의 등온위면을 따라 치올림 고도(LCL)까지

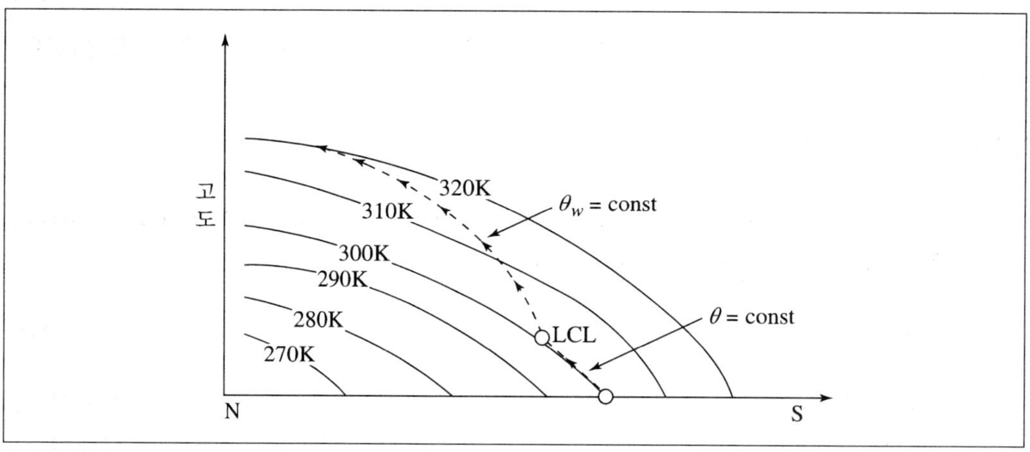

그림 7.3 단열과정과 비단열과정에 따른 공기덩이의 운동

강제 단열상승하는 것을 보여준다. 그러나 치올림 고도에서 수증기의 응결에 따른 잠열방출로 공기덩이의 온위가 계속 증가하여 등온위면을 횡단하면서 비단열적으로 상승한다. 그림 7.3에서 θ_w는 습구온위를 나타낸다.

7.4.2 다방과정

대기 중에서 공기덩이의 연직운동은 일반적으로 단열과정으로 근사할 수 있지만, 때에 따라서는 이와 같은 근사나 가정이 성립하지 않는 경우가 있다. 예를 들면, 수평 방향으로 상당히 넓은 면적을 가진 대기층이 매우 완만한 상승운동을 할 경우에 기층의 상승에 따른 온도변화는 단열과정으로 기술할 수 없다. 이 경우에는 기층과 외부와의 열에너지 교환을 고려하여 기층의 온도변화를 분석하여야 한다.

계의 상태가 $p\alpha^n = \text{const.}$으로 주어지는 준정적 과정을 다방과정(polytropic process)이라고 한다. 일반적으로 다방과정은 팽창과 수축을 수반한다. 다방과정 중 고도에 따라 기온이 선형으로 변하며, 정역학평형 상태의 모델 대기를 다방대기(polytropic atmosphere)라고 한다. 공기덩이가 연직운동을 하는 경우 체적과 압력이 변하므로 정적비열이나 정압비열을 적용할 수 없다. 따라서 이 과정에서 단위질량의 계가 흡수한 열(dq)에 의한 온도변화 dT에 의한 비열은

$$\frac{dq}{dT} = c' = \text{const.} \tag{7.27}$$

으로 주어진다. 이 식에서 c'을 다방 비열용량(polytropic specific heat capacity)이라고 한다. 식 (7.27)을 열역학 제1법칙, $dq = c_v dT + p d\alpha$에 적용하면

$$(c_v - c')dT + p d\alpha = 0 \tag{7.28}$$

을 얻는다. 식 (7.28)에 상태방정식 $p\alpha = RT$와 $R = c_p - c_v$를 적용하면

$$(c_v - c')\frac{dT}{T} + (c_p - c_v)\frac{d\alpha}{\alpha} = 0 \tag{7.29}$$

와 같이 주어진다. 그리고 이 식을 적분하면 다음 식을 얻는다.

$$T\alpha^{n-1} = \text{const} \tag{7.30}$$

여기서 n은 다방지수(polytropic exponent)로서 다음과 같다.

$$n = \frac{c_p - c'}{c_v - c'}, \qquad n - 1 = \frac{c_p - c_v}{c_v - c'} \tag{7.31}$$

앞에 기술한 동일한 방법을 적용하여 다음의 p, α, T 간의 관계식을 얻을 수 있다.

$$Tp^{-k} = \text{const.} \tag{7.32}$$

$$p\alpha^{n} = \text{const.} \tag{7.33}$$

여기서 식 (7.33)은 다방과정의 기본 방정식이다. 지수 k와 n의 관계는 다음과 같다.

$$k = \frac{n-1}{n} = \frac{R}{c_p - c'} = \frac{c_p - c_v}{c_p - c'} \tag{7.34}$$

다방과정은 다방지수 n 또는 k값에 의해 특징지을 수 있다. 예를 들면, (i) 등압과정은 $n = 0$ 또는 $k = -\infty$, (ii) 등온과정은 $n = 1$ 또는 $k = 0$ (iii) 단열과정은 $n = \eta = \frac{c_p}{c_v}$, $k = \frac{R}{c_p}$ 그리고 (iv) 등체적과정은 $n = \infty$, $k = 1$로 주어진다.

다방과정을 좀 더 구체적으로 이해하기 위해 이를 대류권의 기온 분포에 적용해보자. 다방과정에서 T와 p의 관계는

$$Tp^{-k} = Tp^{-\left(\frac{n-1}{n}\right)} = \text{const.} \tag{7.35}$$

으로 주어진다. 양변에 대수를 취한 다음 z로 미분하면 다음 식을 얻는다.

$$-\frac{dT}{dz} = \left(\frac{1-n}{n}\right)\frac{T}{p}\frac{dp}{dz} \tag{7.36}$$

여기서 식 (7.36)의 오른쪽 항에 정역학 방정식 $dp = -\rho g\,dz$와 $p = \rho R_d T$를 적용하면

$$\left(\frac{n-1}{n}\right) = \frac{R_d}{g}\left(-\frac{dT}{dz}\right) \tag{7.37}$$

를 얻는다. 식 (7.37)에 기온감률 $-\frac{dT}{dz} = \gamma = 6.5℃/\text{km}$를 적용하면

$$\left(\frac{n-1}{n}\right) = \left(\frac{6.5\ \text{K}}{1000\ \text{m}}\right) \times \left(\frac{287\ \text{JK}^{-1}\text{kg}^{-1}}{9.8\ \text{ms}^{-2}}\right) = 0.19 \tag{7.38}$$

를 얻는다. 따라서 $n(1-0.19) = 1$에서

$$n = 1.23 \tag{7.39}$$

를 얻는다. 열역학 과정에서 n의 값을 고려하면 단열과정에서는 $n = 1.40$이고, 등온과정에

서 $n=1$이다. 실제 대기의 경우 $n=1.23$으로, n값의 범위를 고려할 때 등온과정과 단열과정의 중간에 해당한다. 따라서 대류권에서 대기 온도의 연직분포는 단열분포와 등온분포 사이에 있음을 알 수 있다.

연 습 문 제

7.1 단열과정에서 건조공기에 대한 $p-\alpha$의 관계식 $p\alpha^{c_{pd}/c_{vd}}=c$를 유도하시오. 여기서 c_{pd}와 c_{vd}는 각각 건조공기의 정압비열과 정적비열이다.

7.2 온위방정식에 자연대수를 취한 후 미분한 후 단열과정을 적용하여 건조단열감률 $\gamma_d=\dfrac{g}{c_{pd}}$를 유도하시오.

7.3 다방과정에 관한 방정식 (i) $Tp^{-k}=\text{const.}$와 (ii) $T\alpha^{n-1}=\text{const.}$를 유도하시오.

7.4 습윤단열감률에 관한 식 $\gamma_s=\gamma_d+\left(\dfrac{L_{wv}}{c_{pd}}\dfrac{dw_s}{dz}\right)$에서 $w_s\fallingdotseq\epsilon\dfrac{e_s}{p}$를 z로 미분하고, 그 결과에 차례로 Clausius-Clapeyron 방정식, 정역학 방정식 그리고 상태방정식을 적용한 후 최종 결과를 γ_s에 적용하면

$$\gamma_s=\gamma_d\frac{1+\dfrac{L_{wv}w_s}{R_dT}}{1+\dfrac{L_{wv}^2w_s}{c_{pd}R_vT^2}}$$

로 주어짐을 보이시오.

7.5 비단열과정에서 계에 주어진 열이 δq일 때 온위의 변화가 $d\ln\theta=\dfrac{\delta q}{c_{pd}T}$임을 보이시오. 여기서 c_{pd}는 건조공기의 정압비열이다.

7.6 질량 1 kg의 불포화공기덩이가 500 hPa의 등압면을 따라 이동하면서 온위가 1 Kday^{-1} 증가하였다. 이 공기덩이가 하루 동안에 받은 에너지의 양은 얼마인가?

7.7 단열과정에서 건조공기의 온도가 10% 증가하면 공기덩이의 체적은 몇 % 감소하는가?

7.8 다방대기에 관한 식 $p\alpha^n=c$에서 $n\to\infty$인 경우는 등체적과정에 해당됨을 보이시오.

7.9 비단열과정에서 온위의 변화에 대한 식, $\dfrac{d\theta}{dt}=\dfrac{dq}{dt}\dfrac{1}{c_{pd}}\left(\dfrac{p_o}{p}\right)^{R_d/c_{pd}}$을 유도하시오.

Chapter

08

대기의 냉각과 수증기의 응결

이 장에서는 등압과정과 단열, 비단열과정에서 공기덩이의 각종 온도, 공기의 혼합에 의한 수증기의 응결 그리고 공기덩이의 냉각에 의한 수증기의 응결과 가강수량에 대해서 기술된다.

8.1 등압과정에서 대기의 냉각

8.1.1 이슬점온도

지표면에서 이슬의 형성이나 안개의 형성은 기압이 거의 일정한 상태, 즉 등압과정에서 기온의 하강에 따른 수증기의 응결에 의한 현상으로 설명할 수 있다. 등압과정에서 불포화 공기의 포화는 이슬점온도를 이용하여 설명할 수 있다. 이슬점온도는 등압과정에서 현재의 수증기압을 물에 대한 포화수증기압으로 하는 온도로 정의한다. 이를 그림 8.1을 이용하여 설명하면 p점에 있는 온도가 T, 수증기압이 e인 불포화공기를 등압 상태에서 냉각시켜 포화곡선의 A점에 이르렀을 때 공기의 온도가 이슬점온도이다. 따라서 이슬점온도(T_d)는

$$e = e_{sw}(T_d) \tag{8.1}$$

으로 나타낼 수 있다. 여기서 e_{sw}는 평면의 물에 대한 포화수증기압이다. 이슬점온도는 또한 현재의 수증기의 혼합비(w)를 포화 혼합비(w_s)로 하는 온도이므로 $w = w_s(T_d)$와 같이 표현할 수 있다.

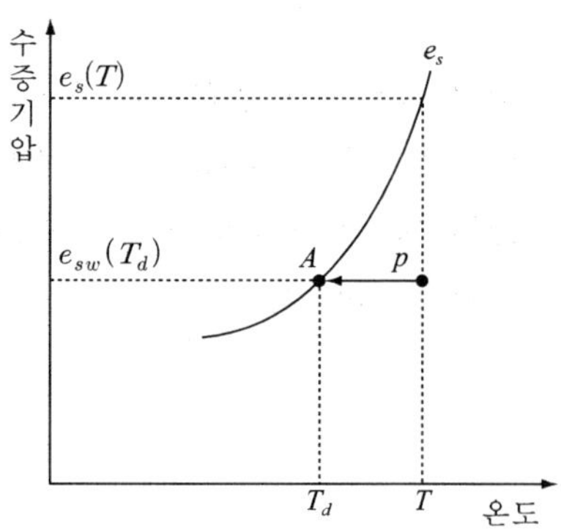

그림 8.1 포화수증기압곡선(e_s)과 이슬점온도

기온이 0℃ 이하로 낮아 지면에 서리가 내리는 경우가 있다. 이 때 서리의 형성 조건과 관련된 서리점온도(frost-point temperature)도 이슬점온도와 같이

$$e = e_{si}(T_f) \tag{8.2}$$

으로 주어진다. 여기서 e_{si}는 얼음에 대한 포화수증기압을 나타낸다. 서리점온도는 등압과정에서 불포화공기가 냉각되어 얼음에 대해 포화가 되는 온도이다. 서리는 수증기의 응결에 의해서 형성된 수적이 얼어서 형성되는 것이 아니고, 기온이 0℃ 이하의 포화 대기에서 수증기의 침적(deposition)으로 형성된다. 그 이유는 그림 8.2에서 보는 바와 같이 A점에 있는 온도가 T_a인 불포화공기가 등압적으로 냉각될 경우 T_0(0℃)보다 낮은 점 B에서 포화가 되는데 이 점의 온도, T_f가 서리점온도이다. 이 공기를 계속 냉각시키면 C점에서 과냉각수에 대해 포화가 되는데, 이 점의 온도가 과냉각수에 대한 이슬점온도(T_d)이다. 그림 8.2에 의하면 상대습도가 매우 낮은 경우 과냉각수에 대해 포화되기 전에 얼음에 대한 포화점온도(T_f)에 먼저 도달하고 있으며, 온도가 T_f 이하가 되면 서리가 형성된다. 실제로 서리가 형성되려면 빙정의 초기 형성에 도움을 주는 기면(substrate)이 필요하다.

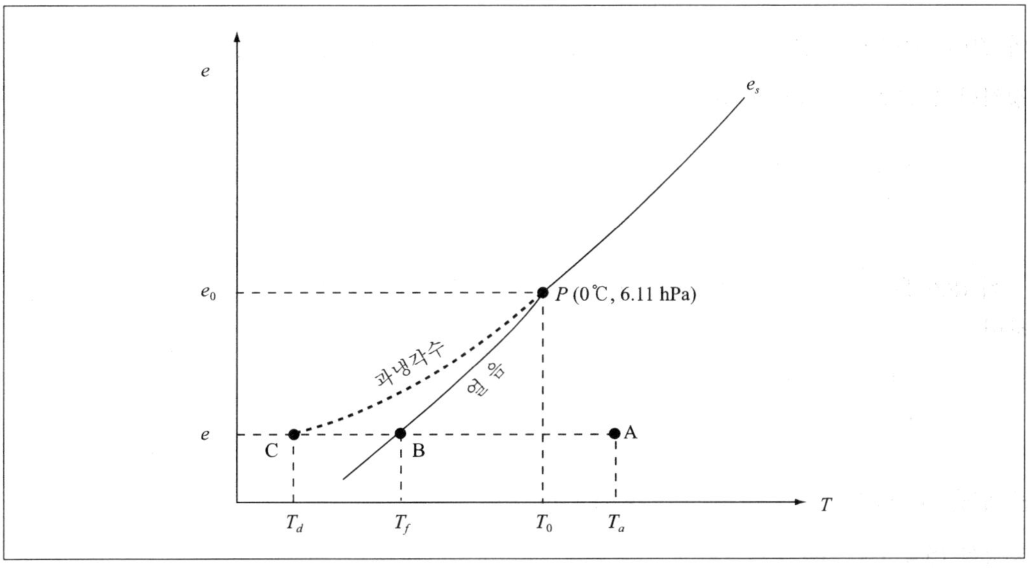

그림 8.2 서리점온도(T_f). 그림에서 e_0는 0℃에서 포화수증기압을 나타낸다.

8.1.2 이슬점온도의 감률

이슬점온도는 불포화공기의 수증기압을 포화수증기압으로 고려했을 때의 공기의 온도이다. 이 관계를 수증기압과 이슬점온도간의 관계식으로 해석할 수 있다.

공기덩이의 이슬점온도감률을 구하기 위하여 이슬점온도에 관한 식 (8.1), $e = e_{sw}(T_d)$를 고도 z로 미분하면

$$\frac{de}{dz} = \frac{de_{sw}}{dT_d}\frac{dT_d}{dz} = \frac{de_{sw}}{dz} \tag{8.3}$$

과 같이 표현할 수 있다. 식 (8.3)을 다시 정리하면 다음과 같다.

$$\frac{dT_d}{dz} = \frac{de_{sw}}{dz} \bigg/ \frac{de_{sw}}{dT_d} \tag{8.4}$$

여기서 이슬점온도는 고도증가에 따라 감소한다. 그 이유는 식 (8.4)에서 고도증가에 따라 온도감소로 $e_{sw}(T_d)$가 감소하며, 이로 인해 $\dfrac{de_{sw}}{dz}$의 값이 음이 되기 때문이다.

한편 포화수증기압과 기압과의 관계는 혼합비에 관한 식 (6.7)을 이용하면

$$e_{sw} = \frac{w_s}{w_s + \epsilon}\,p \tag{8.5}$$

와 같이 나타낼 수 있으며, 여기서 $\epsilon = R_d/R_v$이다. 공기덩이가 상승하는 동안 혼합비가 일정하다고 하면 식 (8.5)의 미분은 다음과 같이 주어진다.

$$\frac{de_{sw}}{dz} = \frac{w_s}{w_s + \epsilon}\frac{dp}{dz} = \frac{e_{sw}}{p}\frac{dp}{dz} \tag{8.6}$$

식 (8.6)은 $\dfrac{de_{sw}}{dz}$와 관측에서 얻어지는 $\dfrac{dp}{dz}$의 관계를 보여준다. 식 (8.4)와 (8.6)을 결합하면

$$\frac{1}{e_{sw}}\frac{de_{sw}}{dT_d}\frac{dT_d}{dz} = \frac{1}{p}\frac{dp}{dz} \tag{8.7}$$

을 얻을 수 있다. 앞에 주어진 식 (8.7)의 좌변의 $\dfrac{1}{e_{sw}}\dfrac{de_{sw}}{dT_d}$는 클라우시우스-클레페이롱 방정식 (5.47)을 이용하면 다음 관계식을 얻는다.

$$\frac{1}{e_{sw}}\frac{de_{sw}}{dT_d} = \frac{L_{wv}}{R_v T_d^2} \tag{8.8}$$

식 (8.7)에서 우변의 $\dfrac{1}{p}\dfrac{dp}{dz}$은 건조공기의 상태방정식과 정역학 방정식을 적용하면

$$\frac{1}{p}\frac{dp}{dz} = -\frac{g}{R_d T} = -\frac{\epsilon g}{R_v T} \tag{8.9}$$

와 같이 주어진다. 식 (8.9)를 유도과정에서 $\epsilon = R_d/R_v$를 적용하고, $p \approx p_d$로 근사하였다.

식 (8.8)과 (8.9)를 식 (8.7)에 대입하면 다음의 이슬점온도감률(γ_D)을 얻는다.

$$\gamma_D = -\frac{dT_d}{dz} = \frac{g}{\epsilon L_{wv}}\frac{T_d{}^2}{T} \tag{8.10}$$

여기서 $g/\epsilon L_{wv} \approx 6.3\times10^{-6}\text{m}^{-1}$으로 온도에 거의 무관하다. 그리고 $T_d{}^2/T$의 값은 두 온도의 값에 의존하긴 하지만 대류권에서 그 차이는 작다. 따라서 이슬점온도감률의 범위는 대류권 내에서 약 1.7 ~ 1.9℃/km이다. 따라서 중간값을 취하면 이슬점온도감률은 $\gamma_D \approx 1.8$℃/km로 근사할 수 있다.

이슬점온도감률은 구름의 기저고도인 치올림고도(lifting condensation level: LCL)를 결정하는데 매우 유용하다. 그림 8.3에서 치올림고도 H_{LCL}을 구하기 위해, 고도 Z_0에서 측정한 기온과 이슬점온도가 각각 T_0, T_d인 경우를 고려하자. 이 경우에 응결고도(Z)에서 기온과 이슬점온도는 각각

$$T = T_0 - \gamma_d(Z - Z_0) \tag{8.11}$$

$$T_c = T_d - \gamma_D(Z - Z_0) \tag{8.12}$$

으로 주어진다. 응결고도에서는 $T = T_c$이므로 $Z = H_{LCL}$로 표시하면 식 (8.11)과 (8.12)로부터

$$H_{LCL} = Z_0 + \frac{T_0 - T_d}{\gamma_d - \gamma_D} \tag{8.13}$$

을 얻는다. 식 (8.13)에서 $Z_0 = 0$, $\gamma_d \approx 10$℃/km, $\gamma_D \approx 2$℃/km로 근사하면

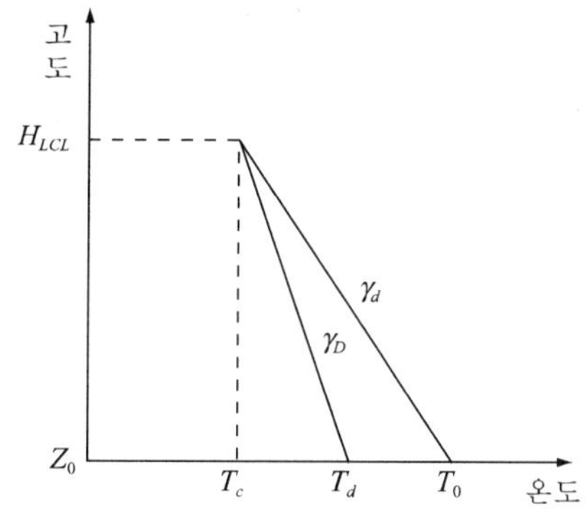

그림 8.3 치올림 고도의 결정 방법

$$H_{LCL}(\mathrm{m}) = 125(T_0 - T_d) \tag{8.14}$$

으로 주어진다. 식 (8.14)를 이용하면 지상에서 관측한 기온과 이슬점온도로부터 구름의 기저고도를 추정할 수 있다.

기온에서 이슬점온도를 빼준, 즉 $(T - T_d)$를 기온－이슬점차(dew point depression) 또는 습수라고 하며 대기의 포화 정도 또는 대기 중에서 구름의 형성 가능성을 분석하는데 이용된다. 라디오존데 관측에서 $(T - T_d)$가 4℃ 미만이면 통상적으로 대기 중에 구름이 형성되어 있는 것으로 분석한다.

8.2 상당온위와 습구온위

8.2.1 상당온위

상당온위(equivalent potential temperature)를 구하기 위해서 기압, 온도 그리고 혼합비가 (p, T, w)인 불포화 공기를 치올림고도까지 상승시켜 포화에 이르게 한다. 그리고 이 공기를 계속 위단열과정으로 상승시키면서 강수에 의해 수증기의 혼합비가 영이 되는 고도에 도달하도록 한다. 여기서 이 공기덩이를 건조단열적으로 하강시켜 1000 hPa에 도달했을 때의 온도가 바로 상당온위(θ_e)이다. 이 과정을 다음과 같이 3단계로 구분할 수 있다.

1단계 : 처음상태$(p,\ T,\ w)$ → 포화고도$(p_{LCL},\ T_{LCL},\ w = w_s)$: 건조단열적 상승
2단계 : 포화고도$(p_{LCL},\ T_{LCL},\ w_s)$ → 대기정상$(p_t,\ T_t,\ w = 0)$: 위단열적 상승(강수)
3단계 : 대기정상$(p_t,\ T_t,\ w = 0)$ → 1000 hPa$(p_0,\ \theta_e,\ w = 0)$: 건조단열적 하강

포화 공기에 대한 상당온위의 식을 유도하기 위해서 다음에 주어진 식 (6.82)를 고려한다.

$$ds_c = (c_{pd} + w_t c_w)\, d\ln T - R_d\, d\ln p_d + d\left(\frac{w_s L_{wv}}{T}\right) \tag{6.82}$$

이 식은 가역 포화단열과정에 관한 식으로 엔트로피가 보존되어 $ds_c = 0$이다. 따라서 식 (6.82)는 다음과 같이 주어진다(Bohren and Albrecht, 1988; Tsonis, 2002).

$$(c_{pd} + w_t c_w)\, d\ln T - R_d\, d\ln p_d + d\left(\frac{w_s L_{wv}}{T}\right) = 0 \tag{8.15}$$

여기서 $p_d = p - e_s(T)$이다. 식 (8.15)의 적분을 위해 θ'을 다음과 같이 정의한다.

$$\theta' = T\left(\frac{1000}{p_d}\right)^{R_d/(c_{pd}+w_t c_w)} \tag{8.16}$$

식 (8.16)을 미분하면 다음 식을 얻는다.

$$(c_{pd}+w_t c_w)d\ln\theta' = (c_{pd}+w_t c_w)d\ln T - R_d\, d\ln p_d \tag{8.17}$$

식 (8.15)와 식 (8.17)을 결합하면 다음과 같이 주어진다.

$$(c_{pd}+w_t c_w)d\ln\theta' = -d\left(\frac{L_{wv}w_s}{T}\right) \tag{8.18}$$

또는 다음과 같이 기술할 수 있다.

$$d\ln\theta' + d\left[\frac{L_{wv}w_s(T)}{(c_{pd}+w_t c_w)T}\right] = 0 \tag{8.19}$$

여기서 $X = [L_{wv}w_s(T)/(c_{pd}+w_t c_w)T]$로 두고, 식 (8.19)를 $d\ln\theta' + dX = 0$로 기술한다. $d\ln\theta' + dX = d(\theta' e^X) = d\theta' e^X + \theta' e^X dX = 0$을 적용하면 식 (8.19)는 다음과 같이 주어진다.

$$d\left\{\theta' \exp\left[\frac{L_{wv}w_s(T)}{(c_{pd}+w_t c_w)T}\right]\right\} = 0 \tag{8.20}$$

식 (8.20)을 적분하면 다음 식을 얻는다.

$$\theta' \exp\left[\frac{L_{wv}w_s}{(c_{pd}+w_t c_w)T}\right] = \text{const.} \tag{8.21}$$

식 (8.21)에서 $w_s = 0$인 경우의 온위, 즉 상당온위(θ_e)는 다음과 같이 나타낼 수 있다.

$$\theta_e = \theta' \exp\left[\frac{L_{wv}w_s}{(c_{pd}+w_t c_w)T}\right] \tag{8.22}$$

식 (8.22)에 의하면 $w_s > 0$인 경우 항상 $\theta_e > \theta$이며, 가역 포화단열과정에서 θ_e는 보존된다.

불포화 공기에의 상당온위는 치올림 고도(p_{LCL}, T_{LCL}, w)까지 공기덩이의 강제상승을 고려하여 구한다. 이 경우 θ^*을 다음과 같이 정의한다(Tsonis, 2002).

$$\theta^* = T_{LCL}\left[\frac{1000}{p_{LCL} - e_s(T_{LCL})}\right]^{R_d/(c_{pd}+w_t c_w)} \tag{8.23}$$

여기서 (p_{LCL}, T_{LCL})은 처음 상태(p, T)에서 건조 단열과정을 적용하여 구한다. 불포화 공기의 상당온위 θ_e는 θ^*을 이용하면 식 (8.22)와 유사한 형태로 다음과 같이 주어진다.

$$\theta_e = \theta^* \exp\left[\frac{L_{wv} w_s(T_{LCL})}{(c_{pd} + w_t c_w) T_{LCL}}\right] \tag{8.24}$$

한편 Bolton(1980)은 상태가 (p, T, w)인 불포화 공기덩이의 상당온위를 다음 근사식을 이용하여 구할 수 있음을 제시하였다.

$$\theta_e = \theta(p,\ T)\exp(2675w/c_{pd}T_{LCL}) \tag{8.25}$$

이 식을 이용하면 0.5 K 이내의 오차범위에서 θ_e의 값을 구할 수 있다.

예제 01

기압이 900 hPa, 온도가 15℃, 그리고 혼합비가 6.0 g kg^{-1}인 불포화 공기덩이가 있다. 이 공기덩이의 상당온위를 구하시오.

➲ 풀이

식 (8.25), $\theta_e = \theta(p,\ T)\exp\left(\dfrac{2675w}{c_{pd}T_{LCL}}\right)$를 이용하여 구한다.

식 (7.8) : $\theta = T\left(\dfrac{p_0}{p}\right)^{0.286} = 288.15\left(\dfrac{1000}{900}\right)^{0.286} = 297\text{ K}$

$\theta = 297\text{ K}(24℃)$, $c_{pd} = 1005\text{ J kg}^{-1}\text{K}^{-1}$, $T_{LCL} = 273.15 + 4.7 = 277.85\text{ K}$, $w = 6\text{ g kg}^{-1}$을 앞에 주어진 식에 대입; $\theta_e = 315\text{ K}(42℃)$

8.2.2 상당온도

상당온도에는 단열상당온도(또는 위상당온도)와 등압상당온도(isobaric equivalent temperature)가 있다. 단열상당온도(T_e)는 상당온위에서 언급한 3단계 과정에서 대기정상에서 혼합비가 영인 공기를 원래의 고도(p)로 단열하강 시켰을 때의 공기덩이가 갖는 온도로 정의하며, 보통 상당온도라고 부른다. 여기서는 먼저 상당온도에 대해 먼저 설명하기로 한다. 상당온도와 온위와의 관계는 식 (7.8)을 이용하면

$$\frac{T_e}{\theta_e} = \left(\frac{p}{p_0}\right)^{\frac{R_d}{C_{pd}}} \tag{8.26}$$

으로 주어진다. 한편 단열과정에서 θ와 T의 관계는

$$\frac{T}{\theta} = \left(\frac{p}{p_0}\right)^{\frac{R_d}{c_{pd}}} \tag{8.27}$$

으로 나타낼 수 있다. 여기서 식 (8.26)과 (8.27)을 결합하면

$$\frac{T}{\theta} = \frac{T_e}{\theta_e} \tag{8.28}$$

으로 주어진다(Tsonis, 2002). 식 (8.24)를 (8.28)에 적용하면 상당온도는

$$T_e = T\exp\left[\frac{L_{wv}w_s(T_c)}{c_{pd}T_c}\right] \tag{8.29}$$

으로 나타낼 수 있다. 여기서 T_e를 단열상당온도(adiabatic equivalent temperature) 또는 상당온도라고 하며, T와 LCL에서 T_c를 알면 계산할 수 있다. 또한 제11장에 기술된 열역학 다이어그램을 이용하여 구할 수 있다.

등압상당온도는 등압, 단열과정에서 공기덩이에 포함된 모든 수증기가 응결했을 때 공기덩이의 온도로 정의한다. 열역학 제1법칙에서 등압상당온도(T_{ie})를 유도하면 다음 식을 얻는다.

$$T_{ie} = T + \frac{L_{wv}w_v}{c_{pd}} \tag{8.30}$$

여기서 T와 w_v는 각각 공기덩이의 온도와 혼합비를 나타낸다.

8.3 습구온위와 습구온도

8.3.1 습구온위

불포화공기를 단열냉각과정에 의해 포화에 이르게 한 후, 이 공기를 다시 습윤단열적으로 1000 hPa까지 이동시켰을 때 공기덩이가 갖게 되는 온도가 습구온위(wet-bulb potential temperature)이다. 습구온위는 포화단열과정에서 보존된다. 습구온위는 실제로 대기가 포화상태인 경우와 불포화상태인 경우로 나누어 고려할 수 있다.

대기가 포화되었을 때는 포화 고도(p, T)에서 습윤단열적으로 1000 hPa까지 공기를 이동시켜서 습구온위를 구한다. 이 경우에는 처음 고도(p, T)에서는 공기덩이가 포화상태이지만 단열 하강에 의한 압축으로 온도가 상승하여 불포화상태가 된다. 이 공기덩이를 포화시키려면 외부에서 공기덩이에 수분이 공급이 되어야 한다.

대기가 불포화인 경우에는 공기덩이를 포화되는 고도까지 상승시킨 후 습윤단열과정에 의해 1000 hPa까지 이동시켜 온위를 구한다. 이 과정 역시 단열압축에 의해 온도가 상승하므로 공기를 포화시키려면 응결고도에서 1000 hPa까지 공기덩이의 이동과정에서 수분이 공급되어야 한다.

여기서는 불포화공기를 가정하고 식 (8.18)을 이용하여 습구온위를 구해보자(Bluestein, 1992). 치올림고도(LCL)에서 공기덩이의 온도를 T_c, 혼합비를 $w(T_c)$라고 하면 식 (8.19)의 적분은 LCL에서 1000 hPa까지

$$c_{pd}\int_{T_c}^{\theta_w}\frac{dT}{T} = R_d\int_{p_c}^{p_0}\frac{dp}{p} - \int_{T_c}^{\theta_w} d\left[\frac{L_{wv}w_s(T)}{T}\right] \tag{8.31}$$

와 같이 나타낼 수 있다. 이 식을 다시 정리하면 다음 식을 얻는다.

$$\ln\theta_w = \ln T_c + \ln\left(\frac{p_0}{p_c}\right)^{\frac{R_d}{C_{pd}}} + \frac{L_{wv}}{c_{pd}}\left[\frac{w_s(T_c)}{T_c} - \frac{w_s(\theta_w)}{\theta_w}\right] \tag{8.32}$$

여기서 우변의 첫째와 두 번째 항에 온위방정식을 적용하면 다음과 같이 나타낼 수 있다.

$$\theta_w = \theta(T_c, p_c)\exp\left[\frac{L_{wv}}{c_{pd}}\left(\frac{w(T_c)}{T_c} - \frac{w_s(\theta_w)}{\theta_w}\right)\right] \tag{8.33}$$

식 (8.33)에서 $w_s = w_s(\theta_w)$이므로 θ_w를 바로 구할 수 없기 때문에 연속반복법(successive iteration)을 이용하여 구한다. 불포화공기의 경우 온위, 상당온위, 그리고 습구온위의 크기를 비교하면, $\theta_e > \theta > \theta_w$이다.

[Note] 연속반복법에 의한 방정식의 해

연속반복법은 방정식의 해를 해석학적으로 구할 수 없는 경우에 이용하는 방법이다. 예를 들면, $x > 0$인 경우, 다음 방정식의 해를 반복법을 이용해서 구해보자.

$$x = 2\cos x \tag{1}$$

식 (1)을 다음과 같이

$$f(x) = 2\cos x - x = 0 \quad (2)$$

으로 바꾸어서 $|2\cos x - x| \leq 10^{-3}$인 범위에서 (2)를 만족하는 x를 구하는 방법은 x값을

$$x_n = x_0 + n\Delta x \quad (n = 1, 2, \cdots) \quad (3)$$

와 같이 두고, 계속 증가시키면서 $|2\cos x_n - x_n| \leq 10^{-3}$을 만족하는 x_n을 구한다. 이때 초기치를 $x_0 = 0$, 그리고 $\Delta x = 0.0001$로 두고, 식 (1)의 해를 구하면 근사값 $x = 1.0298$을 얻는다.

8.3.2 습구온도

습구온도는 습구온도계로 측정하며 건구온도를 동시에 측정하면 상대습도를 계산할 수 있다. 습구온도계는 구부(球部)를 젖은 거즈(gauze)로 싸고 있어서 상대습도 100% 미만에서는 물의 증발로 항상 그 온도가 건구온도보다 낮다. 습구온도는 불포화 공기덩이가 등압 상태에서 물의 증발에 의해 포화에 도달할 때까지 냉각되었을 때의 온도이다. 이때 물의 증발에 필요한 열은 모두 주위공기에서 주어지며 물의 증발로 생긴 수증기는 주위공기에 더해진다. 따라서 물의 증발은 수증기의 밀도(또는 수증기압)를 증가시키고 증발잠열은 공기를 냉각시킨다. 이 두 가지 효과를 그림 8.4에서 살펴보자. 등압과정에서 냉각효과는 그림에서 $\overrightarrow{PA}$ 방향이고, 주어진 온도에서 수증기압의 증가방향은 $\overrightarrow{PB}$ 방향이 된다. 따라서 물의 증발에 의해 이 두 개의 과정이 동시에 일어날 때, 그 효과는 $\overrightarrow{PA}$와 $\overrightarrow{PB}$의 합성방향인 $\overrightarrow{PC}$로 나타낼 수 있다. 이때 공기가 C점에서 포화되었을 때 C점의 온도를 습구온도(wet-bulb temperature)라고 한다.

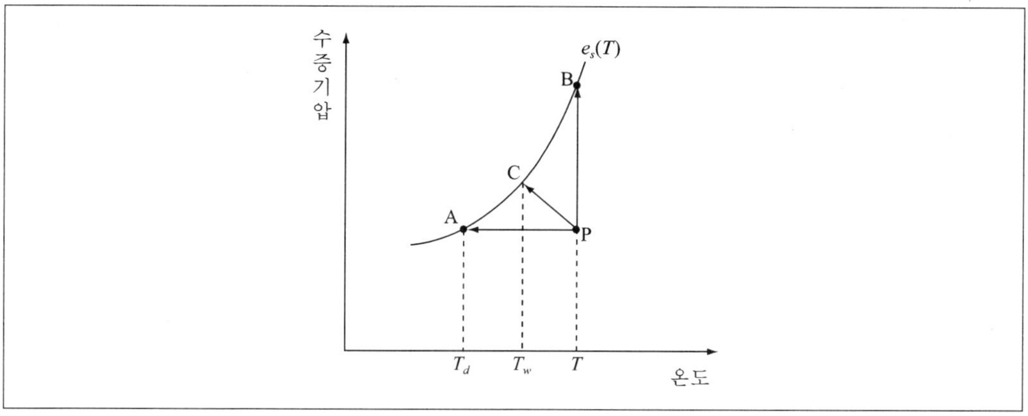

그림 8.4 습구온도의 개념

습구온도에 관한 식을 유도하기 위해 습구온도계의 구부를 둘러싸고 있는 거즈에서 물이 증발하는 경우 두 가지 물리과정을 고려하자. 하나는 물의 증발에 필요한 열이 주위 공기에서 공급, 그리고 다른 하나는 물의 증발로 수증기의 혼합비가 증가하여 포화 상태가 되는 경우이다. 습구온도계 주위의 공기(건조공기+수증기)를 하나의 계로 고려한다. 계의 건조공기의 질량이 m_d, 물의 증발에 기인한 수증기의 질량 증가를 dm_v라고 하면 건조공기가 잃은 잠열은 에너지 보존을 고려하면 다음 식으로 나타낼 수 있다.

$$-L_v dm_v = c_{pd} m_d dT + c_{pv} m_v dT \tag{8.34}$$

여기서 c_{pd}는 건조공기의 정압비열이며, c_{pv}는 수증기의 정압비열이다. 계가 잃은 열은 $-L_{wv}dm_v$이다.

식 (8.34)의 양변을 m_d로 나누어 주고, 수증기의 질량을 무시하면 다음 식을 얻는다.

$$-L_{wv} dw \simeq c_{pd} dT \tag{8.35}$$

식 (8.35)를 물의 증발 시 혼합비와 계의 온도변화를 고려하여 적분하면 다음과 같다.

$$-\int_{w}^{w_s} L_{wv} dw = \int_{T}^{T_w} c_{pd} dT \tag{8.36}$$

여기서 w는 건구 온도(T)에서 혼합비 그리고 w_s는 구부를 둘러싸고 있는 헝겊에서 증발된 물이 공기로 들어간 후 구부 곁에 있는 수증기의 포화 혼합비를 나타낸다.

식 (8.36)의 적분결과를 정리하면 습구온도(T_w)는

$$T_w = T - \frac{L_{wv}}{c_p}\left[w_s(T_w) - w(T)\right] \tag{8.37}$$

으로 나타낼 수 있다. 식 (8.37)에서 $w_s > w$이므로 불포화공기의 경우 습구온도는 항상 주위 공기의 온도보다 낮다. 습구온도를 좀 더 정확히 정의하면 단열, 등압상태에서 물의 증발에 의해 불포화공기가 포화에 이르렀을 때의 공기의 온도가 습구온도이다. 따라서 상대습도가 0%보다 크고 100% 미만인 경우에는 그림 8.4를 참고하면 $T_d < T_w < T$임을 알 수 있다. 습구온도는 대기가 건조할수록, 즉 수증기의 혼합비(w_i)가 작을수록 낮아진다.

한편 빙구온도(ice-bulb temperature), T_{ic}도 습구온구와 같이 동일한 방법으로 유도할 수 있으며

$$T_{ic} = T - \frac{L_{iv}}{c_p}\left[w_{sic}(T_{ic}) - w_i\right] \tag{8.38}$$

으로 주어진다. 식 (8.38)에서 w_{sic}는 얼음, 즉 고체수(solid water)의 혼합비이고, c_p는 건조공기와 얼음을 함께 고려한 정압비열이며, L_{iv}는 얼음의 승화잠열이다. 빙구온도는 단열, 등압상태에서 불포화공기가 얼음의 기화에 의해 공기가 포화되었을 때의 온도이며, $T_{ic}<$ 0℃이다.

8.4 공기혼합에 의한 수증기의 응결

8.4.1 대기의 등압적 혼합

온도와 습도는 다르지만 압력이 동일한 상태에서 두 개의 공기덩이가 혼합하는 것을 등압적 혼합(isobaric mixing)이라고 한다. 등압적 혼합과정에서 혼합 후에 온도, 습도, 수증기압 등이 바뀐다. 여기서는 혼합과정에서 수증기의 응결이 일어나지 않는 단순한 경우를 고려한다.

두 개의 공기덩이의 엔탈피를 각각 H_1, H_2라고 하면 총 엔탈피(H)는

$$H = H_1 + H_2 \tag{8.39}$$

으로 주어지며, 등압과정에서 엔탈피는 보존되므로

$$dH = dH_1 + dH_2 = 0 \tag{8.40}$$

또는 다음과 기술한다.

$$dH_1 = -dH_2 \tag{8.41}$$

식 (8.41)은 혼합과정에서 온도가 낮은 계의 엔탈피는 증가하고 온도가 높은 계의 엔탈피는 감소함을 보여주며, 그리고 식 (8.40)에서 엔탈피의 총 변화는 영이다. 계가 건조공기로 구성되어 있을 경우 식 (8.40)을

$$m_1 c_{pd} dT_1 + m_2 c_{pd} dT_2 = 0 \tag{8.42}$$

으로 나타낼 수 있다. 여기서 m_1, m_2는 두 공기덩이의 각각의 질량이며, dT_1과 dT_2는 두 공기덩이의 각각의 온도 변화를 나타낸다.

혼합 전에 두 개의 공기덩이의 온도가 각각 T_1, T_2이고, 혼합 후에 공기덩이의 온도가

T로 변하였을 경우 식 (8.42)는

$$m_1 c_{pd}(T - T_1) + m_2 c_{pd}(T - T_2) = 0 \tag{8.43}$$

와 같이 나타낼 수 있다. 식 (8.43)을 T에 대해서 풀면 다음과 같다.

$$T = \left(\frac{m_1}{m_1 + m_2}\right)T_1 + \left(\frac{m_2}{m_1 + m_2}\right)T_2 \tag{8.44}$$

만일 계에 포함된 수증기의 질량이 총 질량에 비해서 매우 작은 경우 식 (8.44)를 근사적으로 습윤공기로 이루어진 계에 적용할 수 있다.

한편 두 공기덩이의 비습을 각각 q_{v1}, q_{v2}라고 하면 혼합 후의 비습 q_v는

$$q_v = \left(\frac{m_1}{m_1 + m_2}\right)q_{v1} + \left(\frac{m_2}{m_1 + m_2}\right)q_{v2} \tag{8.45}$$

으로 나타낼 수 있다. 한편 수증기의 혼합비와 비습은 $w_v \approx q_v$이므로, w_v에 대해서도 식 (8.45)와 같이 선형혼합(linear mixing)을 가정할 수 있다. 그리고 식 (8.45)에 $q_v \simeq w_v = \frac{\epsilon e}{p}$를 적용하면 혼합 후의 수증기압 e가 다음과 같이 구해진다.

$$e \approx \left(\frac{m_1}{m_1 + m_2}\right)e_1 + \left(\frac{m_2}{m_1 + m_2}\right)e_2 \tag{8.46}$$

포화수증기압은 클라우지우스－클라페롱 방정식에 의해 주어지며 온도에 따라 비선형(nonlinear)으로 증가한다. 따라서 성질이 서로 다른 습윤공기덩이가 혼합할 경우에는 상대습도가 증가하며, 이로 인해 때로는 공기덩이가 과포화 상태에 이르는 경우가 있다.

그림 8.5는 두 공기덩이의 혼합과정에 따른 온도와 수증기압의 변화를 나타낸 것이다. 그림에서 두 개의 점(A, B)을 잇는 직선은 혼합 후에 공기덩이가 가질 수 있는 가능한 상태들을 나타낸다. 만약 $m_1 = m_2$이면, 혼합 후의 공기덩이의 상태(T, e)는 이 점선의 중앙에 위치한 하나의 점 X로 나타낼 수 있다. 주어진 온도에 대해 그림 8.5에서 $e_s(T)$곡선보다 위에 있는 직선은 두 공기덩이가 혼합 후 과포화상태를 나타낸다.

그림 8.5에서 혼합 후 계가 점 X에서 과포화상태이므로 계의 수증기의 일부가 응결하면서 수증기압을 감소시키고, 동시에 잠열 방출로 계의 온도를 증가시킨다. 따라서 응결과정이 계속될 경우 위에 기술한 두 개의 과정이 결합효과는 XX'방향으로 진행되며, 마침내는 포화곡선의 한 점 X'에 도달한다. 그림 8.5에서 직선 XX'의 기울기는

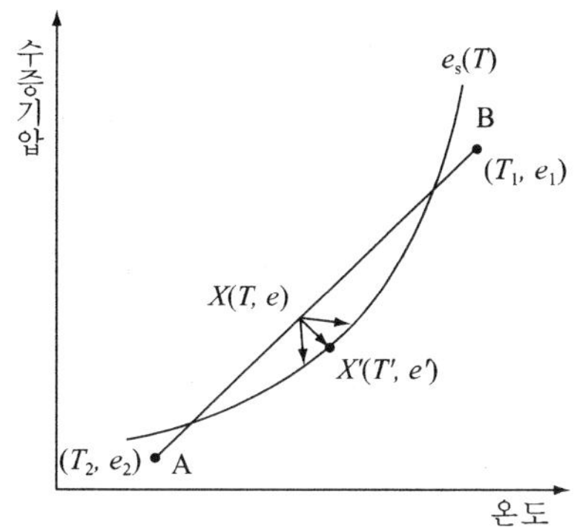

그림 8.5 두 공기덩이의 등압적 혼합에 의한 구름형성

$$\frac{de}{dT} = \frac{e' - e}{T' - T} \tag{8.47}$$

으로 나타낼 수 있다. 여기서 수증기의 응결이 등압, 단열과정에서 일어난다고 하면 수증기의 혼합비의 감소에 따른 잠열과 습윤공기의 엔탈피 변화는 수증기의 질량을 무시할 경우

$$c_{pd} dT + L_{wv} dw = 0 \tag{8.48}$$

으로 근사할 수 있다. 식 (8.48)에서 혼합비, $w = \dfrac{\epsilon e}{p}$을 이용하면 등압상태에서

$$dw \approx \frac{\epsilon\, de}{p} \tag{8.49}$$

으로 표현할 수 있다. 식 (8.49)를 (8.48)에 적용하고 정리하면 직선 XX'의 기울기는

$$\frac{de}{dT} = -\frac{pc_{pd}}{\epsilon L_{wv}} \tag{8.50}$$

으로 주어진다.

온도와 습도가 다른 두 공기가 혼합하여 공기가 포화될 때 나타나는 현상으로 추운 겨울 아침에 자주 볼 수 있는 입김과 고공에서 항공기가 비행할 때 발생하는 비행운을 들 수 있다. 항공기는 비행 중에 연료를 연소하는 과정에서 공기를 흡입한 후 연소가 끝나면 밖으로 이 공기를 배출한다. 배출된 고온의 공기 속에 포함된 수증기가 온도가 매우 낮은 주위 공기와 혼합하여 과포화 상태가 되면 수증기가 빙정으로 바뀌게 되고 빙정의 수가 많은 경우에는 비행운(contrail)으로 나타난다. 비행운의 지속시간은 그 주위 대기의 습도와 난류 정도에 따라 다르다. 습도가 낮고 난류가 심한 경우에는 비행운이 빨리 소멸된다.

8.4.2 대기의 연직혼합

대기의 연직혼합(vertical mixing)은 난류와 대류에 의해서 발생한다. 대기의 연직혼합과정은 다음의 3단계로 나누어 고려한다. 첫 번째 단계는 혼합이 이루어지는 고도로 두 공기덩이를 단열적으로 이동시킨다. 두 번째 단계는 두 공기덩이를 단열 혼합한다. 마지막 단계는 혼합된 공기를 원래의 고도로 분포시킨다.

주로 난류와 대류에 의해서 발생하는 대기의 연직혼합과정을 이해하기 위하여 서로 다른 두 고도 z_1, z_2에 있는 두 공기덩이의 혼합을 살펴보자. 이 두 공기덩이의 질량을 각각 m_1, m_2, 온도를 T_1, T_2 그리고 비습을 q_1, q_2라고 한다. 이 두 공기덩이가 그림 8.6과 같이 단열수축과 단열팽창과정에 의하여 압력이 p인 고도에 도달한 후 서로 혼합하는 경우를 고려한다. 고도 z_1에서의 온도와 압력을 T_1, p_1 그리고 z_2에서의 온도와 압력을 T_2, p_2라 하자. 이 경우 압력이 p인 고도에서 두 공기덩이의 온도는 다음과 같이 주어진다.

$$T_1{}' = T_1\left(\frac{p}{p_1}\right)^k, \quad T_2{}' = T_2\left(\frac{p}{p_2}\right)^k \tag{8.51}$$

여기서 $T_1{}'$은 단열상승 후의 온도, $T_2{}'$은 단열하강 후의 온도이고 $k = R_d/c_{pd}$이다.

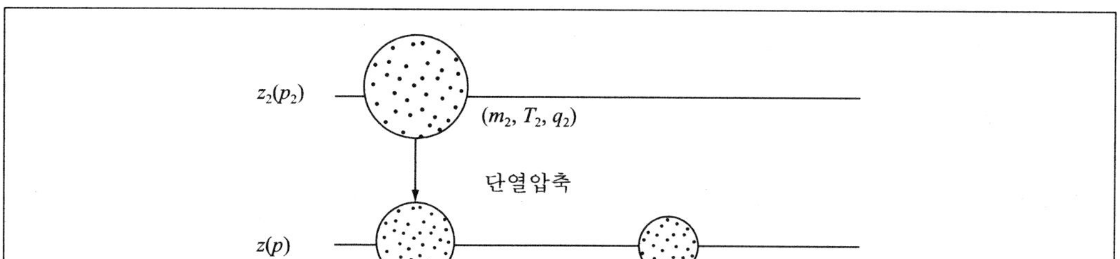

그림 8.6 불포화상태에서 두 공기덩이의 혼합

고도 p에서는 두 공기덩이의 등압적 혼합(isobaric mixing)이 일어날 경우, 식 (8.44)와 (8.45)를 이용하면 온도, 비습, 온위는

$$T = \frac{1}{m}(m_1 T_1{}' + m_2 T_2{}')$$

$$q = \frac{1}{m}(m_1 q_1 + m_2 q_2) \tag{8.52}$$

$$\theta = \frac{1}{m}(m_1 \theta_1 + m_2 \theta_2)$$

와 같이 주어진다. 여기서 θ_1, θ_2는 공기덩이의 최초 온위이다.

만일 두께가 $\Delta p (= p_1 - p_2)$층 내에서 온위가 θ_i, 질량이 dm_i인 n개의 공기덩어리가 존재할 경우 혼합 후에 온위는

$$\overline{\theta} = \frac{\sum_{i=1}^{n} dm_i \theta_i}{\sum_i dm_i} = \frac{1}{m}\sum_{i=1}^{n} dm_i \theta_i \tag{8.53}$$

으로 나타낼 수 있다. 식 (8.53)을 적분으로 나타내면

$$\overline{\theta} = \frac{1}{m}\int_0^m \theta \, dm \tag{8.54}$$

와 같다. 비습과 혼합비에 대해서도 같은 방법으로 다음과 같이 표현할 수 있다.

$$\overline{q} = \frac{1}{m}\int_0^m q \, dm \tag{8.55}$$

$$\overline{w} = \frac{1}{m}\int_0^m w \, dm \tag{8.56}$$

식 (8.54)와 (8.55)와 (8.56)에서 변수의 평균치를 정역학 방정식을 써서

$$\overline{x} = \frac{\int_0^z x \rho \, dz}{\int_0^z \rho \, dz} = \frac{\int_{p_2}^{p_1} x \, dp}{p_1 - p_2} \tag{8.57}$$

와 같이 나타낼 수 있다. 여기서 $\overline{x}$는 $\overline{\theta}$, $\overline{q}$, $\overline{w}$에 해당한다.

대기의 연직혼합이 일어난 대기층 내에서 포화혼합비선과 대기의 온도곡선이 서로 만날 수 있다. 이 경우에는 두 곡선이 만나는 고도에서 수증기의 응결이 일어나며, 이를 혼합응결고도(mixing condensation level)라고 한다(11.5.4 참고).

8.5 포화고도의 온도와 압력

불포화공기덩이가 단열상승 할 경우 응결고도에 도달할 때까지 수증기의 혼합비는 보존되지만 상대습도는 보존되지 않는다. 불포화 공기덩이가 단열상승 시에 온도가 계속 낮아짐에 따라 상대습도는 계속 증가하고, 결국에는 상대습도가 100%인 포화상태에 이른다. 공기가 포화되었을 때의 고도와 온도는 습윤대류(moist convection)를 분석하는데 매우 유용하다. 불포화공기덩이가 단열상승 시에 포화가 되는 온도와 압력을 구하기 위해 상대습도 $H=\frac{e}{e_s}$에 대수를 취한 후 미분을 하면

$$d\ln H = d\ln e - d\ln e_s \tag{8.58}$$

을 얻는다. 여기서 수증기의 혼합비에 관한 근사식 $w \approx \frac{\epsilon e}{p}$에 대수를 취하고 미분을 취한 후 w가 상수임을 고려하면

$$d\ln p = d\ln e \tag{8.59}$$

으로 주어진다. 여기서 단열과정을 열역학 제1법칙에 고려하여 얻은 식 $c_{pd}\,dT-\alpha\,dp=0$에 $p\alpha = R_d T$을 적용하면

$$d\ln p = \frac{c_{pd}}{R_d} d\ln T \tag{8.60}$$

을 유도할 수 있다. 식 (8.60)을 이용하면 (8.59)는 다음과 나타낼 수 있다.

$$d\ln e = \frac{c_{pd}}{R_d} d\ln T \tag{8.61}$$

한편 클라우지우스－클라페롱 방정식을 대수미분을 이용해서

$$d\ln e_s = \frac{L_{wv}}{R_v T} d\ln T \tag{8.62}$$

으로 나타낼 수 있다. 식 (8.61)과 (8.62)를 (8.58)에 적용한 후, 초기상태(H, p, T)에서 포화점(H_s, p_s, T_s)까지 적분하면

$$\int_H^{H_s} d(\ln H') = \int_T^{T_s} \left(\frac{c_{pd}}{R_d} - \frac{\epsilon L_{wv}}{R_d T} \right) d\,(\ln T') \tag{8.63}$$

으로 주어지며, 여기서 $H_s = 1$이다. 식 (8.63)에서 H를 구하면 다음과 같다.

$$\ln H = -\frac{c_{pd}}{R_d}\ln\left(\frac{T_s}{T}\right) + \frac{\epsilon L_{wv}}{R_d}\left(\frac{1}{T} - \frac{1}{T_s}\right) \tag{8.64}$$

식 (8.64)에서 T_s는 수치해(numerical solution)에 의해 구할 수 있다. 초기치(H, T)가 주어졌을 경우 포화점의 온도(T_s)는 Bolton(1980)에 의한 근사식

$$T_s = \frac{1}{\left(\dfrac{1}{T-55}\right) - \left(\dfrac{\ln H}{2840}\right)} + 55 \tag{8.65}$$

을 써서 구할 수 있다. 여기서 T의 단위는 절대 온도이다. 한편 포화점에서 압력(p_s)은 푸아송 방정식 (7.5)에서

$$p_s = p\left(\frac{T_s}{T}\right)^{\frac{C_{pd}}{R_d}} \tag{8.66}$$

으로 주어진다. 지상에서 상대습도, 기온, 압력을 관측하면 식 (8.65)와 (8.66)을 써서 포화고도의 온도와 압력을 구할 수 있다.

예제 02

지상의 기압이 1000 hPa이고, 기온이 20℃이며, 상대습도가 50%인 공기덩이가 있다. 이 공기덩이가 단열상승했을 때 포화가 되는 고도에서 온도(T_s)와 압력(p_s)은 얼마인가?

➲ 풀이

포화점에서 공기덩이의 온도와 압력은 식 (8.65)와 (8.66)을 이용하여 다음과 같이 구한다.

$$T_s = \frac{1}{\left(\dfrac{1}{293-55}\right) - \left(\dfrac{\ln 0.5}{2840}\right)} + 55 = 280\ \text{K}$$

$$p_s = 1000\left(\frac{280}{293}\right)^{\frac{1005}{287}} = 853\ \text{hPa}$$

$T_s = 280$ K, $\quad p_s = 853$ hPa

8.6 단열 액체수 함량

습윤공기가 단열상승하여 포화된 후 수증기의 응결이 일어날 때 공기덩이가 포함하고 있는 물의 양을 단열 액체수 함량(adiabatic liquid water content: ALWC)이라고 한다. 한편 단열 상승한 공기덩이가 얼음입자만을 포함하고 있을 때는 단열 고체수 함량(adiabatic solid water content)이라고 한다. 포화상태에서 단열 상승하는 공기덩이는 일반적으로 건조공기, 수증기, 그리고 액체수로 구성되어 있으며 또한 상승과정에서 수증기의 응결로 잠열이 방출된다. 이 경우 수증기의 응결로 방출된 잠열은 다음 식으로 주어진다(Curry and Webster, 1999).

$$dq = -L_{wv}dw_s \tag{8.67}$$

식 (8.67)을 열역학 제1법칙, 식 (2.61)에 적용하면 다음 식을 얻는다.

$$0 = c_{pd}T + L_{wv}dw_s - \alpha dp \tag{8.68}$$

식 (8.68)에서 수분보존을 가정하면, 즉 수증기의 포화혼합비(w_s)와 액체수 혼합비(w_l)의 합은 다음과 같이 표현할 수 있다.

$$w_l + w_s = \text{const} \tag{8.69}$$

식 (8.69)의 미분은 $dw_l + dw_s = 0$이므로

$$dw_s = -dw_l \tag{8.70}$$

으로 주어진다. 식 (8.70)을 (8.68)에 적용하고, $dp = -\rho g dz$을 이용하면

$$dw_l = \frac{c_{pd}}{L_{wv}}\left(\frac{dT}{dz} + \frac{g}{c_{pd}}\right)dz \tag{8.71}$$

으로 주어진다. 여기서 구름덩이의 온도감소율은 포화단열감률, $\gamma_s = -dT/dz$로 표시하고 $\gamma_d = g/c_{pd}$을 적용하여 식 (8.71)을 응결고도(z_c)에서 주어진 고도 z까지 적분하면

$$\int_{w_l(z_c)}^{w_l(z)} dw_l = \frac{c_{pd}}{L_{wv}}\int_{z_c}^{z}\left[\gamma_d - \gamma_s(z)\right]dz \tag{8.72}$$

으로 주어진다. 식 (8.72)에서 $w_l(z_c) = 0$으로 두고 $w_l(z)$를 구하면 다음과 같다.

$$w_l(z) = \frac{c_{pd}}{L_{wv}} \int_{z_c}^{z} [\gamma_d - \gamma_s(z)]\, dz \tag{8.73}$$

식 (8.73)에서 $w_l(z)$은 구름의 기저(base)에서 고도 z까지 구름덩이가 단열상승 했을 때 수증기의 응결에 의해 생긴 단열 액체수 혼합비(adiabatic liquid water mixing ratio)를 나타낸다. 한편 단열 액체수 함량은 단열 액체수 혼합비(w_l)에 고도 z에서의 건조공기의 밀도를 곱한 것으로 다음과 같이 주어진다.

$$\mathrm{ALWC} = \rho_d\, w_l \tag{8.74}$$

단열 액체수 함량의 단위는 $\mathrm{gm^{-3}}$으로 표시한다. ALWC는 공기덩이가 단열 상승했을 때 가질 수 있는 최대 액체수 함량이며, 열역학 다이어그램을 이용하여 구할 수 있다. 실제 구름에서 관측되는 액체수의 함량은 일반적으로 식 (8.74)에서 구한 값보다 훨씬 적다. 그 이유는 구름발달 과정에서 불포화 상태의 주위 공기가 구름으로 유입되어 구름 내에 일부 수적이 증발하기 때문이다.

8.7 대기의 가강수량

지표에서 대기 최정상 고도까지 단위면적의 공기기둥 내에 포함된 수증기가 일시에 응결하여 비가 내렸을 때 지상의 강수량을 가강수량(precipitable water)이라고 하며, 악기상의 가능성을 분석하는 한 요인으로 이용된다. 가강수량 P_w는 수증기의 밀도(ρ_v)와 물의 밀도(ρ_w)를 이용하면

$$P_w = \frac{1}{\rho_w} \int_0^{\infty} \rho_v(z)\, dz \tag{8.75}$$

으로 나타낼 수 있다. 여기서 P_w는 길이의 단위를 가지며 보통 mm로 표시한다.

식 (8.75)에 비습 $q_v = \dfrac{\rho_v}{\rho_a}$를 적용하면 다음 식을 얻는다.

$$P_w = \frac{1}{\rho_w} \int_0^{\infty} \rho_a q_v\, dz \tag{8.76}$$

여기서 ρ_a는 공기밀도를 나타낸다. 한편 정역학 방정식 $dp = -\rho_a g\, dz$를 식 (8.76)에 적용하면

$$P_w = \frac{1}{\rho_w g}\int_0^{P_0} q_v\, dp \qquad (8.77)$$

으로 표현된다. 여기서 p_0는 지표면에서 기압을, 그리고 g는 지표면에서 중력가속도를 나타낸다. 식 (8.77)을 대기의 각 층에 대한 합으로 나타내면

$$P_w = \frac{1}{\rho_w g}\sum_{i=1}^{n} q_v(i)\Delta p_i \qquad (8.78)$$

와 같이 주어진다. 여기서 $q_v(i)$와 Δp_i는 각각 기층 i에 대한 평균비습과 기층의 두께이다.

가강수량은 GPS(Global Positioning System), 라디오존데, 마이크로파를 이용한 대기의 수증기 관측용 복사계(microwave water vapor radiometer)를 이용하여 측정한다. 가강수량의 분석에 의하면 $P_w \geq 25$ mm 이상인 경우에는 소나기, 뇌우 등이 발생할 가능성이 높다. 가강수량의 시간에 따른 국지적 변화는 지표에서 물의 증발, 대기에서 강수, 그리고 수평바람에 의한 수증기의 이류에 의해 결정되며 다음과 같이 기술할 수 있다.

가강수량의 변화 = 증발(지표, 강수 입자) − 강수 + 수증기 수평이류 (8.79)

여기서 수증기의 수평이류, $ADV(\rho_v)$는 수증기의 밀도(ρ_v)와 수평바람 벡터($\overrightarrow{V_h}$)를 이용하여 다음과 같이 기술한다.

$$ADV(\rho_v) = -\overrightarrow{V_h}\cdot\nabla\rho_v = -\overrightarrow{V_h}\cdot\nabla(\rho_a q_v) \qquad (8.80)$$

수증기의 수평이류는 가강수량 뿐만 아니라 안개, 구름발생 그리고 일기변화를 예측하는데 매우 유용하다.

연 습 문 제

8.1 압력이 1000 hPa, 온도가 25℃ 그리고 이슬점온도가 20℃인 공기덩이가 있다. 다음 문제에 답하시오.

(1) 이 공기덩이의 상대습도는 얼마인가? (Bolton의 공식을 이용할 것)

(2) 이 공기덩이가 단열상승하여 처음 포화되었을 때의 온도는 얼마인가?

(3) 이 공기에 대한 포화고도의 압력은 얼마인가?

8.2 지표에서 기압이 910 hPa, 기온이 23.5℃, 혼합비가 11.7 g kg^{-1}인 불포화 공기덩이가 있다. 이 공기의 노점온도가 14.5℃일 때 상당온위를 구하시오.

8.3 8.2절에 주어진 식 (8.17) $d\left(\frac{w_s}{T}\right) = \frac{dw_s}{T} - w_s \frac{dT}{T^2}$에서 $\frac{dw_s}{T} \gg w_s \frac{dT}{T^2}$임을 증명하기 위하여 다음 문제에 차례로 답하시오.

(1) 포화혼합비 $w_s \simeq \frac{\epsilon e_s}{p}$를 적용하여 다음과 같이 표현할 수 있음을 보이시오.

$$\frac{T}{w_s}\frac{dw_s}{dT} = \frac{T}{e_s}\frac{de_s}{dT} - \frac{T}{p}\frac{dp}{dT}$$

(2) 앞에 주어진 식에 Clausius－Clapeyron 방정식을 적용하여

$\frac{T}{w_s}\frac{dw_s}{dT} = \frac{L_{wv}}{R_v T} - \frac{T}{p}\frac{dp}{dT}$로 주어짐을 보이시오. 여기서 R_v는 수증기의 기체 상수이고 $\frac{dp}{dT}$는 위단열과정에서 온도 변화에 따른 기압변화이다.

8.4 기상청의 라디오존데 관측자료(고산 또는 포항)를 이용하여 장마 전후의 가강수량의 변화를 조사하시오.

8.5 공기덩이의 온도와 수증기 혼합비가 각각 T와 w_v일 때 등압상당온도(T_{ie})는 $T_{ie} = T + L_{wv} w_v / c_{pd}$로 주어진다. 열역학 제1법칙을 이용하여 이 식을 유도하시오.

Chapter

09

대기의 정역학

이 장에서는 정역학 방정식, 기압과 고도와의 관계, 층후 계산, 지오퍼텐셜과 온도 또는 공기밀도가 일정한 가상적인 대기의 특징에 대해서 논의된다.

9.1 정역학 방정식

지구 대기 전체를 보면 적운대류가 차지하는 영역은 매우 작으므로 대부분의 영역에서 대기의 연직가속도는 대단히 작다. 대기의 연직가속도가 무시할 수 있을 정도로 매우 작은 영역에서는 기층 전체가 정지 상태에 있는 것으로 생각할 수 있다. 이 경우에 기층 또는 공기덩이에 작용하는 중력과 연직 기압경도력이 평형을 이루고 있는 것으로 고려할 수 있다. 이 평형상태를 정역학평형(hydrostatic equilibrium)이라고 하고, 평형 관계를 나타내는 식을 정역학 방정식이라고 한다.

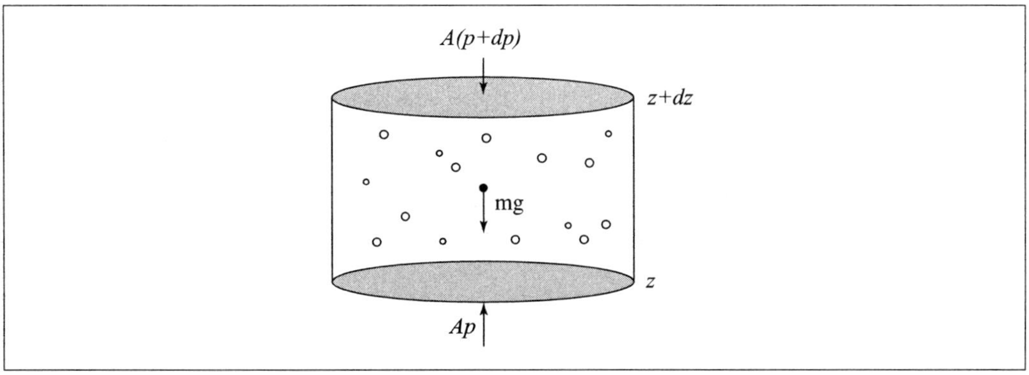

그림 9.1 연직 공기기둥의 기층에 작용하는 힘

정역학 방정식을 유도하기 위해 대기 중에 그림 9.1과 같이 A를 면적으로 하는 연직 공기기둥에서 고도 z의 수평면과 고도 $z+dz$의 수평면 사이에 있는 원통의 공기덩이에 가해지는 힘의 균형을 생각해보자. 원통의 체적은 Adz이므로, 공기 밀도를 ρ라 하면 그 질량은 ρAdz이다. 그리고 이 원통의 공기덩이에 아래로 미치는 중력은 $\rho gAdz$이다.

한편 대기의 압력에 의해 원통의 아래 면에서 위로 작용하는 힘은 $F(z)=pA$이고, 원통의 윗면에서 아래로 가해지는 힘은 $F(z+dz)=(p+dp)A$이다. 공기덩이에 작용하는 압력에 의한 힘의 방향과 중력($F_g=\rho gAdz$)의 방향을 고려하면 정역학평형은

$$0= pA-(p+dp)A-\rho gAdz \tag{9.1}$$

으로 주어진다. 이 식을 정리하면 다음의 정역학 방정식을 얻는다.

$$dp = -\rho gdz \tag{9.2}$$

또는

$$-\frac{1}{\rho}\frac{\partial p}{\partial z} = g \tag{9.3}$$

으로 주어진다. 식 (9.2)는 고도 증가에 따라 기압이 감소함을 보여주는데 비하여, 식 (9.3)은 연직 기압경도력과 중력이 균형을 이루어 정역학평형을 나타낸다.

어떤 고도에서 기압 $p(z)$는 그 고도에서 수평인 단위면적 위에 있는 공기의 총 질량에 의한 무게로, 식 (9.2)의 양변에 적분을 취하여 구한다.

$$\int_{p(z)}^{0} dp = -\int_{z}^{\infty} \rho(z) g\, dz \tag{9.4}$$

여기서 대기의 정상 고도에서는 $p(\infty) = 0$으로 두고 있다. 식 (9.4)를 정리하면 고도 z에서 기압 $p(z)$는 다음 식으로 주어진다.

$$p(z) = \int_{z}^{\infty} \rho(z) g\, dz \tag{9.5}$$

평균 해면에서 기압은 $z=0$에서 $z=\infty$까지 적분한 것으로 표준기압은 1013.25 hPa이며, 1 atm(atmosphere)이라고도 한다.

9.2 층후의 계산과 해면경정

두 개의 서로 다른 등압면 사이의 고도차를 두께 또는 층후(thickness)라고 하며, 대기요란의 구조를 분석하는데 이용된다. 층후는 기압과 고도의 관계식에서 구할 수 있다.

식 (9.2)에 상태방정식 $p = \rho R_d T_v$를 대입한 후 dz를 구하면

$$dz = -\frac{R_d T_v}{g}\frac{dp}{p} \tag{9.6}$$

으로 주어진다. 여기서 R_d는 건조공기의 기체상수, T_v는 가온도이다. 이 식을 두 개의 고도 z_1과 z_2에 대해서 정적분을 하면 두 등압면 사이의 고도차는

$$z_2 - z_1 = \frac{R_d}{g}\int_{P_2}^{p_1} T_v \frac{dp}{p} \tag{9.7}$$

으로 주어진다. 여기서 T_v는 변수이므로 p에 대한 적분을 용이하게 하기 위해서 가온도의 평균치 $< T_v >$를 도입하면 식 (9.7)의 적분은

$$z_2 - z_1 = \frac{R_d}{g} < T_v > \ln\left(\frac{p_1}{p_2}\right) \tag{9.8}$$

으로 나타낼 수 있으며, 이를 측고공식(hypsometric equation)이라고 한다. 이 식에 의하면 두 등압면 사이의 기층의 두께(층후)는 기층의 평균 가온도에 비례함을 알 수 있다. 한편 식 (9.8)은 다음과 같이 나타낼 수 있다.

$$p_2 = p_1 \exp\left[\frac{g}{R_d < T_v >}(z_1 - z_2)\right] \tag{9.9}$$

식 (9.8)에서 $< T_v >$는 층후를 계산하려고 하는 기층의 가온도에 대한 압력의 가중치를 고려한 평균 가온도로서

$$< T_v > = \int_{\ln p_2}^{\ln p_1} T_v \, d(\ln p) \Big/ \int_{\ln p_2}^{\ln p_1} d(\ln p) = \int_{p_2}^{p_1} \frac{T_v}{p} dp \Big/ \int_{p_2}^{p_1} \frac{dp}{p} \tag{9.10}$$

와 같다. 한편 그림 9.2에서 고려하고 있는 층을 $(n-1)$개로 나눌 경우 $< T_v >$는

$$< T_v > = \sum_{k=1}^{n-1} \frac{\overline{T_{vk}}}{\overline{p_k}} \Delta P_k \Big/ \ln\left(\frac{p_1}{p_n}\right) \tag{9.11}$$

을 이용하여 계산할 수 있다. 여기서 $k = 1, \cdots, n$은 관측된 기층의 번호를 나타내며, $\overline{T_{vk}}$, $\overline{p_k}$는 각 층의 평균 가온도와 평균 기압을 표시한다. 그리고 Δp_k는 기압차로 나타낸 각 층의 두께이다.

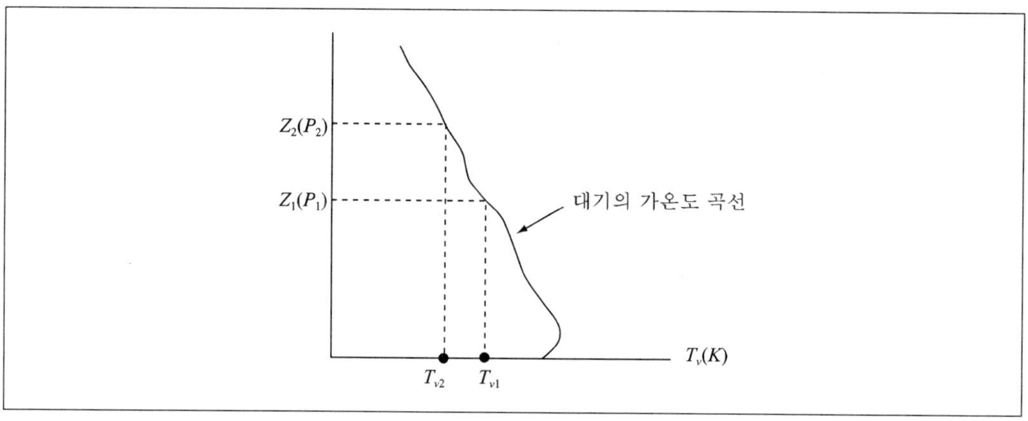

그림 9.2 대기의 고도와 가온도 분포

예제 01

다음 관측치를 이용하여 900 hPa과 850 hPa 사이의 기층의 평균 가온도와 두께를 구하시오.

기압(hPa)	900	880	860	850
가온도(K)	275	273	273	271

➲ 풀이

기층의 평균 가온도는 식 (9.11)을 이용하여 다음과 같이 구한다.

$$< T_v > = \left[\frac{274 \times 20}{890} + \frac{273 \times 20}{870} + \frac{272 \times 10}{855} \right] \Big/ \ln\left(\frac{900}{850}\right) = 273.86 \text{ K}$$

기층의 두께는 식 (9.8)을 이용하여 $\Delta z = \frac{R_d}{g} < T_v > \ln\left(\frac{p_1}{p_2}\right)$를 이용하여 구하면

$$\Delta z = z_2 - z_1 = \frac{287(\text{Jkg}^{-1}\text{K}^{-1})}{9.8(\text{ms}^{-2})}(273.86 \text{ K})\ln\left(\frac{900 \text{ hPa}}{850 \text{ hPa}}\right)$$

$\Delta z = 460$ m이다.

어떤 지점에서 관측한 기압을 평균 해면($z = 0$)상의 값으로 바꾸어 주는 것을 기압의 해면경정(海面更正)이라고 하며, 지상 일기도를 작성하는데 이용된다. 식 (9.6)을 p_0에서 $p(z)$까지 적분하면 다음 식을 얻는다.

$$\ln\frac{p_0}{p} = \frac{g}{R_d}\int_0^z \frac{dz'}{T_v} \tag{9.12}$$

여기서 변수 z'은 적분을 위한 가변수(dummy variable)이다. 이 식에서 z는 관측 고도이고 p는 관측 고도에서 기압값이다. 한편 식 (9.12)에서 T_v를 T로 근사하고 기온감률을 γ, 그리고 고도 $z = 0$에서 기온을 T_0라고 하면 $T = T_0 - \gamma z$이므로 이를 (9.12)에 적용하면

$$\ln\left(\frac{p}{p_0}\right) = -\frac{g}{R_d}\int_0^z \frac{dz'}{T - \gamma z'} \tag{9.13}$$

으로 주어진다. 식 (9.13)을 적분하면 다음 식을 얻는다.

$$p_0 = p(z)\left(\frac{T_0}{T}\right)^{g/R_d\gamma} \tag{9.14}$$

식 (9.14)는 다방대기(polytropic atmosphere)에 관한 식이다. 주어진 고도에서 관측한 $p(z)$, $T(z)$를 사용하여 근사적으로 해면기압(p_0)을 구할 수 있다.

예제 02

해발고도 500 m의 관측소에서 측정한 기압이 950 hPa, 기온이 20℃이다. 이 지점에서 해면 기압은 얼마인가? 단, 대기의 기온감률은 $\gamma = 6.5$℃/km로 가정한다.

➲ 풀이

식 (9.14)를 이용하여 구한다. 해면상의 기온, $T_0 = 293.16 + 0.5 \times 6.5 = 296.4(\mathrm{K})$이다.
그리고 $p(z) = 950\,\mathrm{hPa}$, $T = 293.16\,\mathrm{K}$, $\gamma = 0.65 \times 10^{-2}$ ℃/m, $R_d = 287\,\mathrm{Jkg^{-1}K^{-1}}$, $g = 9.8\,\mathrm{m/sec^2}$을 대입하면

$$p_0 = 950\left(\frac{296.4}{293.16}\right)^{5.25} = 1006.2\,\mathrm{hPa}$$

를 얻는다.

9.3 기압변화와 규모고도

지구대기에서 기압은 고도에 따라 감소하지만 그 감소율은 일정하지 않다. 기압이 고도 증가에 따라 어떻게 감소하는지를 알아보기 위하여 식 (9.12)의 적분을 바꾸어 쓰면

$$p(z) = p_0 \exp\left(-\frac{g}{R_d}\int_0^z \frac{1}{T_v}dz'\right) \tag{9.15}$$

으로 주어진다. 여기서 가온도의 고도에 따른 가중평균, $< T_v > = \sum_{k=1}^{n-1} \frac{\overline{T_{vk}}}{z} \Delta z_k$를 이용하면 식 (9.15)는

$$p(z) = p_0 \exp\left(-\frac{gz}{R_d < T_v >}\right) = p_0 \exp(-z/H_s) \tag{9.16}$$

으로 나타낼 수 있다. 식 (9.16)에서 규모고도(scale height) H_s는 다음과 같이 정의한다.

$$H_s = \frac{R_d < T_v >}{g} \tag{9.17}$$

공기밀도는 기압과 같이 고도증가에 따라 감소하지만, 또한 기압과 온도에 따라 변한다. 여기서는 문제를 간단히 하기 위해서 가온도가 일정한 등온대기(isothermal atmosphere)에서 고도에 따른 공기밀도의 변화를 살펴보자. 식 (9.15)에서 T_v가 일정한 경우

$$p(z) = p_0 \exp\left(-\frac{gz}{R_d T_v}\right) \tag{9.18}$$

으로 주어진다. 여기서 상태방정식 $p_0 = \rho_0 R_d T_v$와 $p(z) = \rho(z) R_d T_v$를 이용하면

$$\rho(z) = \rho_0 \exp\left(-\frac{gz}{R_d T_v}\right) = \rho_0 \exp\left(-\frac{z}{H_s}\right) \tag{9.19}$$

으로 표현된다. 여기서, $H_s = \dfrac{R_d T_v}{g}$이며, 이 식은 공기밀도가 고도증가에 따라 지수함수로 감소함을 보여준다. 여기서 ρ_0는 $z=0$에서 공기밀도이다. 식 (9.19)에서 $T_v = 273.16$ K인 경우에 $H_s = 7.96$ km로 약 8 km이다.

9.4 지오퍼텐셜

단위 질량에 대한 위치에너지를 지오퍼텐셜(geopotential)이라고 하며, 그 정의는 다음과 같다.

$$d\Phi = g(z)dz \tag{9.20}$$

여기서 Φ는 지오퍼텐셜을 나타내며, 그 단위는 Jkg^{-1} 또는 $\mathrm{m}^2\mathrm{s}^{-2}$이다. 식 (9.20)을 평균해수면($z=0$)에서 $\Phi=0$으로 두고 임의의 고도 z까지 적분하면

$$\Phi(z) = \int_0^z g(z')dz' \tag{9.21}$$

을 얻는다. 여기서 z'은 고도를 나타내는 가변수(dummy variable)이다. 지오퍼텐셜은 평균해수면에 있는 단위질량의 물체를 주어진 고도 z까지 들어 올리는데 필요한 에너지로 정의할 수 있다. 지오퍼텐셜이 일정한 면, 즉 Φ가 일정한 값을 갖는 면을 등지오퍼텐셜 면(equipotential surface)이라고 한다.

기상현상의 분석(예: 상층일기도)에는 고도보다는 지오퍼텐셜 고도(geopotential height)를 이용하며, 그 정의는 다음과 같다.

$$z = \frac{\Phi(z)}{g_0} = \frac{1}{g_0}\int_0^z g(z)dz \tag{9.22}$$

여기서 $g_0 = 9.8\ \mathrm{m/s^2}$으로 지표에서 지구 중력가속도를 전구 평균한 값이다. 지오퍼텐셜

고도는 대기운동이나 상태를 분석하는데 연직좌표로 많이 사용되며, 그 단위는 gpm (geopotential meter)이다. 그림 9.3은 500 hPa 등압면(A－B－C－D－E)의 연직단면이며, 등압면상의 지오퍼텐셜 고도 분포를 보여준다. 그림에서 보는 바와 같이 등압면상에서 지오퍼텐셜 고도가 주위(A, C)보다 낮은 곳(B)은 저기압, 주위(C, E)보다 높은 곳(D)은 고기압이다. 즉, 등고도면에서 B의 기압은 B_1과 B_2의 기압보다 낮은 반면에, 등고도면에서 D의 기압은 D_1과 D_2의 기압보다 높다. 그림 9.4는 500 hPa 등압면에서 지오퍼텐셜 고도 분포를 보여준다. 등압면 위에서 상대적으로 지오퍼텐셜 고도(청색)값이 주위보다 작은 곳은 저기압, 큰 곳이 고기압에 해당된다.

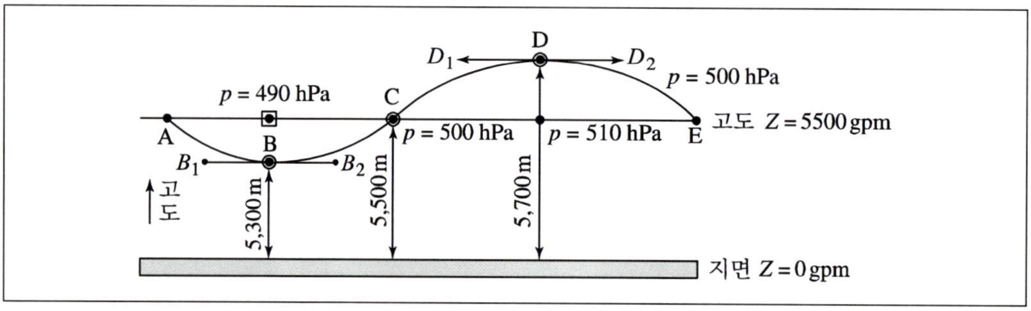

그림 9.3 등압면과 지오퍼텐셜 고도

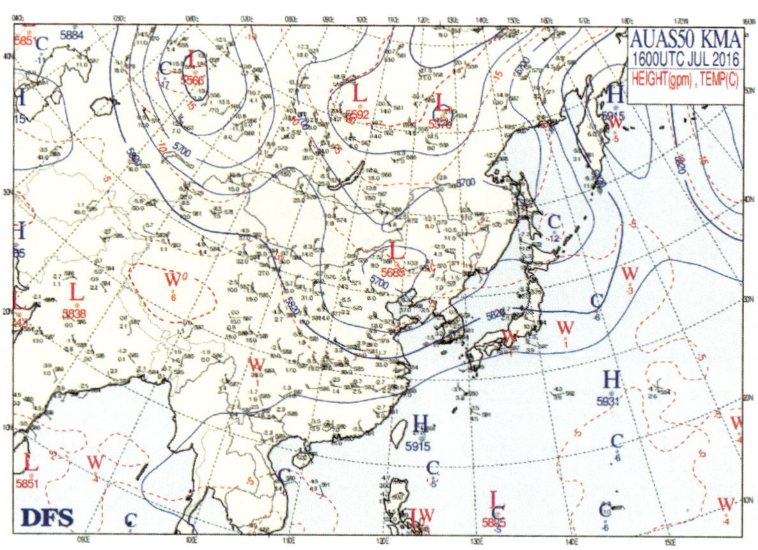

그림 9.4 500 hPa 등압면에서 지오퍼텐셜 고도의 분포

9.5 모델대기

실제 대기에서 보통 온도와 밀도는 시간과 위치에 따라 변하지만, 온도나 밀도가 일정한 가상적인 대기를 고려하여 근사적으로 대기 상태를 나타내기도 한다. 여기에서는 밀도가 일정한 등밀대기(homogeneous atmosphere), 온도가 일정한 등온대기(isothermal atmosphere), 기온감률이 일정한 등감률대기(constant lapse rate atmosphere) 그리고 표준대기(standard atmosphere)에 대해서 기술한다.

(1) 등밀대기

등밀대기에서는 공기의 밀도가 연직방향으로 변하지 않고, 즉 고도와 관계없이 밀도가 일정하다. 따라서 상태방정식을 이용하면 지표면에 기압(p_0)과 기온(T_0)과 임의의 고도에서 압력(p)과 기온(T)과의 관계는 다음과 같이 주어진다.

$$\frac{T_0}{p_0} = \frac{T}{p} \tag{9.23}$$

등밀대기의 두께(H)는 식 (9.2)에서 대기를 건조공기로 근사하고, 그 상태 방정식을 적용하여 적분하면 다음 식을 얻는다.

$$H = \frac{R_d}{g}\int_0^{p_0} dp = \frac{R_d T_0}{g} \tag{9.24}$$

여기서 $p_0 = \rho R_d T_0$로 두고 있다. 지표에서 기온을 $T_0 = 273\,\text{K}$로 가정했을 때 H는 약 8 km이다. 등밀대기에서 압력은 $p = \rho R_d T$이므로 고도변화에 따른 기압의 변화는 다음과 같이 주어진다.

$$\frac{\partial p}{\partial z} = \rho R_d \frac{\partial T}{\partial z} \tag{9.25}$$

식 (9.25)에 $\partial p/\partial z = -\rho g$을 적용하면 등밀대기에서 기온감률은 다음과 같다.

$$\gamma_a = -\frac{\partial T}{\partial z} = \frac{g}{R_d} = 34.1\,℃\,\text{Km}^{-1} \tag{9.26}$$

등밀대기에서 기온감률을 자동대류감률(autoconvective lapse rate)이라고 한다. 대류권에서 어떤 기층의 기온감률(γ)이 자동대류감률(γ_a)을 능가하는 경우에는 공기밀도가 고도에 따라 증가하며 밀도역전(density inversion)의 형성으로 대류가 자동적으로 일어난다. 밀도역전은 여름철에 지표면이 매우 가열될 경우에 발생할 수 있다. 이 경우에 아스팔트로 된 고속도로면이 마치 물에 젖은 것처럼 보이며, 그 위에 고속도로 신기루(highway mirage)가 형성된다.

(2) 등온대기

기온 T가 높이에 관계없이 일정한 대기를 등온대기(isothermal atmosphere)라고 한다. 등온대기에서 고도 z_2와 고도 z_1간의 기층의 두께 $\Delta z(=z_2-z_1)$는 식 (9.7)을 이용하면

$$\Delta z = -\frac{R_d T}{g}\ln\left(\frac{p_2}{p_1}\right) \tag{9.27}$$

으로 주어진다. 그리고 임의의 고도 z에서 기압 $p(z)$는 식 (9.6)을 적분하면

$$p = p_0 \exp\left(-\frac{z}{H_s}\right) \tag{9.28}$$

으로 나타낼 수 있다. 여기서 $H_s = R_d T/g$ 로서 규모고도를 표시한다. 등온대기는 실제 대기의 $p-z$ 관계를 잘 근사하므로 제1근사로 이용한다. 평균기온을 $T=273$ K로 가정했을 때 등온대기의 규모고도는 $H_s = 8$ km이다.

(3) 등감률대기

기온감률이 일정한 대기를 등감률대기라고 한다. 표준대기는 대류권에서 기온감률을 일정한 것으로 가정한다. 평균 해수면에서 기온을 T_0, 그리고 대기의 기온감률 γ 라고 할 경우 고도 z에서 기온은 다음과 같이 주어진다.

$$T(z) = T_0 - \gamma z \tag{9.29}$$

으로 주어진다. 고도에 따른 기압 변화를 구하기 위하여 먼저 정역학 방정식과 건조공기의 상태방정식을 결합하면 다음 식을 얻는다.

$$\frac{dp}{p} = -\left(\frac{g}{R_d T}\right)dz \tag{9.30}$$

그리고 식 (9.30)에 식 (9.29)를 적용하면 다음 식을 얻는다.

$$\frac{dp}{p} = -\left[\frac{g}{R_d(T_0-\gamma z)}\right]dz \tag{9.31}$$

이 식을 $(p_0, 0)$에서 (p, z)까지 적분하면 다음과 같이 주어진다.

$$p(z) = p_0\left(\frac{T_0 - \gamma z}{T_0}\right)^{g/R_d\gamma} \tag{9.32}$$

식 (9.32)는 실제에 가까운 기온 분포에 근거하여 $p-z$ 관계를 나타내고 있어서 기압고도계의 기본 식으로 이용된다.

(4) 표준대기

표준대기는 항공기의 성능 비교, 기압고도계의 눈금 설정(calibration), 미사일과 항공기 디자인 등 여러 분야에서 이용되므로 이에 대한 이해가 필요하다. 국제적인 협약에 의해 채택한 실제 대기의 평균 상태에 근사한 가상적인 온도, 밀도, 기압 분포를 나타내는 기준 대기를 표준대기(standard atmosphere)고 한다. 현재 국제적으로 많이 사용되고 있는 표준대기는 국제민간항공기구(International Civil Aeronautical Organization: ICAO)가 채택한 것으로 정역학평형을 가정하며 기본적인 사항은 다음과 같다.

- 대기조성 : 건조공기, 평균 분자량(M = 28.9644 gmole^{-1})
- 지상기압 : 1013.25 hPa(평균해수면)
- 지상기온 : 15℃(288.15 K)
- 지상 공기밀도 : 1.2250 kgm^{-3}
- 지상의 중력 가속도 : 9.8066 ms^{-2}
- 기온감률 : 6.5℃/km(고도 : 0～11 km)
- 기온감률 : 0℃/km(고도 : 11～20 km)
- 기온감률 : −1.0℃/km(고도 : 20～32 km)

국제 민간항공기구가 규정한 대류권계면의 높이는 11 km, 성층권계면의 높이는 47 km 그리고 중간권계면의 높이는 84 km이다.

예제 03

항공기가 860 hPa 고도를 비행하고 있다. 이 때 지상에서 기압이 1000 hPa, 기온이 27℃이고 대기의 기온감률은 6.5℃/km일 때, 항공기의 고도는 얼마인가?

➲ 풀이

식 (9.32)를 이용 : $z = \frac{T_0}{\gamma}\left\{1-\left(\frac{p}{p_0}\right)^{\frac{R_d\gamma}{g}}\right\}$ (1)

식 (1)에 주어진 값을 대입 : $z(\text{m}) = \frac{300}{6.5\times 10^{-3}}\left\{1-\left(\frac{850}{1000}\right)^{\frac{287\times 6.5\times 10^{-3}}{9.8}}\right\} \simeq 1406(\text{m})$ (2)

9.6 고층대기의 성분 분리

지구 대기를 구성하고 있는 기체들 중 상변화와 광범위한 화학반응을 하지 않는 주성분 기체(예: N_2, O_2)들의 조성비는 대기의 난류에 의해 지표에서 고도 약 90 km까지 거의 일정하다. 이 층을 동질권(homosphere)이라고 하며, 그 위에 있는 조성기체의 구성비가 고도에 따라 변하는 대기층을 이질권(heterosphere)이라고 한다. 그리고 동질권과 이질권의 경계를 난류권계면(turbopause)이라고 한다.

이질권에서 일어나는 기체의 확산 분리(diffusive separation)에 의해 그림 9.5와 같이, 두 기체의 분압이 같은 고도(z_e)를 능가하면 고도가 증가할수록 질량이 작은 기체의 분자 수가 질량의 큰 기체의 분자 수를 능가한다. 이질권에서 기체의 분압은 고도에 따라 다르다.

정역학방정식에 분자량이 M_i인 기체의 상태방정식 (2.18)을 적용하고, 적분하면 기체의 분압 $p_i(z)$은 다음과 같이 주어진다.

$$p_i(z) = p_i(0)\exp\left(-\int_0^z \frac{M_i g}{R^* T}dz\right) \tag{9.33}$$

식 (9.33)에서 중력가속도와 온도를 일정하다고 가정하면 분자량이 M_i인 기체의 분압은

$$p_i(z) = p_i(0)\exp\left(-\frac{z}{H_i}\right) \tag{9.34}$$

으로 나타낼 수 있다. 여기서 H_i는 기체성분 i의 규모고도로서 $H_i = \dfrac{R^* T}{gM_i}$이다.

기체의 확산분리에 의해 질량이 큰 기체와 작은 기체가 고도에 따라 어떻게 분포하는지를 식 (9.34)를 이용하여 살펴보자. 기체의 분자량이 각각 M_1, M_2인 두 기체의 경우 규모고도와 기압 분포는 다음과 같다.

$$\text{기체 1}: H_1 = \frac{R^* T}{gM_1}, \quad p_1 = p_{01}e^{-z/H_1} \tag{9.35}$$

$$\text{기체 2}: H_2 = \frac{R^* T}{gM_2}, \quad p_2 = p_{02}e^{-z/H_2} \tag{9.36}$$

여기서 $M_1 > M_2$라고 하면 $H_1 < H_2$이다. 지표에서 기체 1의 수밀도를 n_1, 그리고 기체 2의 수밀도를 n_2라고 한다. $n_1 > n_2$인 경우 지표에서 두 기체의 분압은 그림 9.5와 같이 $p_0(n_1) > p_0(n_2)$이다. 그러나 $H_1 > H_2$이므로 기체 1의 분압은 기체 2의 분압보다 그림에

서 보는 바와 같이 고도에 따라 급격히 감소하여 고도 z_e에서는 두 기체의 분압이 같아져서 $p_1 = p_2$가 된다. 그러나 $z > z_e$인 대기층에서는 $p_1 < p_2$이다. 이 관계를 상태방정식 $p = nkT$에서 고려하면 온도가 동일한 경우 기체의 수밀도는 기압에 비례하여 기체 2의 수밀도(n_2)가 기체 1의 수밀도(n_1)보다 큰 것을 알 수 있다.

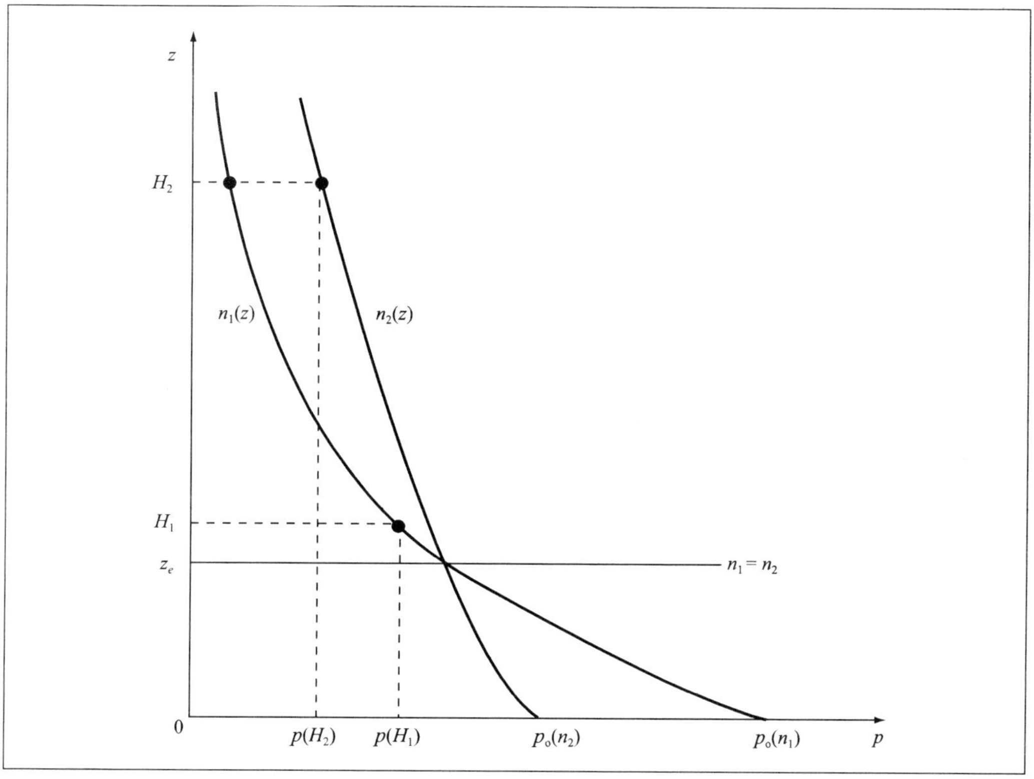

그림 9.5 확산평형 상태에서 고도에 따른 두 기체의 분포. n_1과 n_2는 기체 1과 2의 수밀도를 나타낸다.

[용어설명] 난류권계면

지구대기는 난류혼합으로 대기의 주요 기체의 조성비가 거의 일정한 동질권과 분자확산에 의하여 조성비가 고도에 따라 다른 이질권으로 구분할 수 있다. 난류권계면(turbopause)은 동질권과 이질권의 경계 또는 천이역(transition zone)으로 동질권계면(homopause)이라고도 하며, 그 고도는 지상에서 90 km 정도이다.
실제로 난류혼합의 유효고도는 100 km 정도로 알려져 있으나, 산소의 경우 고도 약 90 km 이하에서는 분자 상태로 존재하지만, 그 이상의 고도에서는 해리(dissociation)에 의해 산소원자 상태로 나타나기 시작한다.

연 습 문 제

9.1 다음 용어를 정의하고 그 단위를 기술하시오.

(1) 중력퍼텐셜 에너지(gravitational potential energy)

(2) 중력퍼텐셜(gravitational potential)

(3) 지오퍼텐셜(geopotential)

(4) 규모고도(scale height)

9.2 등산을 시작할 때 측정한 기압이 1010 hPa이었고 산 정상에서 잰 기압이 750 hPa이었다. 대기층의 평균 가온도가 280 K라고 가정하고 산의 높이를 구하시오.

9.3 고도 200 km에서 수소원자의 수밀도에 대한 산소원자의 수밀도의 비는 10^5이다. 2000 K의 등온대기를 가정할 경우 고도 500 km에서 두 성분의 조성비는 얼마인가? 단, 산소원자의 원자량은 16, 그리고 수소원자의 원자량은 1이다. (지구의 중력가속도는 9.8 ms^{-2}으로 가정한다.)

9.4 (1) 지표면에서 기온이 0℃, 기압이 1010 hPa일 때 공기의 밀도는 얼마인가?

(2) 앞에 주어진 조건에서 등밀대기를 가정할 때 그 높이는 얼마인가?

(3) 등밀대기의 높이가 12 km가 되려면 지표면의 기온은 얼마가 되어야 하는가?

9.5 (1) 지구대기의 온도가 290 K로 일정하다고 가정하였을 때 지표기압(1기압)의 10%에 해당하는 고도는 얼마인가?

(2) 지상 기온이 290 K이고 기온감률이 10 K/km일 때 지표기압의 10%에 해당하는 고도는 얼마인가?

9.6 식 (9.36)을 이용하여 $n(z) = n(z_0)\dfrac{T(z_0)}{T(z)}\exp\left(-\dfrac{z}{H_i}\right)$임을 보이시오. 여기서, $n(z)$와 $n(z_0)$는 고도 z_0와 z에 기체 i의 수밀도(number density)를 나타낸다.

9.7 지구대기의 질량을 구하시오. 그리고 해양의 총질량 1.35×10^{21} kg과 비교하시오.

Chapter 10

대기안정도와 에너지 변환

대기안정도 분석은 위험기상 예보를 위해 반듯이 수행하는 과정이다. 이 장에서는 파아슬 법(parcel method)에 의한 대기안정도 분석에 관해 기술되어 있다. 그리고 대류 가용 에너지와 가용 위치에너지에 관해서 논의된다.

10.1 공기덩이의 부력

불포화 공기덩이가 그림 10.1과 같이 밀도 ρ_e, 온도 T_e인 대기 중에 있다. 이 경우에 중력가속도를 g라고 하면 체적 V, 밀도가 ρ_p인 공기덩이에 미치는 중력은 $\rho_p Vg$이다. 한편 아르키메데스의 원리에 의해 공기덩이에 미치는 상향의 부력은 $\rho_e Vg$이다. 따라서 공기덩이가 연직운동 시 주위공기로 인한 저항을 무시할 경우 공기덩이에 대한 연직방향의 운동방정식은 다음과 같이 주어진다.

$$ma_b = \rho_e Vg - \rho_p Vg \tag{10.1}$$

여기서 m은 공기덩이의 질량이고, a_b는 부력에 의한 공기덩이의 연직가속도이다. 공기덩이의 질량은 $m = \rho_p V$이므로 식 (10.1)은 다음과 같이 표현된다.

$$a_b = \left(\frac{\rho_e - \rho_p}{\rho_p}\right)g \tag{10.2}$$

식 (10.2)에 의하면 $\rho_e > \rho_p$이면 $a_b > 0$이므로 공기덩이가 상향의 부력을 받게 되고, $\rho_e < \rho_p$인 경우에는 $a_b < 0$이므로 하향의 부력을 받는다.

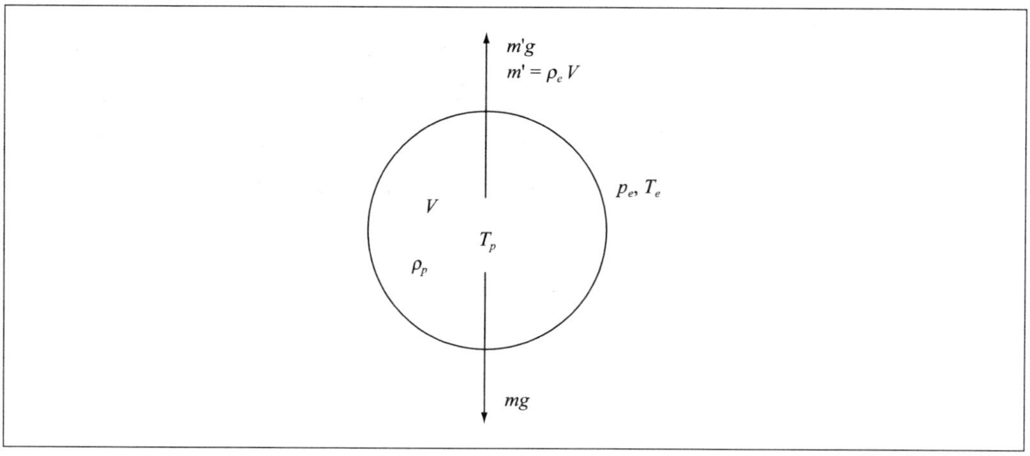

그림 10.1 공기덩이의 부력의 개념도

실제로 대기관측에서는 공기밀도를 측정하기보다는 통상적으로 기압, 온도와 습도를 측정하므로 식 (10.2)를 가온도로 나타내면 부력계산이 더 쉽다. 지금 공기덩이의 가온도를

T_{vp}, 주위공기의 가온도를 T_{ve}이라고 한다. 그리고 공기를 이상기체로 생각하면 공기덩이와 주위공기에 대해 각각

$$p = \rho_p R_d T_{vp} \tag{10.3}$$

$$p_e = \rho_e R_d T_{ve} \tag{10.4}$$

가 성립한다. 이들 상태방정식을 식 (10.2)에 적용한 후 $p = p_e$를 가정하면

$$a_b = \left(\frac{T_{vp} - T_{ve}}{T_{ve}} \right) g \tag{10.5}$$

으로 주어진다. 식 (10.5)에 의하면 $T_{vp} > T_{ve}$인 경우에는 $a_b > 0$, 즉 공기덩이의 가온도가 주위공기의 가온도보다 높은 경우에는 연직 상방으로 양의 부력이 공기덩이에 작용한다. 그리고 $T_{vp} < T_{ve}$인 경우에는 $a_b < 0$이므로 공기덩이에 음의 부력이 작용한다. 한편 주위공기와 공기덩이의 수증기 함량이 작은 경우 식 (10.5)는

$$a_b = \left(\frac{T_p - T_e}{T_e} \right) g \tag{10.6}$$

으로 근사할 수 있다. 여기서 T_p, T_e는 그림 10.1에서 각각 공기덩이와 주위공기의 온도를 나타낸다. 공기덩이의 부력계산에는 온도보다 가온도를 고려하는 것이 더 정확하다. 그 이유는 1몰의 습윤공기에 대해 온도가 같을지라도 수증기의 함량에 따라 공기밀도가 달라지기 때문이다. 가온도는 수증기의 포함 정도에 따른 공기의 밀도변화를 고려한 온도이다.

10.2 대기의 정적안정도

10.2.1 건조공기의 안정도

대기 중에는 공기덩이의 연직운동이 끊임없이 일어나고 있다. 그러면 어떤 상황에서 공기덩이가 상승 또는 하강하는가? 이러한 문제에 답하기 위해서는 대기의 정적안정도(static stability 또는 hydrostatic stability) 분석이 필요하다. 대기의 정적안정도는 정지상태에 있는 공기덩이를 연직으로 변위시켰을 때 공기덩이의 운동을 분석하여 결정한다.

10.2.2 공기덩이 법

공기덩이 법(air parcel method)은 정지 상태에 있는 공기덩이를 그림 10.2와 같이 어떤 고도 z 에서 연직으로 δz 만큼 단열상승(또는 단열하강) 시켰을 때 변위된 위치에서 주위공기의 온도와 공기덩이의 온도를 비교하여 대기의 안정도를 결정하는 방법이다.

그림 10.2에서 온도가 T_0 인 공기덩이가 고도 z 에서 δz 만큼 상승했을 때 공기덩이의 온도(T_p)와 주위 공기온도(T_e)는 각각 다음과 같이 나타낼 수 있다.

$$T_p = T_0 - \gamma_d \delta z \tag{10.7}$$

$$T_e = T_0 - \gamma \delta z \tag{10.8}$$

여기서 고도 z 에서 $T_p = T_e = T_0$ 이다. 그리고 γ_d 와 γ 는 각각 건조단열감률과 주위공기의 온도감률을 나타낸다.

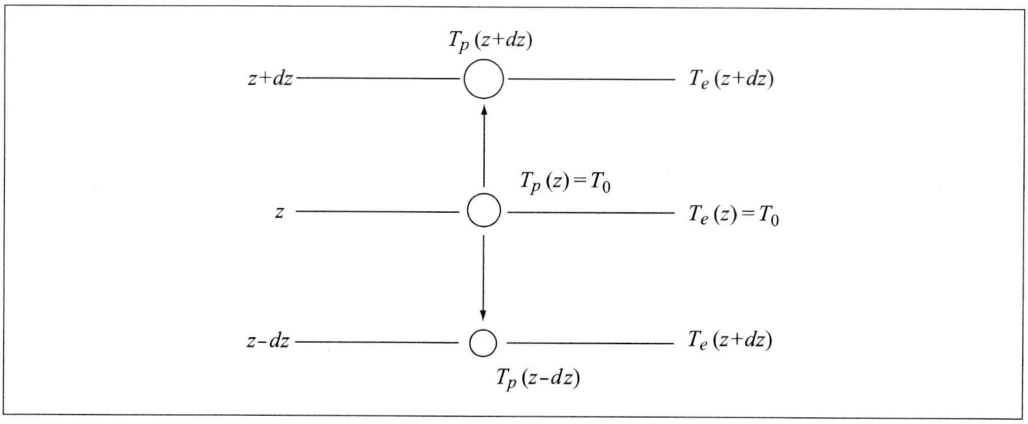

그림 10.2 공기덩이의 변위와 온도변화

식 (10.7)과 (10.8)을 (10.6)에 대입하면 부력에 의한 가속도 a_b 의 크기에 따라 $a_b > 0$, $a_b < 0$ 그리고 $a_b = 0$ 의 경우, 즉 공기덩이의 연직가속도에 따라 다음과 같이 구분한다.

$$\begin{aligned} &T_p - T_e > 0 \text{인 경우 : } \gamma > \gamma_d \text{ : 불안정} \\ &T_p - T_e < 0 \text{인 경우 : } \gamma < \gamma_d \text{ : 안정} \\ &T_p = T_e = 0 \text{인 경우 : } \gamma = \gamma_d \text{ : 중립} \end{aligned} \tag{10.9}$$

그림 10.3은 대기층의 정적안정도를 기층의 연직기온감률(γ)과 공기덩이의 건조단열감률(γ_d)을 이용하여 나타낸 것이다. 그림 10.3에서 불안정의 경우는 γ 와 γ_d 가 만나는

$T_p = T_e$인 평형고도(z_0)에서 위 또는 아래로 공기덩이가 변위를 δz만큼 고려한다. 이 경우 공기덩이의 온도(T_p)가 주위온도(T_e)보다 높으면(낮으면) 양(음)의 부력에 의해서 공기덩이는 원래의 위치에서 점점 더 멀어진다. 한편 그림 10.3에서 안정의 경우는 평형고도에서 공기덩이를 위(아래)로 변위시켰을 경우 공기덩이의 온도(T_p)가 주위의 온도(T_e)보다 낮으면(높으면) 원래의 위치로 되돌아가려는 복원력(restoring force)이 작용한다. 그러나 중립인 경우는 평형고도에서 위, 또는 아래 어느 방향으로 변위시켜도 주위온도와 공기덩이의 온도가 같아져서 변위된 그 위치에 머물게 된다.

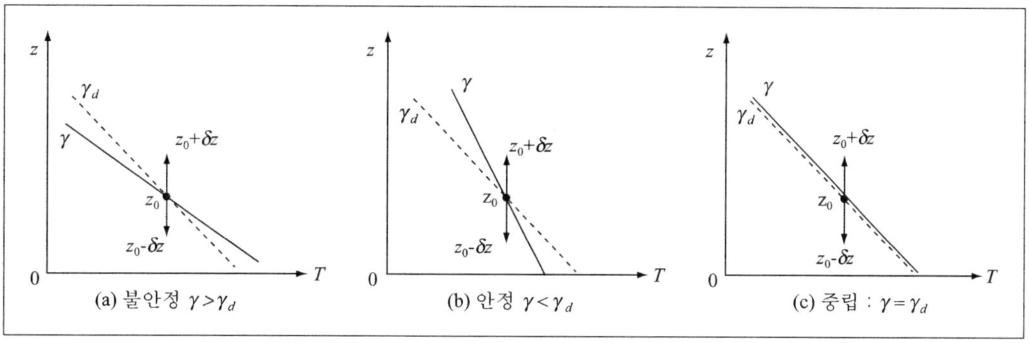

그림 10.3 불포화공기의 안정도

10.2.3 온위에 의한 정적안정도

대기의 정적안정도를 분석하는 데는 일반적으로 고도변화에 따른 온위 변화가 이용된다. 온위 방정식 (7.8)에 자연대수를 취하고 양변을 미분하면

$$c_{pd}\frac{d\theta}{\theta} = c_{pd}\frac{dT}{T} - R_d\frac{dp}{p} \tag{10.10}$$

을 얻는다. 여기서 $dp = -\rho g dz$와 건조공기의 상태방정식을 적용하면 식 (10.10)은

$$c_{pd}\frac{d\theta}{\theta} = c_{pd}\frac{dT}{T} + g\frac{dz}{T} \tag{10.11}$$

으로 표현된다. 양변을 $c_{pd}dz$로 나누면 다음 식을 얻는다.

$$\frac{1}{\theta}\frac{\partial\theta}{\partial z} = \frac{1}{T}(\gamma_d - \gamma) \tag{10.12}$$

여기서 $\frac{\partial \theta}{\partial z}$와 $(\gamma_d - \gamma)$의 관계를 이용하여 정적안정도를 나타내면 다음과 같다.

$$\begin{aligned} &\text{안정} : \frac{\partial \theta}{\partial z} > 0 \ ; \ \gamma_d > \gamma \\ &\text{불안정} : \frac{\partial \theta}{\partial z} < 0 \ ; \ \gamma_d < \gamma \\ &\text{중립} : \frac{\partial \theta}{\partial z} = 0 \ ; \ \gamma_d = \gamma \end{aligned} \tag{10.13}$$

식 (10.13)의 장점은 고도에 따른 온위 변화만으로 대기의 정적안정도 분석이 가능한 점이다. 그림 10.4는 온위의 고도변화에 따른 대기의 안정도를 보여준다. 불포화공기는 단열과정에서 그 온위가 고도에 관계없이 일정하다. 따라서 대기가 안정한 경우에는 그림 10.4에서 $\theta(z)$를 나타내는 직선상의 임의의 점에서 공기덩이가 단열상승할 경우 그 온위가 주위보다 낮아서 복원력이 작용한다. 한편, 대기가 불안정한 경우에는 공기덩이가 단열상승할 경우 그 온위가 주위보다 높아서 양의 부력이 작용하게 되며, 이로 인해 공기덩이는 원래 위치에서 멀어진다.

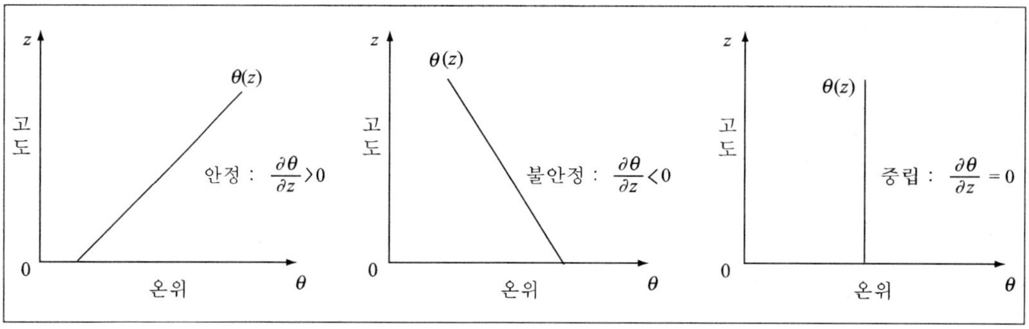

그림 10.4 온위의 연직분포에 따른 대기의 안정도

10.2.4 브런트－바이살라 진동수

안정한 대기에서 공기덩이를 연직 변위시키면 공기덩이는 평형점을 중심으로 상, 하로 진동한다. 이 진동수를 부력 진동수 또는 브런트－바이살라(Brunt-Väisälä) 진동수라고 하며, 대기의 중력파(부력파)의 진동수를 나타낸다. 식 (10.6)에서 온도가 T인 평형점에서 공기덩이가 연직방향에서 미소 변위 δz에 대해 공기덩이의 온도와 주위공기의 온도를

$$T_p = T - \gamma_d \delta z, \qquad T_e = T - \gamma \delta z \tag{10.14}$$

으로 나타낼 수 있다. 여기서 식 (10.14)를 (10.6)에 대입한 후 근사식을 이용하여 정리하면 다음과 같이 주어진다.

$$\frac{d^2(\delta z)}{dt^2} \fallingdotseq \frac{g}{T}(\gamma - \gamma_d)\left(1 + \frac{\gamma \delta z}{T}\right)\delta z \tag{10.15}$$

여기서 $(\delta z)^2$ 항을 무시한 후에 δz를 z로 표시하고, 식 (10.12)를 이용하면 다음 식을 얻는다.

$$\frac{d^2 z}{dt^2} = \frac{g}{T}(\gamma - \gamma_d) z = -\frac{g}{\theta}\frac{\partial\theta}{\partial z} z \tag{10.16}$$

여기서 브런트-바이살라 진동수(rad · s^{-1}), N을 다음과 같이 정의한다.

$$N^2 = \frac{g}{\theta}\frac{\partial\theta}{\partial z} \tag{10.17}$$

식 (10.17)을 식 (10.16)에 대입하면 다음 식을 얻는다.

$$\frac{d^2 z}{dt^2} + N^2 z = 0 \tag{10.18}$$

식 (10.18)은 단진자의 운동에 대한 미분방정식으로 N^2의 값에 따라 그 해를 다음과 같이 구분한다.

(i) $N^2 > 0$: 안정

$$z = A_1 e^{iNt} + B_1 e^{-iNt} \tag{10.19}$$

으로 주어지며 공기덩이는 시간에 따라 평형점을 중심으로 진동하며 대기가 안정함을 나타낸다.

(ii) $N^2 < 0$: 불안정

$$z = A_1 e^{|N|t} + B_1 e^{-|N|t} \tag{10.20}$$

으로 주어지며, 공기덩이는 시간에 따라 원래의 위치에서 멀어져 불안정 상태를 나타낸다. 식 (10.20)에서 만일 $t \to \infty$이면, $z \to \infty$가 된다.

(iii) $N^2 = 0$: 중립

대류권에서 N의 전형적인 값은 대략 1.2×10^{-2} rad/s이다. 실제로 N^2에 의한 대기의 정적안정도 판단은 $\partial\theta/\partial z$에 의한 것과 같다.

예제 01

공기덩이를 250 K인 등온 대기층에서 연직방향으로 변위시켰을 때 이 공기덩이의 브런트-바이살라 진동수(N)와 그 주기는 얼마인가?

풀이

브런트-바이살라 진동수(N)를 기온감률$\left(-\dfrac{\partial T}{\partial z}\right)$과 건조단열감률($\gamma_d$)을 써서 나타내면

$$N = \left(\frac{g}{\theta}\frac{\partial\theta}{\partial z}\right)^{1/2} = \left[\frac{g}{T}\left(\frac{\partial T}{\partial z} + \gamma_d\right)\right]^{1/2}$$

으로 주어진다. 등온층에서는 $\dfrac{\partial T}{\partial z} = 0$이므로

$$N = \left(\frac{9.8}{250}\frac{9.8}{1000}\right)^{1/2} = \frac{9.8}{5 \times 10^2} = 1.96 \times 10^{-2} (\text{rad/s})$$

따라서 진동주기(P)는 $P = \dfrac{2\pi}{N} = \dfrac{6.28}{1.96 \times 10^{-2}} = 320(\text{s})$이다.

10.3 습윤공기의 정적안정도

10.3.1 포화공기의 정적안정도

포화공기덩이의 안정도는 건조공기와 마찬가지로 (i) 기온감률(γ)과 습윤단열감률(γ_s)을 서로 비교하거나 (ii) 고도에 따른 상당온위의 변화($\partial\theta_e/\partial z$)를 이용하여 분석할 수 있다. 기온감률과 습윤단열감률과의 비교에 의한 포화공기의 안정도는

$$\begin{aligned} &\gamma < \gamma_s \ : \text{안정} \\ &\gamma > \gamma_s \ : \text{불안정} \\ &\gamma = \gamma_s \ : \text{중립} \end{aligned} \tag{10.21}$$

으로 주어지며, 그림 10.3에서 γ_d 대신에 γ_s를 고려하면 된다.

한편 식 (10.9)와 (10.21)을 함께 고려하면 중립을 제외한 나머지 대기상태는 다음과 같이 나타낼 수 있다.

$$\begin{aligned} &\gamma > \gamma_d &&: \text{절대불안정} \\ &\gamma_s < \gamma < \gamma_d &&: \text{조건부 불안정} \\ &\gamma < \gamma_s &&: \text{절대안정} \end{aligned} \tag{10.22}$$

식 (10.22)의 절대불안정, 조건부불안정, 절대안정은 그림 10.5와 같이 나타낼 수 있다. 여기서 실선들은 모두 대기의 상태곡선을 나타낸다. 따라서 그림 10.5에서 습윤단열선의 짙은 그림자 영역은 $\gamma < \gamma_s$인 절대안정이고, 건조단열선의 왼쪽 영역은 $\gamma > \gamma_d$인 절대불안정을 나타낸다.

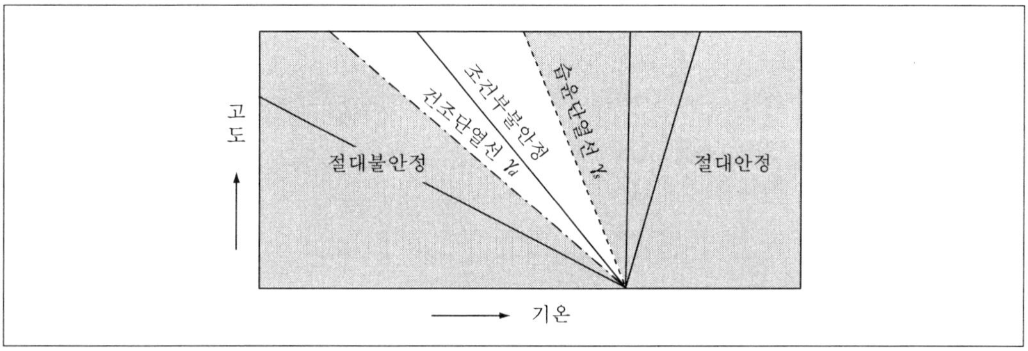

그림 10.5 대기의 절대안정, 절대불안정, 조건부불안정(그림에서 실선은 기온곡선임)

식 (10.22)에 주어진 조건을 온위와 상당온위를 이용하여 나타낼 수 있다. 상당온위 방정식 (8.23)을 z로 미분한다. 그리고 얻어진 식에 $\dfrac{1}{\theta}\dfrac{\partial\theta}{\partial z} = \dfrac{1}{T}(\gamma_d - \gamma)$와 습윤단열감률에 대한 식 (7.20), $\gamma_s = \gamma_d + \dfrac{\partial}{\partial z}\left(\dfrac{Lw_s}{c_{pd}}\right)$를 적용하면 다음의 근사식을 얻는다.

$$\gamma_s - \gamma \approx \frac{T}{\theta_e}\left(\frac{\partial\theta_e}{\partial z}\right) \tag{10.23}$$

불포화공기에 대해 $\partial\theta/\partial z$를 대기의 정적안정도 판단에 적용한 것과 같이, 포화공기에 대해 $\partial\theta_e/\partial z$를 대기의 정적안정도 판단에 이용할 수 있다. 그 기준을 식 (10.23)의 왼쪽 항에서 고려하면 다음과 같이 주어진다.

$$\frac{\partial \theta_e}{\partial z} > 0 \quad : \text{안정}$$
$$\frac{\partial \theta_e}{\partial z} = 0 \quad : \text{중립} \qquad (10.24)$$
$$\frac{\partial \theta_e}{\partial z} < 0 \quad : \text{불안정}$$

식 (10.13), (10.22)와 (10.24)를 함께 고려하면, 대기의 절대안정, 조건부불안정, 절대불안정에 대한 조건을 $\partial\theta/\partial z$와 $\partial\theta_e/\partial z$를 이용하여 다음과 같이 나타낼 수 있다.

$$\text{절대불안정} \quad : \gamma > \gamma_d \qquad : \frac{\partial \theta}{\partial z} < 0$$
$$\text{조건부불안정} : \gamma_s < \gamma < \gamma_d \quad : \frac{\partial \theta}{\partial z} > 0, \quad \frac{\partial \theta_e}{\partial z} < 0 \qquad (10.25)$$
$$\text{절대안정} \quad : \gamma < \gamma_s \qquad : \frac{\partial \theta_e}{\partial z} > 0$$

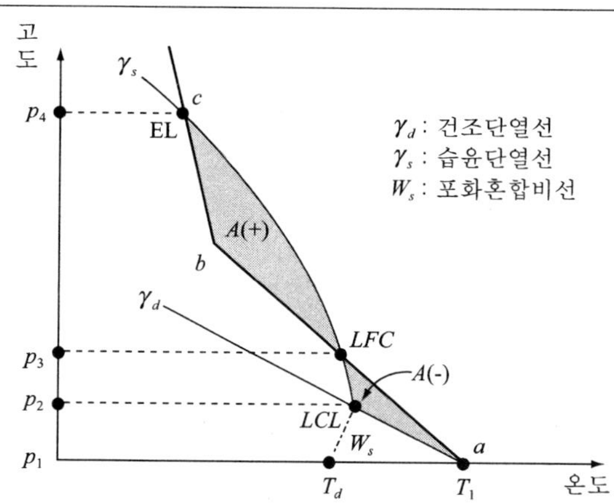

그림 10.6 조건부불안정

조건부불안정(conditional instability)상태에서 공기의 연직운동을 좀 더 자세히 분석하기 위하여 그림 10.6을 살펴보자. 그림 10.6에서 진한 실선(a−b−c)은 대기의 상태곡선을 나타낸다. 그림 10.6에서 압력이 p_1, 온도가 T_1인 불포화공기가 강제 상승하는 경우를 고려하자. 이 공기덩이는 건조단열선(γ_d)을 따라 p_1에서 치올림고도(LCL) p_2까지 이동한다. 그리고 p_2에서 포화된 공기덩이의 강제상승이 계속될 경우에는 그 온도는 습윤단열선(γ_s)을 따라 감소한다. 그리고 공기덩이는 마침내 공기덩이의 온도와 주위공기의 온도가 동일한 값을 가지는 자유대류고도(level of free convection: LFC)에 도달한다.

그림 10.6에서 공기덩이의 처음 위치(p_1)에서 자유 대류 고도(LFC)까지의 공기덩이의 온도는 주위 공기의 온도보다 낮다. 따라서 공기덩이를 LFC까지 강제 상승시키려면 외부 강제력(external forcing)에 의한 일을 해 주어야 한다. 외부 강제력에 의한 공기덩이의 강제 상승을 강제대류(forced convection)라고 한다. 공기덩이가 LFC에 도달한 후 공기덩이의 온도가 주위 공기의 온도보다 높아지면 양의 부력에 의해 공기덩이가 자발적으로 계속 상승하는데 이를 자유대류(free convection)라고 한다. 자유대류에 의해 계속해서 상승하는 공기덩이의 온도와 주위 온도가 같아지는 고도인 p_4에 도달하게 될 때, 이 고도를 평형고도(equilibrium level: EL)라고 하며, 최고로 발달한 대류운의 정상고도이다.

그림 10.6에서 면적 A(+)와 A(−)는 공기덩이의 운동과 관련된 에너지로서, A(+)를 대류가용에너지(convective available potential energy: CAPE), 그리고 A(−)를 대류억제에너지(convection inhibition energy: CINE)라고 한다. CAPE는 자유대류를 위해 공기덩이가 사용할 수 있는 에너지의 양이며, CINE는 조건부불안정 상태에서 공기덩이를 자유대류고도까지 치올리기 위해서 외부에서 공급해 주어야 할 에너지의 양이다.

10.3.2 대류가용에너지

포화공기덩이의 자유대류가 일어나는 대류응결고도(CCL)나 자유대류고도(LFC)에서 평형고도(EL)까지 공기덩이가 포화상태로 단열상승할 경우 부력에 의해 공기덩이에 주어지는 에너지를 대류가용에너지(convective available potential energy: CAPE)라고 한다. CAPE는 조건부 불안정의 경우 그림 10.6에서 양의 부력을 나타내는 부분이다.

대류가용에너지는 공기덩이의 부력 가속도에서 유도할 수 있다. 식 (10.5)에 의하면 수증기를 포함한 공기덩이의 연직방향의 가속도(a_z)는

$$a_z = \frac{dw}{dt} = \left(\frac{T_{vp} - T_{ve}}{T_{ve}}\right) g \tag{10.26}$$

와 같이 주어진다. 여기서 w와 관계된 가속도 항을

$$\frac{dw}{dt} = \frac{dw}{dz}\left(\frac{dz}{dt}\right) = w\frac{dw}{dz} \tag{10.27}$$

같이 나타낼 수 있다. 식 (10.27)을 (10.26)에 적용한 후 적분하면

$$\int w dw = \int \left(\frac{T_{vp} - T_{ve}}{T_{ve}} \right) g\, dz \tag{10.28}$$

을 얻는다. $dp = -\rho g\, dz$와 $p = \rho R_d T_{ve}$를 식 (10.28)의 우변에 적용하고, 자유대류고도에서 평형고도까지 적분을 취하면

$$\frac{1}{2} w_e^2 - \frac{1}{2} w_f^2 = -R_d \int_{P_f}^{P_e} (T_{vp} - T_{ve})\, d(\ln p) \tag{10.29}$$

와 같다. 여기서 w_f와 p_f는 각각 자유대류고도에서 공기덩이의 상승속도와 기압을 나타내며, w_e와 p_e는 평형고도에서 상승속도와 압력을 표시한다.

식 (10.29)에서 왼쪽 항은 양의 부력에 의한 연직방향의 운동에 따른 공기덩이의 운동에너지의 변화를 나타내며, 오른쪽 항은 공기덩이의 운동에너지의 변화를 일으키기 위해 한 일이다. 자유 대류고도에서의 상승속도를 $w_f = 0$으로 두고 평형고도에서 상승속도를 w로 표시하면 식 (10.29)는

$$\frac{1}{2} w^2 = R_d \int_{P_e}^{P_f} (T_{vp} - T_{ve})\, d(\ln p) \tag{10.30}$$

으로 주어진다. 여기서 식의 우변을 대류가용에너지(CAPE)라고 한다. 평형고도에서 상승속도가 최대이므로 다음과 같이 나타낼 수 있다.

$$w_{\max} = (2\text{CAPE})^{\frac{1}{2}} \tag{10.31}$$

대류가용에너지는 뇌우의 발생가능성을 분석하는 데 이용된다. 단위질량의 공기덩이의 대류가용에너지가 1000 $m^2 s^{-2}$ 미만일 때는 강한 대류가 일어날 가능성이 적다. 그러나 대류가용에너지가 2500 $m^2 s^{-2}$일 때는 격렬 폭풍(severe storm)이 발생할 확률이 높다. 최근 Barth 등(2015)의 연구는 미국 Oklahoma−Texas 지역에서는 뇌우가 높은 CAPE와 바람의 강한 연직시어에서 발달하는 반면에, Alabama 지역에서는 뇌우가 낮은 CAPE와 바람의 약한 연직시어를 가진 경우에 발생함을 보여준다. 그리고 Colorado 지역의 뇌우 발달 조건은 앞에 두 극단적인 조건의 중간에서 속한다. 이로 보아 높은 CAPE와 바람의 강한 연직시어가 뇌우 발생의 필요, 충분조건은 아님을 알 수 있다. 상층에서 뇌우를 유도하는 경우(예: 대류권계면 접힘)에는 지상에서 대류불안정도와 바람의 연직 시어가 뇌우 발달과 직접적인 관계가 적다.

표 10.1 CAPE에 의한 대류불안정도 판단

약한 불안정	보통 대류불안정	강한 대류불안정	매우 강한 대류불안정
CAPE < 1000	1000 ≤ CAPE < 2500	2500 ≤ CAPE < 4000	CAPE ≥ 4000

CAPE의 계산

대기가 불안정 또는 조건부불안정 상태에 있을 때 대류가용에너지(CAPE)는 식 (10.30)에 의하면

$$\mathrm{CAPE} = R_d \int_{P_f}^{P_e} (T_{vp} - T_{ve})\, d\ln p \tag{1}$$

으로 나타낼 수 있다. 그러나 식 (1)에서 T_{vp}(포화단열과정에 의한 온도)와 T_{ve}는 고도 또는 압력에 따라 변한다. 따라서 CAPE를 구하기 위해서는 수치적분 방법으로 식 (1)에 사다리 법칙(trapezoid rule)을 적용하면

$$\mathrm{CAPE} = R_d \sum_{k=1}^{N-1} \frac{1}{2} [T_{vp}(k+1) - T_{ve}(k+1)] + [T_{vp}(k) - T_{ve}(k)] \times \frac{[P(k+1) - P(k)]}{0.5[P(k+1) + P(k)]} \tag{2}$$

으로 주어진다. 식 (2)에서 지수 $k=1, N$은 각각 자유대류고도와 평형고도를 표시하며, $(N-1)$은 두 고도 사이의 세분된 기층의 수를 나타낸다.

10.4 에너지의 유형과 전환

10.4.1 대기의 정적에너지

대기의 정적에너지(static energy)는 단위질량의 공기에 대한 엔탈피와 위치 에너지의 합으로 정의하며, 건조 정적에너지, 습윤 정적에너지 그리고 포화 정적에너지로 구분한다. 대기의 정적에너지의 연직분포는 대기의 열역학적 상태를 나타내므로 대기의 안정도 분석에 이용된다. 먼저 위단열감률에 관한 다음 식을 고려한다.

$$\gamma_s = -\frac{dT}{dz} = \frac{g}{c_{pd}} + \frac{L_{wv}\, dw_s}{c_{pd}\, dz} \tag{7.19}$$

여기서 우변의 등식의 양변에 $c_{pd}\, dz$를 곱하고 정리하면 다음 식을 얻는다.

$$d(c_{pd} T + L_{wv}\, w_s + gz) = 0 \tag{10.32}$$

식 (10.32)에서 괄호속의 식을 하나의 물리량으로 고려할 수 있으며, 이를 포화습윤 정적에너지(saturation moist static energy), E_{ms} 으로 정의한다.

$$E_{ms} = c_{pd}T + L_{wv}w_s + gz \tag{10.33}$$

불포화 공기의 경우에는 식 (10.33)은 다음과 같이 주어진다.

$$E_m = c_{pd}T + L_{wv}w + gz \tag{10.34}$$

여기서 E_m을 습윤 정적에너지(moist static energy)라고 하며, 그림 10.7에서 보는 바와 같이 에너지 연직 분포에서 통상적으로 $E_m < E_{ms}$이다. E_m은 습윤 비엔탈피와 지오퍼텐셜(또는 위치에너지)의 합이다. 한편 식 (10.33)에서 수증기가 포함되지 않은 경우에 건조 정적에너지(dry static energy), E_d는 다음과 같이 정의한다.

$$E_d = c_{pd}T + gz \tag{10.35}$$

건조 정적에너지는 건조 단열과정에서 보존되는 양이다.

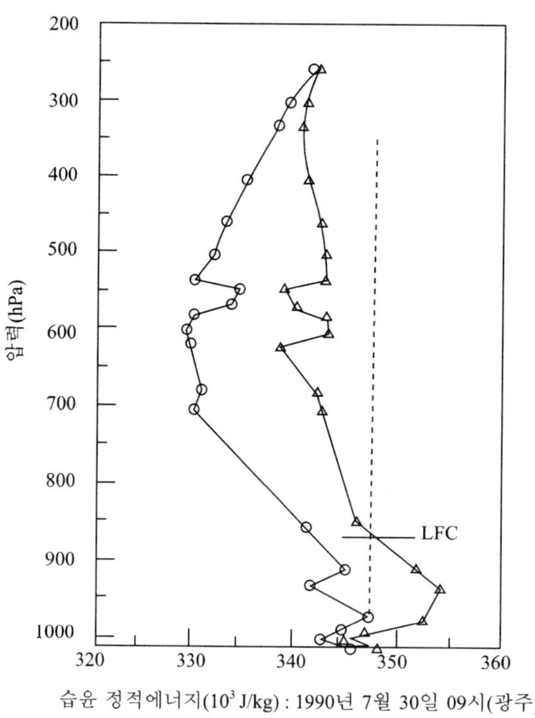

그림 10.7 습윤 정적에너지(○)와 포화 습윤 정적에너지(△)의 연직분포

그림 10.7은 뇌우 발생 전의 습윤 정적에너지와 포화 정적에너지의 연직 분포를 나타낸 것이다. 습윤 정적에너지의 양은 지상에서 3.47×10^5 J/kg이지만 대략 972 hPa 고도에서는 이보다 더 큰 값을 가진 습윤 정적에너지의 최댓값이 나타난다. 그림에서 고려해야 할 사항은 첫째로 통상적으로 구름이 없는 경우 고도 증가에 따라 수증기의 혼합비는 감소한다. 두 번째는 고도증가에 따라 gz는 선형으로 증가한다. 이러한 조건에서 고도증가에 따라 습윤 정적에너지가 감소하는 것은 지표부근의 공기가 습하고 온도가 상대적으로 높은데 비하여, 위로 갈수록 습도와 온도가 낮아진다는 것을 의미한다. 고도 증가에 따른 습윤 정적에너지의 급격한 감소는 대류의 가능성을 의미한다. 따라서 수증기를 포함한 온도가 높은 지표부근의 공기가 상승할 수 있다. 그러므로 972 hPa에 위치한 공기덩이가 상승하여 자유 대류고도(LFC)인 870 hPa까지 도달하게 된다. 이 고도에서 공기덩이의 습윤 정적에너지가 포화 정적에너지와 같게 되고, 그 이상의 고도에서는 습윤 정적에너지가 포화 정적에너지를 능가하여 자유대류(free convection)가 일어나게 된다.

10.4.2 총 위치에너지

지표에서 대기 정상까지 이르는 단위면적의 공기기둥이 가지고 있는 내부에너지와 위치에너지의 합을 총 위치에너지(total potential energy)라고 한다. 그림 10.8과 같이 수평의 단위 면적을 가지며 두께가 δz인 얇은 기층을 고려한다. 지표에서 기층의 중심까지 높이가 z인 경우 이 기층이 포함하고 있는 공기 질량($dm = \rho dz$)에 대한 총 위치에너지(E_p)는 내부에너지와 위치에너지의 합으로 다음과 같이 주어진다.

$$E_p = \int_0^m c_v T\, dm + \int_0^\infty \rho g z\, dz \tag{10.36}$$

식 (10.36)에서 c_v는 공기의 정적비열이고 T는 온도이다. 대기가 정역학적 평형을 가정하고, $dp = -\rho g\, dz$를 식 (10.36)에 적용하면 다음 식을 얻는다.

$$E_p = \frac{c_v}{g}\int_0^{p_0} T(p)dp + \int_0^{p_0} z\, dp \tag{10.37}$$

한편 식 (10.37)에서 오른쪽 위치에너지의 항을 부분적분을 하면 같이 표현할 수 있다.

$$\int_0^{p_0} z\, dp = \int_0^\infty p\, dz \tag{10.38}$$

그리고 식 (10.38)에 상태방정식과 정역학 방정식을 적용하면 다음과 같이 주어진다.

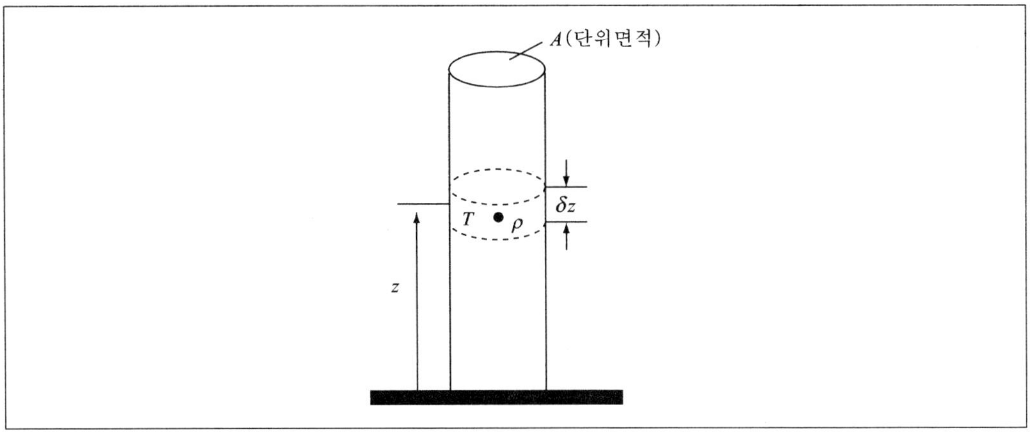

그림 10.8 단위면적의 기층의 총 위치에너지

$$\int_0^{\infty} pdz = \int_{p_0}^{0} (\rho RT)\left(-\frac{dp}{\rho g}\right) = \frac{R}{g}\int_0^{p_0} T(p)dp \tag{10.39}$$

식 (10.39)를 (10.37)에 대입하면 총 위치에너지는 온도와 압력으로 나타낼 수 있다.

$$E_p = \frac{c_v}{g}\int_0^{p_0} T(p)dp + \frac{R}{g}\int_0^{p_0} T(p)dp \tag{10.40}$$

식 (10.40)에서 $c_p = c_v + R$의 관계를 이용하면 총 위치에너지는 다음과 같이 주어진다.

$$E_p = \frac{1}{g}\int_0^{p_0} c_p T dp = \frac{1}{g}\int_0^{p_0} h\, dp \tag{10.41}$$

여기서 $h = c_p T$로서 비엔탈피를 나타낸다. 식 (10.41)에 대기 중에서 음파의 전파 속도 $\alpha_s = \sqrt{\kappa RT}$와 $\kappa = c_{pd}/c_{vd} \simeq 1.41$을 도입하면 총 위치에너지는 다음 식으로 주어진다.

$$E_p = \frac{1}{g(\kappa-1)}\int_0^{p_0} \alpha_s^2(p)\, dp \tag{10.42}$$

한편 바람 속도가 $\overrightarrow{V}(z)$인 운동에너지를 $z=0$에서 $z=\infty$까지 고려하여 이를 대기의 총 운동에너지(K)로 나타내면 다음과 같다.

$$K = \frac{1}{2}\int_0^{\infty} \rho V^2 dz = \frac{1}{2g}\int_0^{P_0} V^2 dp \tag{10.43}$$

여기서 식 (10.42)과 (10.43)의 크기를 비교하기 위해 두 식의 평균치를 도입한다.

$$E_p = \frac{2.5}{g} p_0 < \alpha_s^2 >, \qquad K = \frac{p_0}{2g} < V^2 > \tag{10.44}$$

여기서 $< \alpha_s^2 >$과 $< V^2 >$은 압력의 범위(0, p_0)에 해당하는 각각의 평균치를 의미한다. 대기 중에서 $|\vec{V}|/\alpha_s \sim 1/20$이므로 전체 위치에너지에 대한 운동에너지의 비는

$$\frac{K}{E_p} = \frac{1}{5}\frac{< V^2 >}{< \alpha_s^2 >} \sim 0.5 \times 10^{-3} \tag{10.45}$$

와 같다. 즉, 총 위치에너지의 약 0.05%만이 운동에너지로 변환되고 있음을 보여준다.

예제 02

대기층의 바람의 연직분포가 1000 hPa~500 hPa은 20 m/s, 그리고 500 hPa~200 hPa은 50 m/s, 그리고 나머지 층에서는 20 m/s일 때 공기기둥의 총 운동에너지는 얼마인가?

➲ 풀이

면적이 1 m²인 각 층의 공기기둥에 대한 운동에너지(KE)를 식 (10.44)를 이용하여 계산

$$KE = \frac{1}{2g} V^2 (p_1 - p_2) \ (\mathrm{J/m^2}) \tag{1}$$

식 (1)에서 압력 p_1과 p_2 사이의 기층의 공기밀도는 일정하다고 가정하고, 식 (1)을 이용하면 총 운동에너지(TKE)는 다음과 같다.

$$\begin{aligned} TKE &= \frac{1}{2 \times 10}[20^2(10^5 - 5 \times 10^4) + 50^2(5 \times 10^4 - 2 \times 10^4) + 20^2(2 \times 10^4 - 0)] \\ &= 6.15 \times 10^6 \ \mathrm{J/m^2} \end{aligned}$$

10.4.3 가용 위치에너지

공기가 가열 또는 수렴에 의해 상승할 경우 위치에너지가 증가하지만 그 중에서 일부만이 운동에너지로 전환된다. 총 위치에너지 중 운동에너지로 전환이 가능한 위치에너지를 가용 위치에너지(available potential energy: APE)라고 하며 Lorenz(1955)에 의해 처음으로 도입되었으며

$$APE = E_p - E_p^* \tag{10.46}$$

와 같이 정의한다. 여기서 비가용 위치에너지(unavailable potential energy) E_p^*는 계의 총

위치에너지 중 운동에너지로 전환될 수 없는 부분이다. 계가 가장 안정한 상태는 $APE = 0$인 경우로서, 대기가 안정$\left(\frac{\partial\theta}{\partial z} > 0\right)$하며, 수평방향으로 $\frac{\partial\theta}{\partial x} = \frac{\partial\theta}{\partial y} = 0$이다. 따라서 APE는 단열적으로 계의 온위 분포가 수평을 유지할 수 있도록 온도장을 재배열 또는 과정에서 방출되는 총 위치에너지의 한 부분이라고 할 수 있다.

그림 11.9는 북반구에서 온위의 연직분포의 모식도이다. 대류권에서 $\frac{\partial\theta}{\partial y} < 0$이고 저위도 가열된 공기덩이는 등온위면을 따라 단열상승하면서 고위도로 열을 운반한다. 이와 같은 열의 재분배는 남북간의 기온차를 감소시키는 데 기여한다.

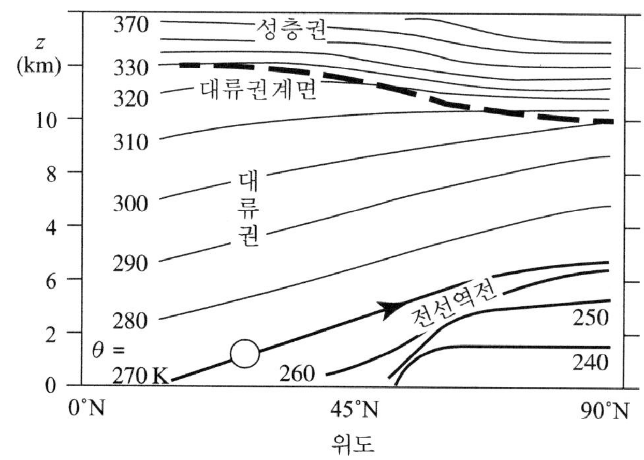

그림 10.9 온위의 연직분포의 모식도(Stull, 2015)

***가용 위치에너지의 기본 개념**

가용 위치에너지(APE)는 한 계(系)가 가지고 있는 총 위치에너지 중에서 운동에너지로 전환될 수 있는 부분으로 정의한다. 그러나 여기서는 그 개념을 쉽게 이해할 수 있도록 가용 위치에너지(APE)를 다음과 같이 위치에너지만으로 정의한다.

$$APE = U - U_{\min} \quad (1)$$

여기서 U는 계의 위치에너지이고 $U_{\min}$은 계의 위치에너지 중 운동에너지로 전환될 수 없는 비가용 위치에너지를 나타낸다. 그림 1과 같이 밀도가 각각 ρ_1, ρ_2이고 온도가 일정한 두 종류의 비압축성 유체가 중앙의 칸막이에 의해 분리되어 있는 경우를 고려하자. 칸막이를 제거하기 전의 계의 질량중심은 밀도가 큰 쪽에 위치하고 있다. 칸막이를 제거하면 밀도가 큰 유체는 아래로, 밀도가 작은 유체는 위로 이동하면서 운동이 일어난다. 그리고 결국에는 그림 1(c)와 같이 밀도가 큰 유체 위에 밀도가 작은 유체가 있게 되고, 운동은 마찰에 의해 멈춘다.

유체의 위치 변화에 따른 가용 위치에너지를 계산하기 위해 $\rho_1 = \rho_2/2$라고 가정하고 그림 1(a)와 (c)의 각 경우에 계의 위치에너지를 구해보자. 그림 1(a)에서 각 칸의 체적을 단위체적으로 고려하고 이에 대한 질량중심(CM)의 높이를 z_1이라고 하면 계의 위치에너지는

$$U = \rho_1 g\, z_1 + \rho_2 g\, z_1 = 3\rho_1 g\, z_1 \tag{2}$$

으로 주어진다. 한편 그림 1(c)의 경우 계의 최소 위치에너지는

$$U_{\min} = \rho_1 g \left(\frac{3}{2} z_1\right) + \rho_2 g \left(\frac{z_1}{2}\right) = \frac{5}{2}\rho_1 g\, z_1 \tag{3}$$

으로 나타낼 수 있다. 따라서 두 유체의 위치 변화에 기인한 가용 위치에너지는

$$APE = 3\rho_1 g\, z_1 - \frac{5}{2}\rho_1 g\, z_1 = \frac{1}{2}\rho_1 g\, z_1 \tag{4}$$

으로 주어진다. 그림 1(a)와 (c)에서 CM의 위치를 비교하면 칸막이를 제거한 후의 질량중심이 칸막이를 제거하기 전보다 더 낮은 위치에 있음을 보여주며 이는 계의 위치에너지가 감소했음을 나타낸다. 여기서 감소한 위치에너지가 칸막이를 제거했을 때 운동에너지로 바뀌었으며 결국에는 열로 바뀌어 계의 온도를 증가시킨다.

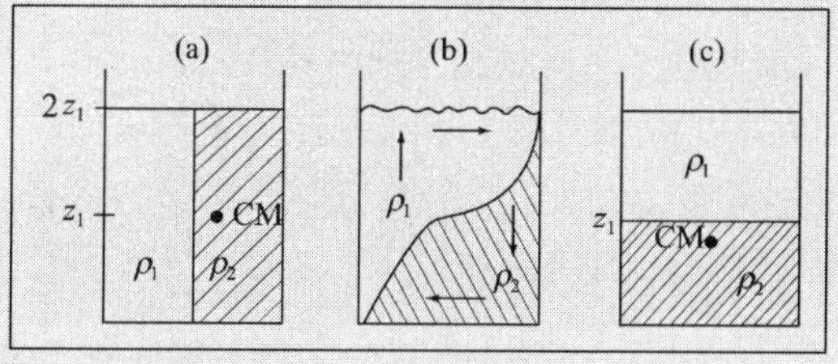

그림 1

연 습 문 제

10.1 $2 \times 10^6\ \mathrm{Jm}^{-2}$의 열에너지가 단위면적의 공기기둥에 주어졌다. 공기기둥의 길이는 지표에서 대기의 정상까지이다. 공기기둥의 평균온도 증가, 내부에너지 증가 그리고 퍼텐셜 에너지의 증가는 각각 얼마인가?

10.2 상당온위에 관한 근사식 식 (10.23)을 유도하시오.

10.3 온도는 같지만 밀도가 큰 유체가 밀도가 작은 유체 위에 그림 (a)와 같이 대류불안정 상태에 있다. 두 유체 간에 혼합 없이 연직으로 교환되어 그림 (b)와 같이 성층을 이루었을 때 위치에너지에 대한 가용 위치에너지(APE)의 비를 구하시오. 단, ρ_1은 ρ_2보다 10% 크다.

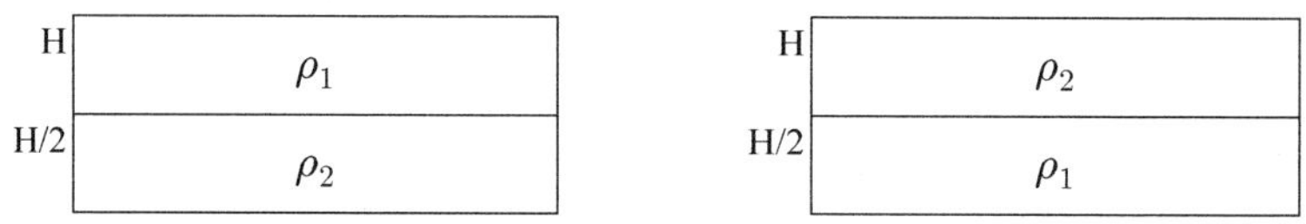

(a) (b)

10.4 (1) 온위와 엔트로피 변화의 관계는 $ds = c_{pd}\, d\ln\theta + \mathrm{const.}$ 으로 주어진다. 이 식을 이용하여 고도 증가에 엔트로피가 감소할 경우 대기가 불안정함을 보이시오.

(2) 라디오존데 관측 자료를 이용하여 성층권이 대류권보다 더 안정한지 알아보시오.

10.5 고기압 지역에서 고도 500 hPa(−14℃)과 600 hPa(−14℃) 사이에 있는 불포화 등온층의 하부는 800 hPa 고도, 상부는 700 hPa 고도로 침강하였다. 침강 후에 기층의 온도변화율은 얼마인가? 침강 후 역전층이 형성되었다면 그 이유는 무엇인가?

10.6 두 고도 p_1과 p_2 사이의 기층에 대한 운동에너지(KE)가 $KE = v^2(p_1 - p_2)/2g$로 주어짐을 보이시오.

10.7 습윤 정적 에너지와 포화 정적 에너지의 연직분포를 이용하여 자유대류고도를 정할 수 있는 이유를 설명하시오.

Chapter 11

열역학 다이어그램

이 장에서는 대기열역학 다이어그램의 종류와 특징과 구조에 대해서 기술된다. 특히 Skew $T-\log p$ 다이어그램을 이용한 기상요소의 분석, 안정도지수의 분석방법 등에 대하여 자세히 논의된다.

11.1 열역학선도의 기본 조건

대기 중에서 일어나는 여러 가지 열역학적 과정을 이와 관련된 방정식을 이용하여 계산하면 대기의 상태변화 또는 공기덩이의 상태변화를 알 수 있다. 그러나 대기의 열역학 과정을 가시적으로 나타내면 그 과정에 따른 여러 가지 현상을 좀 더 쉽게 이해할 수 있다. 열역학선도(thermodynamic diagram)는 대기의 여러 가지 열역학 과정을 쉽게 이해할 수 있도록 구성된 것으로, 실제 일기예보와 위험기상 분석에 많이 이용된다.

대기 관측 시 고도변화에 따른 기압과 기온은 통상적으로 함께 관측되므로 온도와 압력이 열역학선도를 구성하는 두개의 기본 좌표로 많이 이용된다. 열역학선도(또는 단열선도)는 그림 11.1과 같이 보통 등압선, 등온선, 포화혼합비, 건조단열선, 습윤단열선 그리고 보조선을 포함한다. 그리고 그림에서 T의 화살표는 온도가 증가하는 방향을 표시한다.

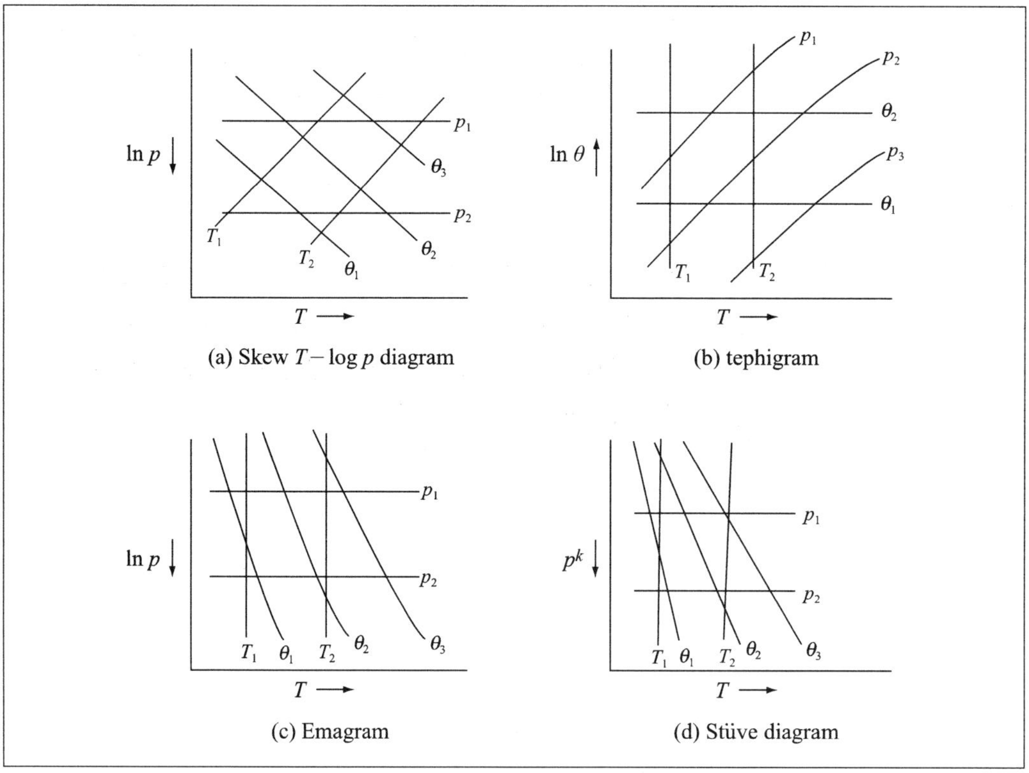

그림 11.1 열역학선도에서 등압선(p), 등온선(T), 단열선(θ)의 구성

열역학선도는 열역학과정을 가능한 한 쉽게 추적하면서 효과적으로 열역학적 변수들의 값을 결정할 수 있어야 한다. 따라서 열역학선도는 다음 세 가지 조건을 만족하는 것이 바람직하다.

(1) 중요한 등치선(isopleth)은 물리적인 해석을 쉽게 할 수 있도록 가능한 직선이어야 한다.

(2) 단열선(adiabat)과 등온선(isotherm)이 만나서 이루는 각은 쉽게 구분할 수 있도록 가능한 한 커야 한다.

(3) 모든 순환과정(cyclic process)에서 한 일은 그 과정을 나타내는 폐곡선 안의 면적에 비례하여야 한다. 이와 같은 조건을 대략 만족하면서 대기 분석에 이용되는 열역학 다이어그램으로는 에마그램(Emagram), 스튜버 다이어그램(Stüve diagram), 테피그램(Tephigram), 스큐티-로그피 다이어그램(Skew $T-\log\, p$ diagram)이 있다. 그림 11.1은 이들 단열도의 개략적인 구조이며, 등압선, 등온선, 건조단열선이 서로 어떻게 배치되어 있는지를 보여준다.

11.2 등면적 변환

기체분자로 구성된 계가 주위에 한 일의 양은 일반적으로 압력 p와 비체적 α의 곱으로 주어진다. 그러나 열역학선도에서는 일반적으로 가로축과 세로축을 편의상 p와 α가 아닌 다른 변수로 나타낼 수 있다. 이 경우 계가 순환과정에서 한 일(dw)의 양과 단열도상의 폐곡선에 의한 면적(dA) 사이에는 다음 관계가 성립한다.

$$dw = C\,dA \tag{11.1}$$

여기서 dw는 $p-\alpha$ 평면상에서 일을 나타내고, C는 면적 변환에 관계된 상수이다. 그림 11.2에서 dA와 dA'의 관계는 식 (11.1)로 나타낼 수 있다.

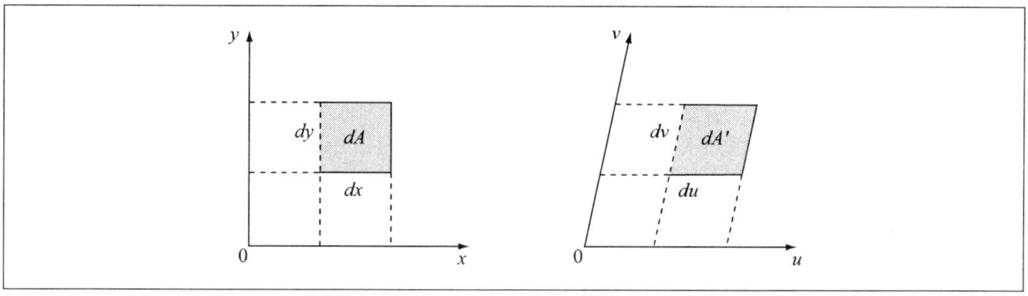

그림 11.2 등면적 변환

그림 11.2와 같이 변수(x, y)로 표현되는 2차원 평면에서 면적벡터를 $\overrightarrow{dA}$, 그리고 변수 (u, v)로 표현되는 2차원 평면에서 면적벡터 $\overrightarrow{dA'}$은

$$\overrightarrow{dA} = \overrightarrow{dx} \times \overrightarrow{dy} \tag{11.2}$$

$$\overrightarrow{dA'} = \overrightarrow{du} \times \overrightarrow{dv} \tag{11.3}$$

으로 나타낼 수 있다. 식 (11.2)와 (11.3)에서 면적벡터의 방향은 면에 수직이면서 외향(outward)이다. 여기서 두 벡터의 방향은 동일하므로 $\overrightarrow{dA}$와 $\overrightarrow{dA'}$ 사이에 등면적 변환을 고려하면

$$|\overrightarrow{dA}| = C|\overrightarrow{dA'}| \tag{11.4}$$

으로 주어진다.

한편 식 (11.4)가 성립할 경우 $x = x(u, v)$, $y = y(u, v)$로 나타낼 수 있다. 각 평면에서 변위벡터는 다음과 같이 나타낼 수 있다.

$$\overrightarrow{dx} = \frac{\partial x}{\partial u}\overrightarrow{du} + \frac{\partial x}{\partial v}\overrightarrow{dv} \tag{11.5}$$

$$\overrightarrow{dy} = \frac{\partial y}{\partial u}\overrightarrow{du} + \frac{\partial y}{\partial v}\overrightarrow{dv} \tag{11.6}$$

따라서 (x, y) 평면상에서 면적벡터 $\overrightarrow{dA}$는

$$\overrightarrow{dx} \times \overrightarrow{dy} = \left(\frac{\partial x}{\partial u}\overrightarrow{du} + \frac{\partial x}{\partial v}\overrightarrow{dv}\right) \times \left(\frac{\partial y}{\partial u}\overrightarrow{du} + \frac{\partial y}{\partial v}\overrightarrow{dv}\right) \tag{11.7}$$

으로 주어진다. 식 (11.7)을 정리하면

$$\overrightarrow{dA} = \left(\frac{\partial x}{\partial u}\frac{\partial y}{\partial v} - \frac{\partial x}{\partial v}\frac{\partial y}{\partial u}\right)(\overrightarrow{du} \times \overrightarrow{dv}) \tag{11.8}$$

또는

$$\overrightarrow{dA} = J\overrightarrow{dA'} \tag{11.9}$$

와 같이 나타낼 수 있다. 여기서 J는 변환의 제이코비언(Jacobian)으로 다음과 같이

$$J = \begin{vmatrix} \frac{\partial x}{\partial u} & \frac{\partial x}{\partial v} \\ \frac{\partial y}{\partial u} & \frac{\partial y}{\partial v} \end{vmatrix} = J\left(\frac{x, y}{u, v}\right) \tag{11.10}$$

함수 행렬식(determinant)으로 나타낼 수 있다. 식 (11.10)에서 $J = 1$인 경우에는 서로 다른 두 좌표계에서 폐곡선에 의한 두 개의 면적이 서로 동일하다. 그리고 J가 일정한 상수인 경우는 $|\overrightarrow{dA}|$와 $|\overrightarrow{dA'}|$ 사이에 일정하게 수축 또는 팽창에 의한 비례관계가 성립한다.

11.3 열역학 다이어그램

열역학선도에는 여러 가지가 있으나 여기서는 현재 가장 흔히 쓰이는 Skew $T-\log p$ 다이어그램에 대해서 기술한다.

11.3.1 스큐티 – 로그피 다이어그램

열역학선도에서 p축과 T축은 보통 서로 직각을 유지하고 있으나 Skew $T-\log p$ 다이어그램(그림 11.3)에서, p축과 T축은 45°의 각을 유지하고 있다. 그 이유는 등온선이 단열선과 이루는 각을 크게 하기 위한 것으로, 이로 인해서 대기의 안정도 분석이 용이하다. 그리고 기압은 고도에 따라 거의 지수함수적으로 감소하기 때문에 $-\ln p$는 고도에 대략 비례한다.

열역학적인 순환과정에서 계에 행해진 일의 양은 Skew $T-\log p$ 다이어그램에서 폐곡선 안의 면적에 해당되며, 열역학 제1법칙을 이용하면 다음과 같이 나타낼 수 있다. 단위질량의 기체가 주위로부터 받은 일의 양은

$$dw = p\,d\alpha \tag{11.11}$$

으로 주어진다. 한편, 건조공기에 대한 상태방정식 $p\,\alpha = R_d T$를 미분하면 다음을 얻는다.

$$p\,d\alpha + \alpha\,dp = R_d\,dT \tag{11.12}$$

여기서 식 (11.12)를 (11.11)에 적용하면

$$dw = p\,d\alpha = R_d\,dT - \alpha\,dp \tag{11.13}$$

을 얻는다. 순환과정에서 계에 주어진 일을 계산하기 위하여 식 (11.13)을 적분하면

$$w = \oint dw = \oint R_d\,dT - \oint \alpha dp \tag{11.14}$$

와 같다. 식 (11.14)에서 온도에 대한 적분은 영이 되지만 변수 p의 순환과정에 대한 적분은 그 값이 영이 되지 않는다. 여기서 식 (11.14)에 건조공기의 상태방정식을 이용하면

$$w = R_d \oint T(-\,d\ln p) \tag{11.15}$$

으로 나타낼 수 있다.

식 (11.15)는 T와 $-\ln p$를 좌표축으로 하는 2차원 평면에서 폐곡선 내의 면적은 열역학적 순환과정에서의 일을 나타냄을 보여준다. 따라서 두 변수(T, $-\ln p$)를 좌표축으로 이용한 Skew $T-\log p$ 다이어그램은 열역학선도의 기본조건을 만족한다.

11.4 열역학 다이어그램의 구성

열역학 다이어그램은 일반적으로 5개의 등치선(isopleth)을 포함하고 있다. 여기서는 그림 11.3에 주어진 Skew $T-\log p$ 다이어그램을 이용하여 각 등치선의 의미와 특징을 설명한다.

(1) 등압선

가로축에 나란하게 그려진 직선이 등압선(isobar)이며, 보통 1050 hPa부터 100 hPa까지 그려져 있다. 고도가 증가할수록 두 층의 기압차가 100 hPa에 해당하는 기층의 두께는 증가하는데 이는 고도의 증가에 따라 공기밀도가 감소되기 때문이다.

(2) 등온선

그림 11.3에서 보는 바와 같이 등온선(isotherm)은 진한 실선으로 왼쪽 아래 부분에서

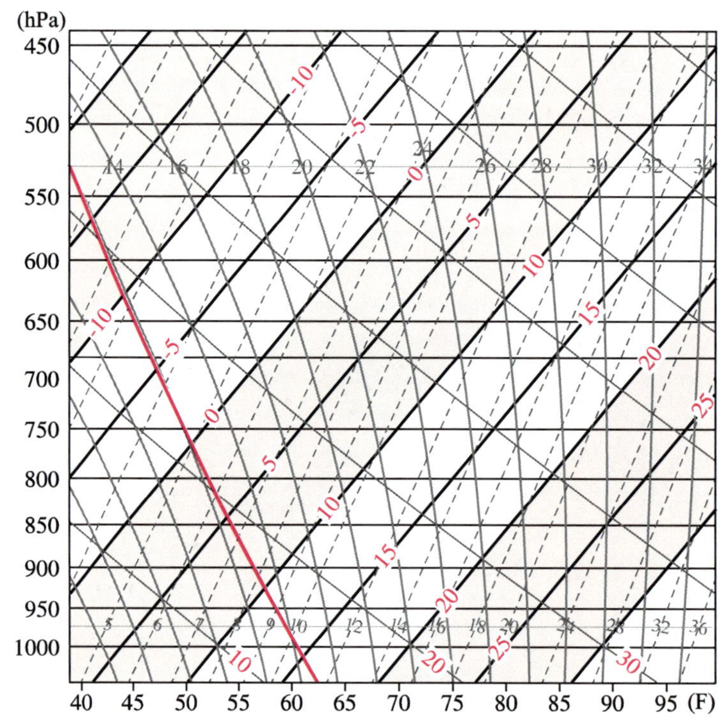

그림 11.3 Skew T-log p 다이어그램(5개의 등치선)의 모식도

오른쪽 위로 약 45°의 경사를 가진다. 등온선 간의 간격은 일정하고 그 단위는 보통 섭씨로 표시되어 있다. 그림의 맨 아래에 있는 검정색의 숫자는 화씨온도를 나타낸다.

(3) 건조단열선

건조단열선(dry adiabat)은 온위(θ)가 일정한 값을 갖는 등치선으로 불포화공기가 단열적으로 상승, 하강할 때의 온도변화를 나타낸다. 그림 11.3에서 등온선과 거의 90°를 유지하고 있으며 왼쪽 위 부분에서 오른쪽 아래 부분으로 기울어져 있는 가는 갈색선이다. 온위 방정식에서 주어진 θ값에 대해서 기압변화에 따른 온도변화를 나타내며,

$$T = \theta \left(\frac{p}{1000} \right)^{R_d / C_{pd}} \tag{11.16}$$

에 의하여 구해진 곡선들이다.

실제로 주어진 (T, p)에 대하여 θ를 계산해 보면 T와 θ의 값이 차이가 크게 나지 않는다. 그러나 $T-\log p$ 다이어그램에서는 단열선(θ)과 등온선(T)이 만나는 각을 약 90°로 하여 단열선과 등온선을 뚜렷하게 구분할 수 있다.

(4) 포화단열선

포화단열선(saturation adiabat)은 포화상태의 공기덩이가 위단열과정(pseudo-adiabatic process)에 의해 상승할 때의 온도 변화를 나타내며, 습윤단열선(moist adiabat)이라고도 하고, 그림 11.3에서 가장 큰 곡률을 가진 실선이다.

포화 단열선은 그림 11.3에서 보는 바와 같이 고도가 증가함에 따라 건조단열선과 거의 나란해진다. 그 이유는 7.3.2절 위단열과정에서 설명한 바와 같이 포화된 공기덩이가 계속 상승하면서 응결에 의해 수증기량이 계속 감소하여 남아있는 수증기의 응결에 의한 잠열방출이 공기덩이를 가열하는데 크게 기여하지 못하기 때문이다.

(5) 포화혼합비선

포화혼합비(w_s)는 식 (6.7)에서 $w = w_s$인 경우에 압력과 온도가 주어질 경우

$$w_s = \frac{\epsilon e_s(T)}{p - e_s(T)} \tag{11.17}$$

를 이용하여 구할 수 있다. 주어진 w_s 값에 대하여 식 (11.17)은 $p-T$ 곡선을 형성하므로 이를 Skew $T-\log\ p$ 다이어그램에 표시할 수 있다. 포화혼합비선(saturation mixing ratio line)은 Skew $T-\log\ p$ 다이어그램에서 기압 축에 대해서 오른쪽으로 대략 40° 정도 기울어진 점선으로 그 단위는 [g/kg]이다.

[참고] 대기탐측

대기탐측(atmospheric sounding)은 기구(balloon), 위성, 항공기 등을 이용하여 각 고도에 대해 기압, 온도, 습도 등을 관측하는 것을 말한다. 지상에서 헬륨(helium)이나 수소를 채운 기구에 탑재하는 관측기기 세트를 라디오존데(radiosonde)라고 하며, 이를 이용하면, 고도 약 30 km까지 대기탐측이 가능하다. 라디오존데 관측 시 수소를 이용할 경우는 수소의 가연성 때문에 주의가 필요하다. 현재 세계적으로 약 800개의 관측소가 있으며, 세계기상기구(WMO)의 규정에 의해 하루에 2회(0000UTC, 1200UTC) 정시 관측을 하고 있다. 대기탐측 자료에는 일반적으로 풍향, 풍속이 포함되는데 이는 기구를 레이더로 추적하기 때문이다. 레이더로 추적하는 라디오존데를 로윈 존데(rawinsonde)라고 한다. 관측지점에 대한 라디오존데 데이터는 http://weather.uwyo.edu/upperair 에서 받을 수 있다.

11.5 기상요소 분석

열역학 다이어그램에 대기의 상태곡선, 즉 고도에 따른 기온곡선과 이슬점온도 곡선이 그려지면, 이를 이용하여 각종 온도, 습도, 그리고 응결고도를 구할 수 있다.

11.5.1 각종 온도 분석

(1) 포화 수증기압

단열도를 이용하여 주어진 온도에 대한 포화 수증기압을 구하기 위해 식 (6.8)을 다음과 같이 나타낸다.

$$w_s(\mathrm{g/kg}) \simeq \frac{622}{p} e_s(\mathrm{T}) \tag{11.18}$$

식 (11.18)에서 $p = 622\,\mathrm{hPa}$이고, e_s의 단위가 hPa이면 식 (11.18)은 다음과 같이 주어진다.

$$e_s(\mathrm{hPa}) \simeq w_s\,(\mathrm{g/kg}) \tag{11.19}$$

식 (11.19)를 이용하여 단열도에서 주어진 온도에 대한 포화수증기압을 다음과 같이 구할 수 있다.

그림 11.4에서 압력 p_i, 온도가 T_i인 공기의 포화혼합비를 구해보자. 등온선(T_i)을 따라 $p = 622$ hPa까지 공기덩이를 이동시킨다. 그리고 $p = 622$ hPa인 등압선과 만나는 포화 혼비선(점선)의 값 w_4을 읽으면 그 값이 p_i에 있는 공기덩이의 포화 수증기(e_s)이다. 동일한 방법으로 주어진 노점온도($T_{di} < T_i$)에서 불포화 공기의 수증기압($e = w_1$)을 구할 수 있다.

예를 들면, 750 hPa, −5℃ 공기의 경우 식 (11.9)를 Skew $T-\log\, p$ 다이어그램에 적용하면 포화 수증기압은 4.2 hPa로 주어진다.

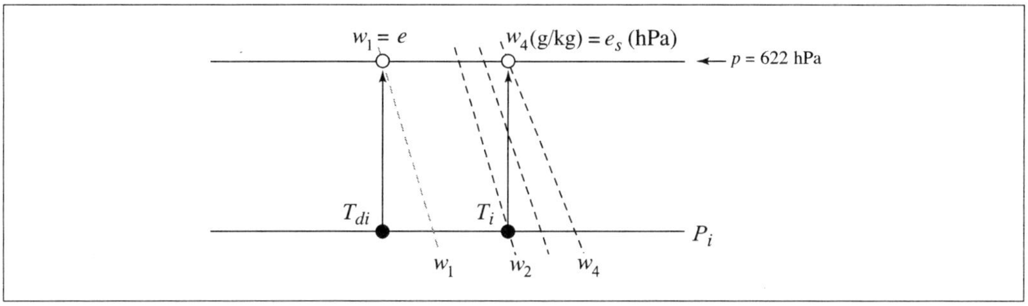

그림 11.4 단열도를 포화 수증기압의 결정

(2) 이슬점온도

이슬점온도(T_d)가 해당고도에 표시된 경우에는 그 지점의 이슬점온도를 읽으면 된다. 그러나 해당지점의 온도(T)와 압력과 상대습도만 주어진 경우에는 먼저 해당지점의 온도 T를 통과하는 포화 혼합비선의 값을 읽고 $RH(\%) = \dfrac{w}{w_s(T)} \times 100$을 이용하여 혼합비 w를 구한다. 그리고 그림 11.5에서와 같이 w값에 해당하는 포화 혼합비선과 해당고도(p)가 만나는 점(A')을 표시하고, 이 점의 온도를 읽으면 그 값이 이슬점온도(T_d)가 된다. 주어진 고도에서 ($T - T_d$)를 기온−이슬점차(dewpoint depression)라고 하며 대기의 습한 정도나 구름 형성의 가능성을 분석하는데 이용된다.

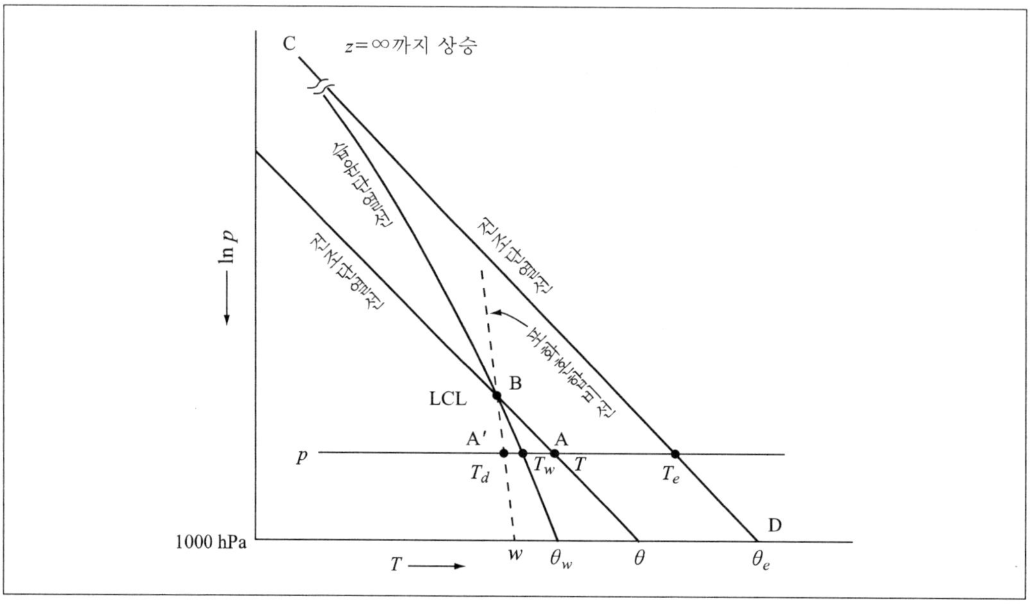

그림 11.5 공기덩이의 단열변화와 온위(θ), 상당온위(θ_e), 습구상당온위(θ_w)

(3) 습구온도

대기가 불포화 상태(A)에서 온도와 압력이 각각 T, p일 때 기압을 일정하게 유지하면서 물을 증발시켜 대기가 포화되었을 때 공기의 온도가 습구온도(T_w)이다. 이 경우 물의 증발은 대기의 수증기 함량을 증가시키는 반면에, 증발 시에 대기의 잠열 공급은 그 온도를 하강시킨다. 열역학선도에서 습구온도를 구하는 방법은 먼저 불포화공기의 치올림고도(LCL)를 구한다. 그 다음에 그림 11.5와 같이 치올림고도를 지나는 습윤단열선을 따라 원래의 고도 p에 도달했을 때 그 지점의 온도 값이 바로 습구온도를 나타낸다. 상대습도가 0%보다 크고 100% 미만에서는 그림 11.5에서 보는 바와 같이 $T_d < T_w < T$의 관계를 가진다.

(4) 상당온도

주어진 공기덩이의 상당온도를 구하기 위해 먼저 수증기의 응결고도를 결정한다. 그리고 이 고도를 지나는 습윤단열선을 따라 공기덩이의 포화 혼합비가 영인 지점까지 상승시킨다. 그리고 그 지점을 지나는 건조단열선을 따라 하강하여 출발 지점의 등압선과 만나는 점의 온도 값이 상당온도(T_e)이다.

그림 11.5에서 공기덩이의 이동경로에 따른 온도는 $T \rightarrow \mathrm{LCL} \rightarrow \mathrm{C} \rightarrow T_e$이다. 만일 공

기덩이가 포화상태인 경우에는 주어진 기압에서 공기덩이의 온도를 통과하는 습윤단열선을 따라 혼합비가 영이 되는 고도까지 상승한다. 그리고 그 고도에서 건조단열선을 따라 하강하여 출발 고도의 등압선과 만나는 점의 온도가 상당온도(T_e)이다.

11.5.2 각종 온위분석

(1) 온위

그림 11.5에서 주어진 공기덩이를 원래의 위치(p, T)에서 온도 T를 지나는 건조단열선을 따라 1000 hPa까지 변위시켰을 때 공기덩이가 가지는 온도가 온위(θ)이다. 압력 p가 1000 hPa보다 작을 경우에는 건조단열선을 따라 아래로 변위시키며, p가 1000 hPa보다 큰 경우에는 건조단열선을 따라 아래에서 위로 1000 hPa까지 변위시킨다.

(2) 상당온위

공기덩이의 상당온위(θ_e)는 그림 11.5에서 상당온도(T_e)를 지나는 건조단열선을 따라 하강하여 1000 hPa 등압선과 만나는 점의 온도 값이다. 불포화공기덩이의 경우 상당온위, 온위, 습구온위 값의 크기는 $\theta_e > \theta > \theta_w$ 이다.

(3) 습구온위

공기덩이의 습구온위(θ_w)는 그림 11.5에서 습구온도(T_w)를 지나는 습윤단열선을 따라 하강하여 1000 hPa 등압선과 만나는 점의 온도 값이다.

11.5.3 습도와 구름의 액체수 함량

(1) 혼합비

주어진 고도에서 수증기의 혼합비(w)는 대기의 노점온도(T_d)를 통과하는 포화혼합비의 값이다. 예를 들면 800 hPa에서 온도가 −20℃, 이슬점온도가 −24℃일 때, 이 고도에서 대기의 혼합비는 −24℃를 지나는 포화혼합비선의 값으로 약 0.7 g/kg이다.

(2) 포화혼합비

주어진 고도에서 수증기의 포화혼합비(w_s)는 그 고도의 온도를 통과하는 포화혼합비선의 값이다. 실제 대기가 포화상태가 아니어도 주어진 온도에서 포화되었다고 가정했을 때의 혼합비이다. 앞에서 800 hPa, −20℃에서 포화혼합비는 약 1.0 g/kg이다.

(3) 상대습도

상대습도 $RH(\%) = \dfrac{e}{e_s(T)} \times 100$에 앞에 포화 수증기압을 방법을 적용하여 구한다. 일반적으로 대기의 상대습도가 70% 이상이면 습윤 영역에 해당하고, 30% 이하이면 건조 영역에 해당한다.

예제 01

기압이 900 hPa인 고도에 온도가 15℃, 상대습도가 50%인 공기덩이가 있다. Skew $T-\log p$ 다이어그램을 이용하여 다음을 구하시오.

(1) 이 공기덩이의 이슬점온도는?
(2) 이 공기덩이의 수증기압과 포화 수증기압은?
(3) 이 공기덩이의 치올림고도는?
(4) 공기덩이의 습구온도와 상당온도는?
(5) 이 공기덩이의 온위, 습구온위, 상당온위는?
(6) 고도 1000 hPa와 900 hPa 사이의 습윤단열감률은 얼마인가?

➲ 풀이

(1) 먼저 900 hPa, 15℃선을 통과하는 포화 혼합비선의 값을 읽으면 12 g/kg을 얻는다. 상대습도가 50%이므로 현재 혼합비는 6 g/kg이다. 노점온도는 현재의 혼합비를 포화혼합비로 하는 온도이므로 900 hPa 등압선과 포화혼합비의 값이 6 g/kg인 등치선이 만나는 점의 온도를 읽으면 이 값이 노점온도이며 그 값은 4.7℃이다.
(2) 그림 11.4에 주어진 방법으로 구하면 공기덩이의 수증기압은 대략 8.5 hPa 그리고 포화 수증기압은 대략 17 hPa 정도이다.
(3) 그림 11.5에 주어진 방법으로 구하면 치올림고도는 770 hPa이다.
(4) 그림 11.5에 주어진 방법으로 구하면 $T_w = 9.3$℃, $T_e = 32.5$℃
(5) $\theta = 297$ K(24℃), $\theta_w = 289.6$ K(13.6℃), $\theta_e = 315$ K(42℃)
(6) 1000 hPa에서 T_w는 13.6℃이다. 그리고 지표 부근에서 고도가 10 m 증가할 때마다 기압은 대략 1 hPa씩 감소한다. 따라서 습윤단열감률 : (13.6 − 9.3)/1000(℃/m) = 4.3℃/km

(4) 단열 액체수의 혼합비

단열 액체수 혼합비(adiabatic liquid water mixing ratio)는 습윤한 공기덩이가 단열상승하면서 수증기의 일부(또는 전부)가 응결했을 때의 물의 질량을 공기덩이의 건조공기의 질량에 대한 비로 나타낸 것이다. 단열 액체수의 혼합비는 응결고도(p_c)의 포화혼합비에서 포화단열과정으로 상승한 임의의 고도(p)의 포화혼합비를 빼면 된다. 단열 액체수 혼합비의 단위는 g/kg이다. 그리고 구해진 단열 액체수의 혼합비에 고도 p에서의 건조공기의 밀도를 곱해주면 단열 액체수량(adiabatic liquid water content: ALWC)이 구해지며, 그 단위는 g/m^{3}으로 나타낸다.

임의의 고도 p에서의 포화혼합비는 (T_c, p_c)를 지나는 습윤단열선을 따라 p점까지 상승한 다음에 이 점을 지나는 포화 혼합비선의 값을 읽으면 얻어진다. 단열 액체수 함량 또는 단열 액체수의 혼합비는 구름 내의 액체수 함량을 관측한 다음 구름 내부의 건조공기의 유입(entrainment)을 분석하는데 유용하다.

예제 02

기압이 1000 hPa, 온도가 20℃, 이슬점온도가 20℃인 공기가 포화단열적으로 530 hPa 고도에 도달했을 때 단열 액체수의 혼합비는 얼마인가? 또 단열 액체수량은 얼마인가?

풀이

(1) 단열 액체수의 혼합비

1000 hPa에서 20℃에서 포화혼합비의 값을 읽으면 14.7 g/kg을 얻는다. 그리고 1000 hPa에서 20℃를 통과하는 포화단열선을 따라 530 hPa 고도까지 공기덩이를 상승시킨 후 그 점에서 포화혼합비의 값을 읽으면 4.5 g/kg을 얻는다. 530 hPa에서 단열 액체수의 혼합비는 고도 1000 hPa에서 수증기의 포화혼합비 14.7 g/kg에서 530 hPa에서 수증기 포화혼합비 4.5 g/kg을 뺀 나머지 10.2 g/kg이다.

(2) 단열 액체수량

기압 530 hPa, 공기덩이의 온도 266 K로부터 건조공기의 밀도를 구한 다음 이를 단열 액체수 혼합비에 곱해주면 다음과 같이 그 값이 구해진다.

$$P = \rho_d R_d T$$

$$\rho_d = \frac{P}{R_d T} = \frac{53000}{287 \times 266} = 0.69\ \mathrm{kg/m^3}$$

$$\mathrm{ALWC} = 10.2\ (\mathrm{g/kg}) \times 0.69\ (\mathrm{kg/m^3}) = 7.0\ \mathrm{g/m^3}$$

11.5.4 응결고도와 평형고도

(1) 대류응결고도

지표 부근의 불포화 공기덩이가 지표의 가열로 부력을 받은 후 단열상승하여 포화에 이르는 고도를 대류응결고도(Convective Condensation Level: CCL)라 한다. 이 고도는 보통 지표 가열에 의해 형성되는 적운형 구름의 운저 고도가 된다. 단열도에서 대류응결고도는 지상의 노점온도(T_d)를 지나는 포화혼합비선이 기온곡선과 만나는 점의 고도이다(그림 11.6 참고). 만일 지표 부근에서 습도가 고도에 따라 변화가 심할 때에는 지표 부근의 낮은 기층의 습도의 평균한 값을 이용하여 대류응결고도를 구한다.

대류온도(convection temperature)는 지표의 가열에 의해서 대류운이 형성될 수 있는 최저온도라고 할 수 있다. 그림 11.6에서는 CCL에서 건조 단열선을 따라 하강하여 지상의 등압선과 만나는 점의 온도가 대류온도(T_c)이다. 대류온도는 태양복사에 의한 가열로 인해 지표 부근의 공기 온도가 상승하여 대류운이 비로소 형성될 때의 지상 기온이다.

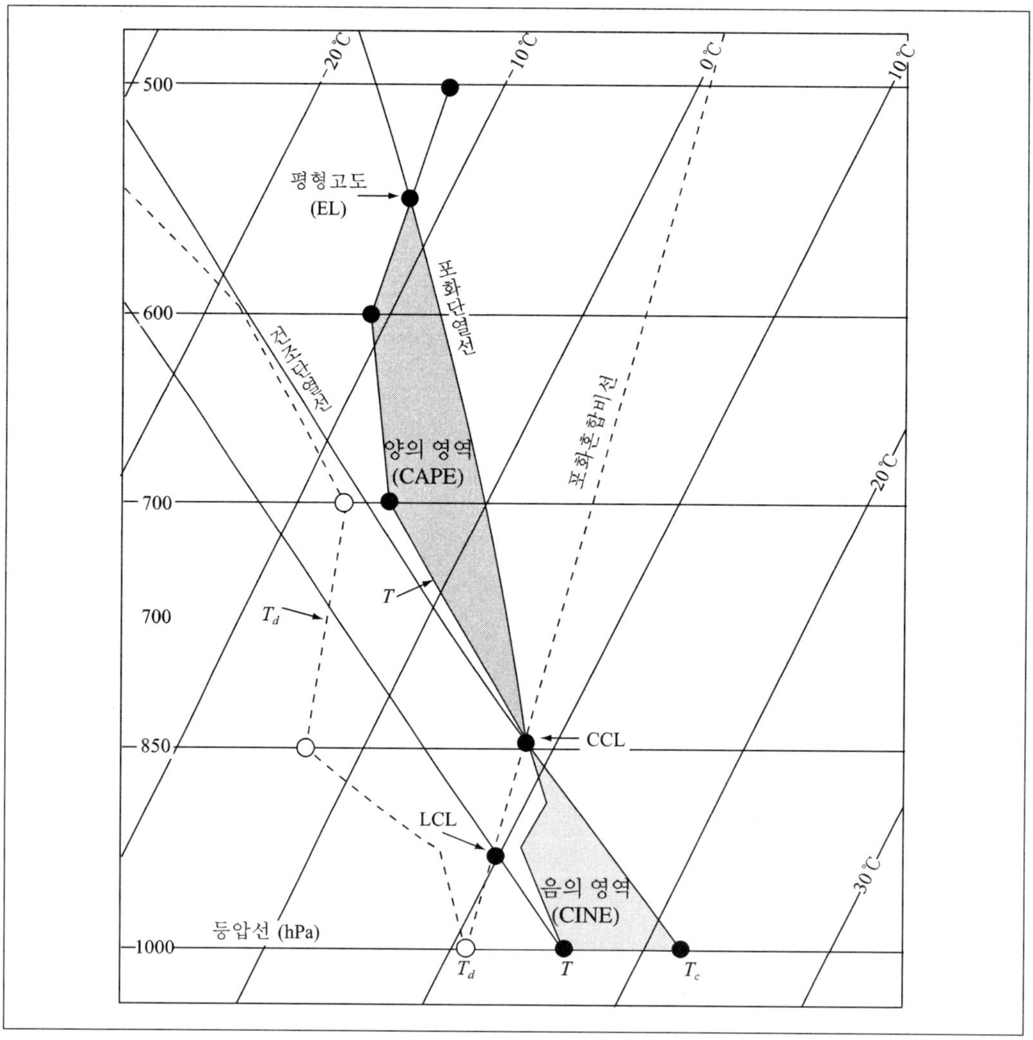

그림 11.6 대류응결고도

(2) 치올림고도

지표 부근의 불포화공기덩이가 건조 단열적으로 상승하여 포화에 이르는 고도를 치올림 고도 또는 상승응결고도(Lifting Condensation Level: LCL)라고 한다. 그림 11.6에 표시된 바와 같이 LCL은 지상의 이슬점온도를 지나는 포화혼합비선과 지상의 기온을 지나는 건조 단열선과 만나는 점의 고도이다. 보통 LCL에서 온도는 그 고도의 기온보다 낮다. 지표 부근 공기의 LCL은 보통 CCL보다 낮지만, 대기의 기온 분포가 건조단열선과 나란할 때에는 LCL은 CCL과 같아진다.

(3) 자유대류고도

불포화공기가 건조 단열적으로 상승하여 포화에 이르는 고도가 LCL이고, 이 LCL에서 포화 단열적으로 계속 상승하여 처음으로 대기의 온도 곡선과 만나는 점의 고도가 자유대류

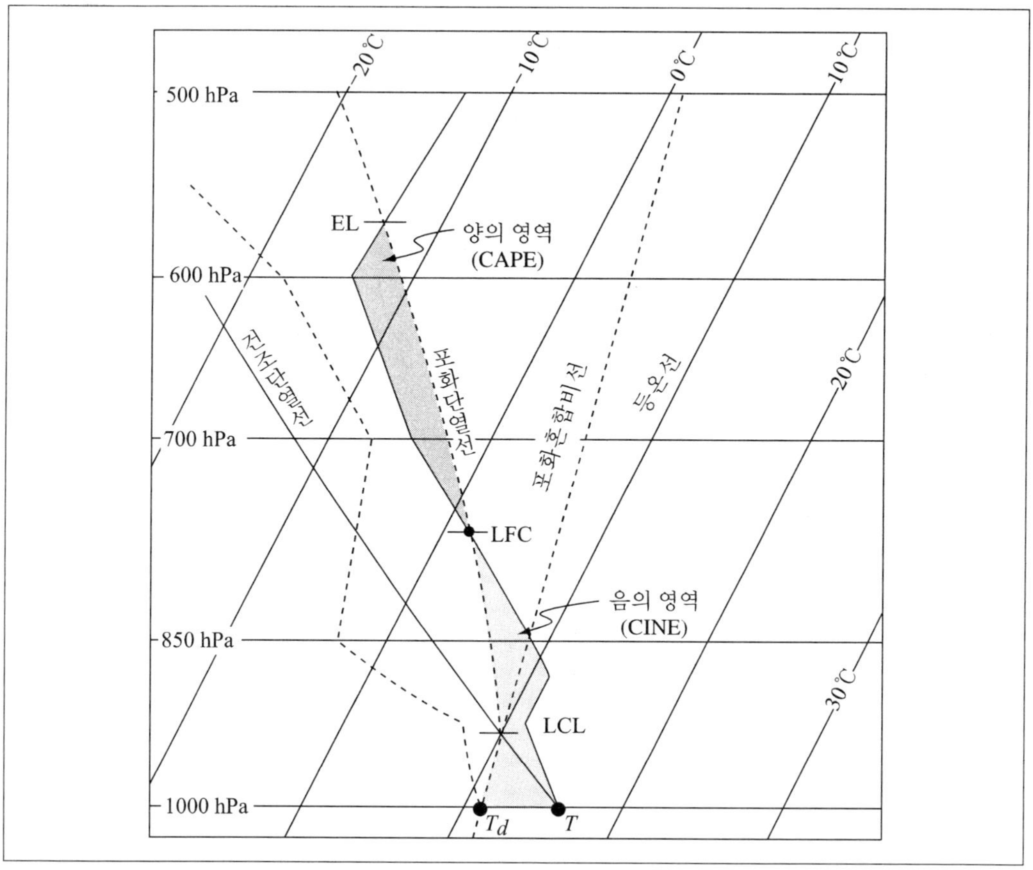

그림 11.7 치올림고도, 대류응결고도, 평형고도의 결정

고도(Level of Free Convection: LFC)이다(그림 11.7 참고). 공기덩이가 상승하면서 자유대류고도를 능가하면 공기덩이의 온도가 주위온도보다 높아져서 공기덩이는 양(+)의 부력을 갖는다.

(4) 평형고도

대류응결고도나 자유대류고도를 거쳐 위로 상승한 공기덩이가 계속 상승하다가 그 온도가 주위 대기의 온도와 같아져 공기덩이가 부력을 상실하는 고도를 평형고도(Equilibrium Level: EL)라고 한다. 그림 11.7에서 EL로 표시된 고도이다.

(5) 혼합응결고도

혼합응결고도(Mixing Condensation Level: MCL)는 역전층 내에서 공기의 연직혼합으로 수증기의 응결이 일어나는 고도이다. 해양성 층운의 기저(base)는 종종 MCL에 위치한다. 대기의 연직혼합은 바람의 연직시어가 큰 경우, 즉 난류가 강한 경우에 잘 발생하며, 이 경우 기층 내의 온위와 혼합비가 일정하게 된다. 기층의 혼합 시에 혼합비가 충분히 높으면 혼합층 상부의 온도와 노점온도가 같아지는 지점에서 응결이 일어나는데, 이 지점의 고도가 혼합응결고도이다.

단열도에서 혼합응결고도는 그림 11.8과 같이 구한다. (1) 먼저 기온곡선(T)을 이용하여 역전층의 기저 아래 기층의 평균 온위($\bar{\theta}$)를 구한다. (2) 노점온도 곡선(T_d)을 이용하여 역전층의 기저 아래 기층의 평균 혼합비($\bar{w}$)를 구한다. (3) $\bar{\theta}$와 $\bar{w}$를 그림과 같이 그리고 두 직선의 만나는 점의 고도를 읽으면, 이 고도가 혼합응결고도이다.

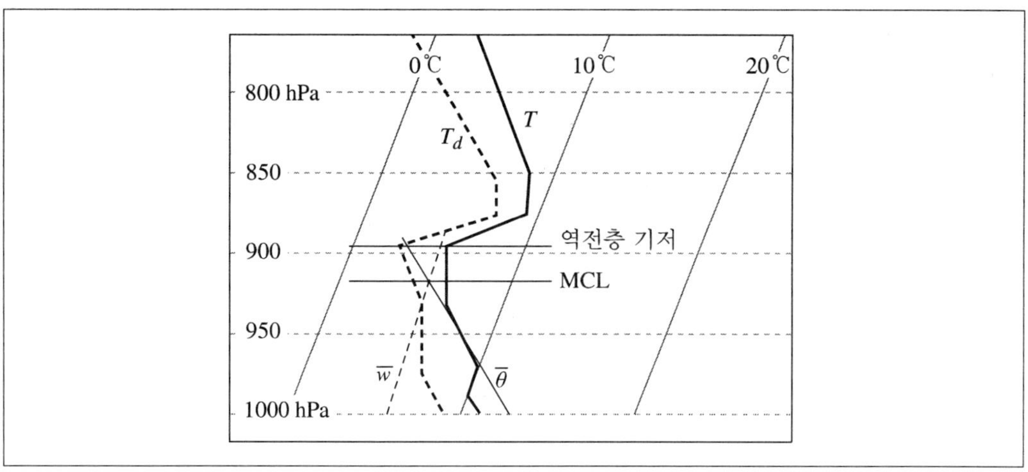

그림 11.8 혼합응결고도의 결정

그림 11.8에서 혼합 후에 하층에서는 온도가 증가하고 상층에서는 온도가 감소한 것은 대기의 연직 혼합하는 동안 상층의 온위가 높은 공기가 하층으로 이동하고, 하층의 온위가 낮은 공기가 상층으로 이동하였기 때문이다. 이로 인해 혼합층에서 온위는 일정하지만, 하층의 온도는 높고 상층의 온도는 낮게 나타난다. 한편, 혼합 후 수증기의 혼합비는 하층에서 감소하고, 상층에서 증가한다. 그 이유는 대기의 연직혼합 시 하층의 습한 공기가 위로, 상층의 건조한 공기가 아래로 이동하였기 때문이다.

(6) 결빙고도

대기의 온도가 0℃인 고도로서 상승하는 수적의 경우에는 결빙(freezing)이 일어날 수 있는 고도이지만, 낙하 중인 눈 입자인 경우에는 융해(melting)가 최초로 일어나는 고도이다. 따라서 결빙고도(freezing level)를 융해고도(melting level)라고 한다. 실제로 대부분의 경우 0℃ 고도에서 수적이 결빙되는 경우가 거의 없으므로 결빙고도 보다는 융해고도라고 하는 것이 더 적절하다. 융해고도는 온난우(warm rain)의 발달 가능성과 기상레이더 관측에서 층상 강수에서 발달하는 밝은띠(bright band)를 분석하는데 이용된다.

11.6 대기안정도의 지수

대기의 상태곡선을 이용한 안정도 분석은 뇌우, 우박, 토네이도 등의 가능성을 분석하는데 이용된다.

11.6.1 대류불안정도

기층이 산을 넘는 기류에 의해 추켜올려지거나 또는 전선으로 인해 대기가 상승하게 되면 그림 11.9와 같이 기층의 안정도가 바뀐다. 그림 11.9는 기저가 900 hPa, 정상이 800 hPa이고 그 기층(AB)의 두께가 100 hPa인 안정한 기층($T_B > T_A$)이 상승과정을 보여준다. 기층의 수증기 함량이 적어 그 상승과정이 건조 단열과정(실선 화살표)을 따르며, 상승 후 기저가 700 hPa, 정상이 600 hPa인 불안정한 기층($T_D < T_C$)이 되었다. 기층이 안정에서 불안정으로 바뀐 이유는 기층이 상승하면서 외부 기압의 감소로 인해 기층이 팽창하여 그 두께가 증가하였다. 그 결과 기층정상에 있는 공기는 기저에 있는 공기보다 조금 더 상승하였고, 이로 인해 온도가 기저보다 더 낮아져 불안정한 기층이 되었다.

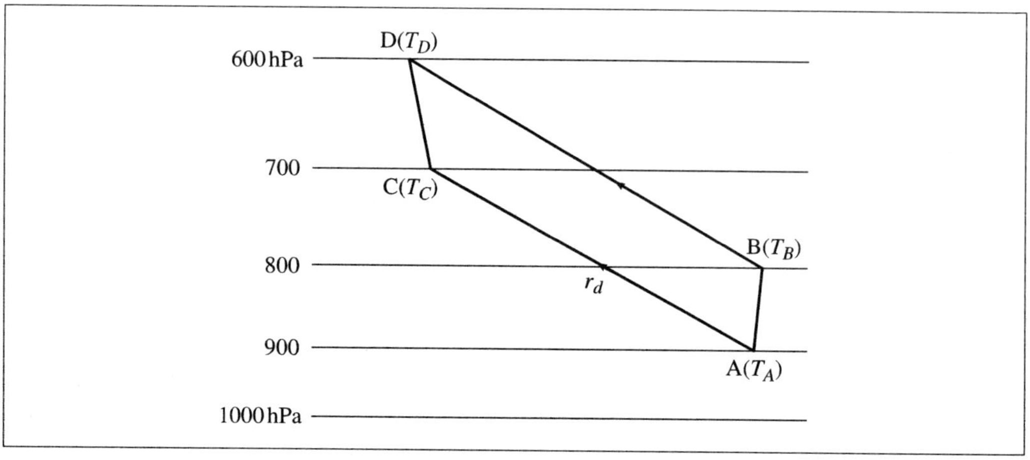

그림 11.9 건조한 기층의 상승과 안정도의 변화

불포화 상태의 기층이 지형, 전선 또는 대기의 흐름과 관련하여 들어 올려진 경우에 기층 전체가 포화되었을 때의 안정도를 대류불안정도(convective instability)라고 하며, 고도에 따른 습구온위(θ_w)의 변화로 판단하며 잠재불안정도(potential instability)라고도 한다. 대류불안정도의 기준은 다음과 같다.

$$\begin{aligned} \frac{\partial \theta_w}{\partial z} &> 0 \quad : \quad \text{대류안정} \\ \frac{\partial \theta_w}{\partial z} &= 0 \quad : \quad \text{대류중립} \\ \frac{\partial \theta_w}{\partial z} &< 0 \quad : \quad \text{대류불안정} \end{aligned} \tag{11.20}$$

그림 11.10은 1000 hPa과 900 hPa까지, 즉 100 hPa의 층후를 가진 불포화기층이 상승하여 기층전체가 포화되었을 때의 상승과정과 기층의 온도분포를 나타낸 것이다. 먼저 그림 11.10(a)의 경우 기층의 기저(A)와 정부(B)가 상승하면서 그 온도는 건조단열감률 과정에 의해서 감소하며, A점과 B점에서 상승한 공기 모두가 약 870 hPa 고도에 도달하면서 포화되지만 두 공기덩이의 온도는 서로 다르다. 따라서 포화고도를 통과하면서 두 공기덩이의 온도는 서로 다른 습윤단열선(점선)을 따라 변화한다. 기층이 완전히 포화되었을 때 기층의 기저와 정부의 위치는 각각 A′과 B′이며, A′의 고도는 800 hPa이며, B′의 고도는 700 hPa로서 층후는 100 hPa이다. 여기서 A′과 B′의 습구온위를 비교하면 B′의 습구온위가 A′의 습구온위보다 높다. 따라서 기층 내에서 습구온위의 고도에 따른 변화률은 $\partial\theta_w/\partial z > 0$이므로 대류안정이다.

그림 11.10(b)에서는 불포화기층의 기저와 정부에 있는 두 공기덩이 A와 B는 처음 상승 시에는 서로 다른 건조단열선을 따라 온도변화를 하면서 포화고도에 이른다. 그러나 포화고도가 다르긴 하지만 포화된 다음에는 동일한 습윤단열선(점선)을 따라 상승한다. 기층의 정부가 B′(700 hPa)에 도달하였을 때 100 hPa에 해당하는 포화기층의 습구온위는 균일하다. 따라서 기층 내에서 $\partial\theta_w/\partial z = 0$이므로 대류 중립이다.

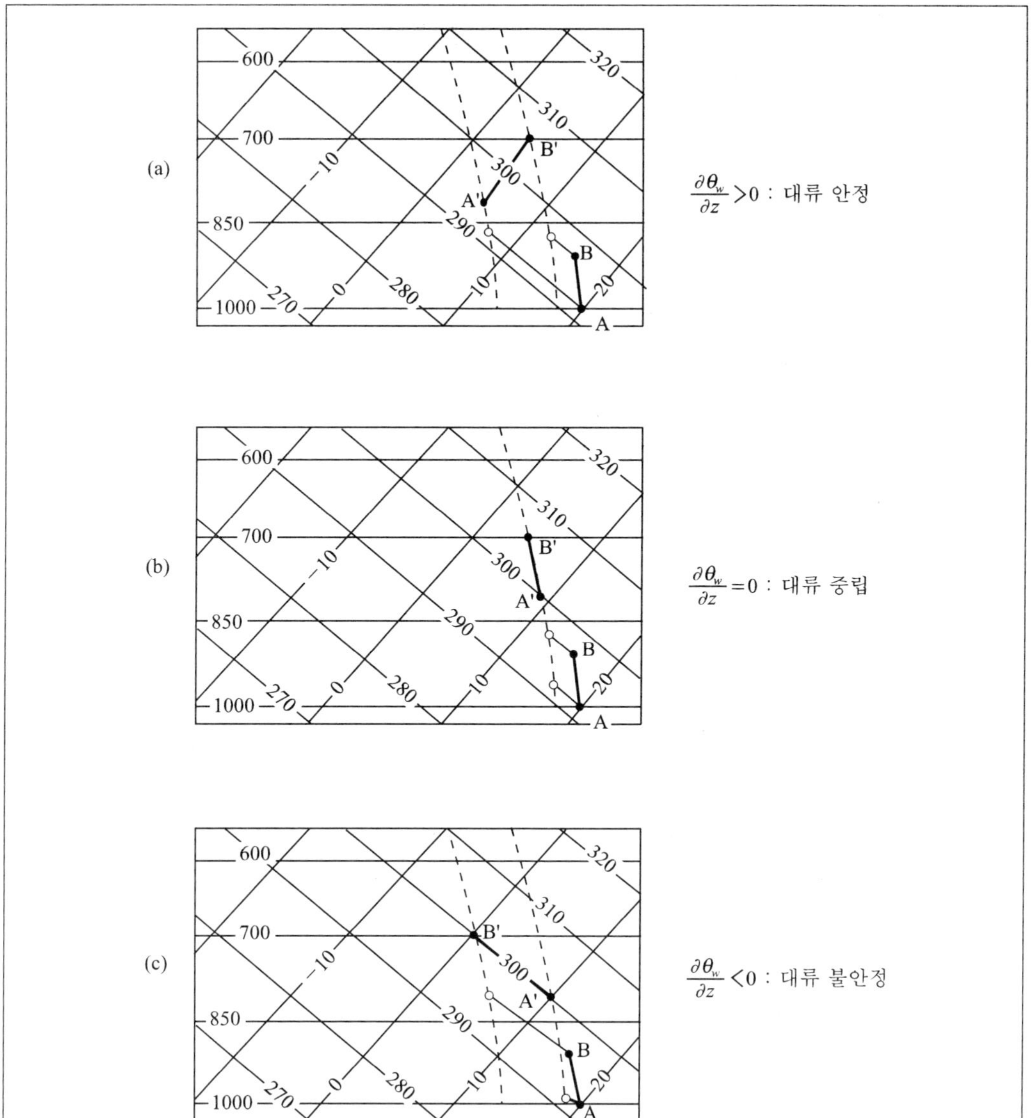

그림 11.10 대류불안정도 분석

그림 11.10(c)에서 불포화기층의 기저(A)에서 상대습도는 높고 정부(B)에서 상대습도는 낮다. 따라서 A에서 상승한 공기덩이는 기저에서 조금 상승한 후 바로 포화되었으나 B에서 상승한 공기덩이는 A의 경우보다 훨씬 더 높이 상승한 후 포화되었다. 그 결과 기층(A′B′)에서 습구온위의 고도에 따른 변화는 $\partial\theta_w/\partial z < 0$이며, 대류불안정이다.

대류불안정은 습윤한 공기 위에 건조한 공기가 있을 때 대부분 나타나는데, 그 이유는 습구온위(또는 상당온위)는 온도보다 수증기의 양에 더욱 민감하기 때문이다. 대류권에서 기층의 하층보다 상층에 건조한 공기가 있을 때 하강기류가 강화된다. 따라서 대류불안정도는 위험기상의 잠재적 가능성을 분석하는데 중요하다.

11.6.2 안정도 지수

(1) 쇼월터 안정도 지수

쇼월터 안정도 지수(Showalter Stability Index)는 SSI로 표시하며 뇌우의 가능성과 강도를 분석하는데 이용된다. 그림 11.11은 단열도상에서 SSI를 구하는 4단계를 나타낸 것이다.

1단계 : 850 hPa면의 기온(T)과 노점온도(T_d)를 이용하여 치올림고도(lifting condensation level)를 구한다.

2단계 : 치올림고도에서 습윤단열선을 따라 500 hPa에 이르렀을 때 포화 공기덩이의 온도 T_s(500 hPa)를 구한다.

3단계 : 500 hPa면에서의 기온 T(500 hPa)에서 2단계에서 구한 온도 T_s(500 hPa)를 빼어

$$\mathrm{SSI} = T(500\,\mathrm{hPa}) - T_s(500\,\mathrm{hPa}) \tag{11.21}$$

와 같이 SSI를 구한다.

4단계 : 500 hPa 고도에서 기온이 공기덩이의 온도보다 낮을 경우에는 SSI<0으로 상승한 공기덩이가 양의 부력을 가지며, 기온이 공기덩이의 온도보다 높을 경우에는 SSI>0으로 상승한 공기덩이가 음의 부력을 갖는다. SSI의 값에 따른 대기의 불안정도를 표 11.1과 같이 나눌 수 있다.

표 11.1 SSI지수의 값과 대기의 불안정

$+4 \le$ SSI	$0 \le$ SSI $<+4$	$-3 \le$ SSI <0	$-6 \le$ SSI <-3
대류운이 발생하지 않음	소나기와 약간의 뇌우 가능성	뇌우 가능성 급증	격렬 뇌우 가능

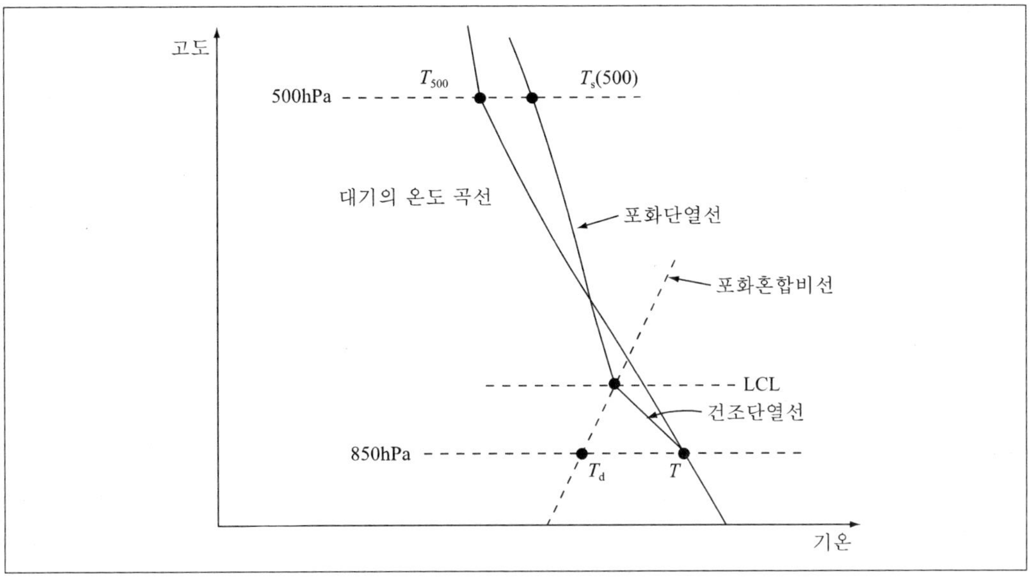

그림 11.11 열역학선도에서 SSI의 계산 방법

여기서 한 가지 주의할 점은 안정, 불안정에 SSI 값의 범위가 사용자나 관측소에 따라서 약간씩 다르다는 것이다. 위에 있는 기준은 현재 기상청이 사용하는 안정도 분류기준이다.

(2) 상승지수

SSI의 계산 시에 850 hPa면과 지면사이에 역전층이 있거나, 850 hPa 고도 부근의 수분이 급격히 감소할 경우에는 응결고도가 500 hPa 아래에 존재하지 않을 수 있다. 상승지수(lifted index: LI)는 SSI의 이러한 문제점을 보완하기 위하여 만들어졌다.

LI를 구하기 위해서는 먼저 대기 하층 500 m~1 km 정도의 평균 혼합비를 구한다. 그리고 그날 예보된 최고 기온에서부터 이 평균 혼합비를 이용하여 LCL를 구한 다음 SSI에서와 같은 방법으로 LI를 구한다. LI 지수의 값에 따른 기상상태 판단 기준은 표 11.2와 같다. 그러나 지수에 의한 위험기상 또는 대기 안정도의 판단기준은 기상청 또는 사용자에 따라 다르다.

$$\mathrm{LI} = T(500\,\mathrm{hPa}) - T_s(500\,\mathrm{hPa}) \tag{11.22}$$

표 11.2 LI의 값과 대기의 불안정

안정	약한 불안정	보통 불안정	매우 불안정
$\mathrm{LI} > 0$	$-2 < \mathrm{LI} < 0$	$-6 < \mathrm{LI} < -2$	$\mathrm{LI} < -6$

(3) 총 합산지수

총 합산지수(Total Totals index: TT)는 뇌우의 발달 가능성을 조사하기 위한 것으로 다음 식으로 구한다.

$$TT = (T_{850} - T_{500}) + (T_{d850} - T_{500}) \tag{11.23}$$

여기서 T_{850}, T_{500}은 각각 850 hPa과 500 hPa에서 기온을 나타내며, T_{d850}은 850 hPa에서 이슬점온도이다.

식 (11.23)에서 $(T_{850} - T_{500})$을 연직합산(vertical total: VT), 그리고 $(T_{d850} - T_{500})$을 교차합산(cross total: CT)이라고 하며, TT는 이 두 합산의 합을 나타낸다. 총 합산지수는 뇌우 발달의 가능성을 나타내 주는 유용한 인자이다. 더욱이 바람장 및 습도장, 전선 및 양의 와도이류(positive vorticity advection: PVA) 지역 등을 고려하면 뇌우 발생지역을 보다 정확하게 예측할 수 있다. 뇌우의 가능성을 예측하기 위해서 첫 번째로 VT가 26 이상, CT가 18 이상 또는 TT가 44 이상인 지역을 살핀다.

표 11.3 TT 지수에 의한 뇌우 가능성

약함	보통	높음
$TT < 50$	$50 \le TT \le 55$	$TT > 55$

(4) SWEAT 지수

SWEAT 지수는 "Severe Weather ThrEAT"에서 굵은 글자로 표시한 글자를 합쳐 만든 단어이다. SWEAT 지수는 일반 뇌우보다는 토네이도를 동반한 격렬한 뇌우를 예측하기 위해 개발되었으며, 대기 중·하층의 바람시어가 고려되었다. 대기의 불안정 가능성을 판단하는 데 (i) 열적 불안정도, (ii) 대기 저층의 수분함량, 그리고 (iii) 연직바람시어를 고려하여 만든 지수이며 다음과 같다.

$$\begin{aligned}\mathrm{SWEAT} = {} & 12(850\,T_d) + 20(TT - 49) + 2(V850) + V500 \\ & + 125[\sin(dd500 - dd850) + 0.2]\end{aligned} \tag{11.24}$$

여기서 TT는 총 합산지수, $850\,T_d$는 850 hPa 고도에서 노점온도이며, $V850$는 $V500$ 각각 850 hPa과 500 hPa 고도에서 풍속(knot)이다. 그리고 $(dd500 - dd850)$는 500 hPa과 850 hPa 고도에서 풍향의 차이를 나타낸다. $dd500$과 $dd850$의 단위는 각도이다. 그리고 SWEAT 지수를 정의하는 데 있어서 식 (11.24)의 어느 항도 그 값이 0 미만이 되어서는 안 된다. 따라서 $850\,T_d < 0$일 때에는 식 (11.24)의 첫 번째 항은 0이 되며, $TT < 49$일 때에는 식 (11.24)의 두 번째 항은 0이 된다. 또한 만약 다음에 주어진 조건에 맞지 않으면 식 (11.24)에서 sin항은 영으로 둔다.

(1) 850 hPa 고도 풍향 : 130°~250°

(2) 500 hPa 고도 풍향 : 210°~310°

(3) $(dd500 - dd850) > 0$

(4) 850 hPa과 500 hPa 고도 사이에서 풍속 ≥ 15 knots

표 11.4는 SWEAT 지수에 의한 뇌우의 강도를 구분한 것이다.

표 11.4 SWEAT 지수에 의한 뇌우 강도 구분

약함	보통	강함	토네이도 발생가능
SWEAT < 300	300 < SWEAT < 400	400 < SWEAT < 500	SWEAT > 500

(5) K 지수

K 지수(K-index)는 연직 기온감률과 대기하층의 수분의 양, 수분의 연직 분포를 고려한 안정도 지수이다. 연직 기온감률은 850 및 500 hPa의 기온차를 이용하고, 850 hPa의 이슬점온도(T_d)는 대기하층의 습도의 양을 나타내며, 그리고 상층의 700 hPa의 습도는 기온−이슬점차($T_{700} - T_{d700}$)로서 표시한다. 이들 분포를 조합하여 만든 것이 K 지수이며

$$K = (T_{850} - T_{500}) + T_{d850} - (T_{700} - T_{d700}) \tag{11.25}$$

와 같이 주어진다. K 지수는 주로 기단뇌우의 예보에 사용되며 이를 이용한 뇌우의 발생 가능성은 표 11.5와 같다.

표 11.5 K 지수의 값과 뇌우발달 가능성

K-index 값	뇌우 가능성
< 15	0%
15~20	< 20%
21~25	20~40%
26~30	40~60%
31~35	60~80%
> 40	거의 100%

11.7 역전층 분석

대류권에서 기온은 고도에 따라 감소하지만, 때로는 대기의 상태, 일기계, 대기의 운동에 따라서 기온 역전층이 나타나기도 한다. 역전층은 매우 안정해서 대류를 억제할 뿐만 아니라 대기 오염물질의 분산을 억제한다.

(1) 복사역전

복사역전은 야간에 지표의 장파복사에 의해 지표에 인접한 기층이 먼저 냉각되고 점차 대기의 냉각이 위로 확장되면서 발생한다. 복사역전층의 두께와 강도는 풍속, 운량, 지표의 성질, 밤의 길이 등에 의해서 결정된다. 복사역전층 내에서 수증기의 혼합비는 거의 일정하다. 복사냉각이 기온을 이슬점까지 충분히 낮추어주면, 복사안개가 형성된다. 이 경우 안개의 정상고도는 역전층의 정상고도와 같거나 낮다. 그림 11.12는 복사냉각에 의해 지상의 상대습도가 98% 상태에서 안개가 형성되었으며, 복사역전층은 980 hPa(377 m) 고도까지 발달되어 있다. 이때 지상의 기온은 −0.1℃이며, 고도 377 m의 온도는 6.0℃이다.

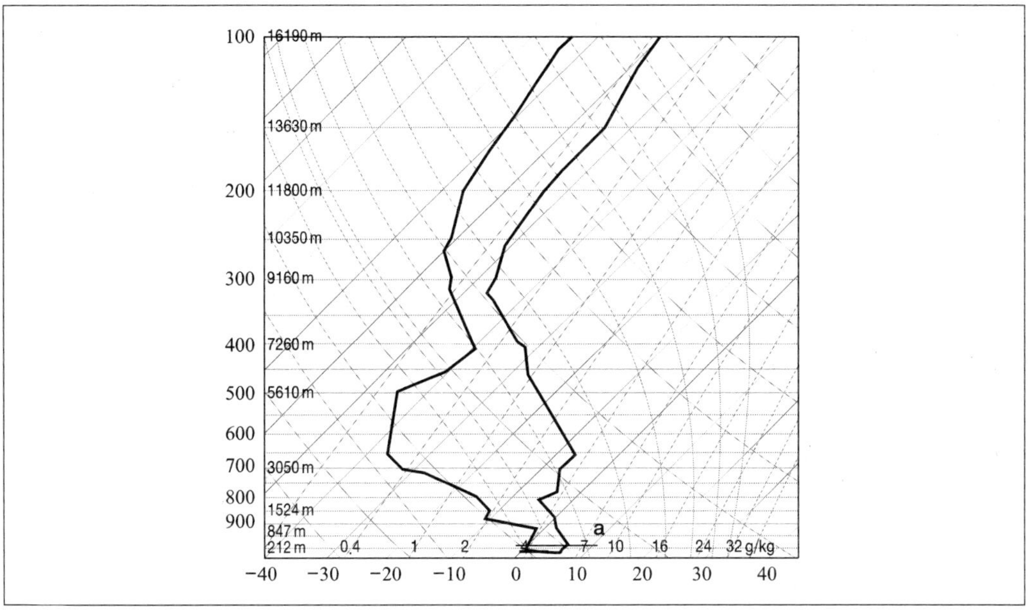

그림 11.12 복사역전층

(2) 침강역전

발달 상태에 있는 모든 고기압은 그 중심부에서 기층이 침강하며, 이로 인해 역전층이 발생하며 이를 침강역전(subsidence inversion)이라고 한다. 그림 11.13은 침강역전층의 한 예로서 침강역전층(a－b 부분) 내에서는 하층에서 상층으로 가면서 급격하게 습도가 감소한다. 때로는 역전층보다 위에 있는 높은 고도까지도 건조한 경우가 많다. 따라서 침강역전이 있는 고기압지역에서는 맑은 날씨가 나타난다.

침강역전층은 보통 고기압일 때 지표부근에서 대기의 발산으로 그 위에 있는 공기가 침강하면서 형성되는 것으로 설명하고 있다. 그러나 때에 따라서는 상층의 저기압성 와도를 가진 공기가 하강하여 지상저기압을 유도하는 경우에도 침강역전층이 발달할 수 있다.

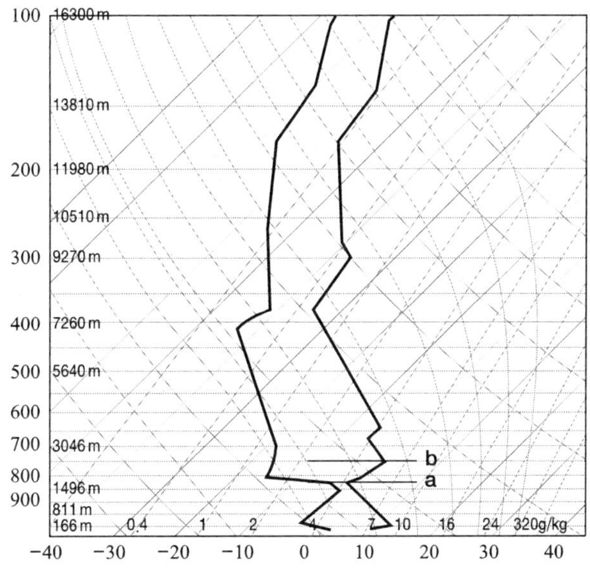

그림 11.13 지상 고기압이 발달 시에 침강역전

(3) 전선역전

지상일기도에서 전선은 선으로 그려져 있지만 실제로는 두 기단 사이의 전이역(transition zone)이며, 그 폭은 대체로 100 km 정도이다. 한편 두 기단 사이의 상공 경계에서 형성되는 얇은 전이층(transition layer)을 전선면(frontal surface)이라고 하며, 전선역전은 이 부분에 형성된다. 그림 11.14에서 고도 a－b 사이의 기층은 한랭전선 발달 시에 전선역전에 해당되지만 거의 등온층에 가깝다.

실제로 지상에 전선이 형성되어 있어도 항상 전선역전층을 관측에 의해 확인할 수 있는 것은 아니다. 그 이유는 기단 내에서 대기의 침강, 연직 바람시어가 큰 경우 대기의 연직혼합 또는 난류 등으로 역전층의 강도가 약해지거나, 등온층으로 바뀌어 그 특성이 잘 나타나지 않기 때문이다. 전선역전층 내에서는 노점온도가 보통 증가한다. 전선역전층을 중심으로 통상적으로 풍향의 변화가 나타나며, 한랭전선에 의한 전선역전층에서는 풍향이 고도에 따라 감소하고, 온난전선에 의한 전선역전층에서는 풍향이 고도에 따라 증가한다.

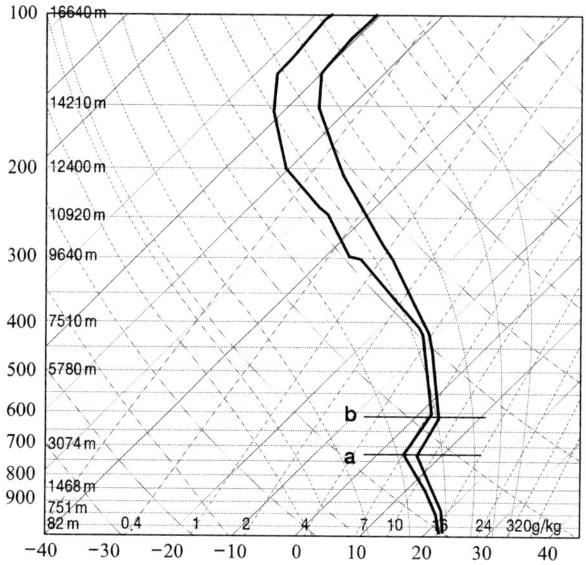

그림 11.14 전선역전층(온대저기압 통과)

(4) 대류권계면

세계기상기구는 대류권계면을 열적 대류권계면(thermal tropopause) 역학적 대류권계면(dynamical tropopause)로 구분한다. 열적 대류권계면은 500 hPa 이상의 고도에서 두께 2 km의 대기층에 대해 평균 기온감률이 2℃/km 이하인 대기층의 아랫면의 고도로 정의한다. 그러나 500 hPa에서 200 hPa의 고도까지 위와 같은 조건을 만족하는 기층이 없을 경우에는 500 hPa 이하의 고도에서 기온감률이 2℃/km인 기층의 기저 고도를 대류권계면 고도로 고려한다. 한편 역학적 대류권계면(dynamical tropopause)은 잠재와도(potential vorticity)가 보통 1.5 PVU 또는 1.6 PVU인 면으로 정의한다. 그림 11.15는 2005년 3월 5일에 부산지방 대설시의 대류권의 노점온도와 온도분포이다. 그림에서 기층 a−b와 c−d는 기온감률이

2℃/km 이하인 대기층으로 그 기층의 아랫면의 고도가 대류권계면에 해당하므로 대류권계면은 2개(a, c)이다. 이는 그림 11.16에 주어진 모식도에서 대류권계면 접힘(tropopause folding)으로 설명할 수 있다. 그림 11.16에서 짙은 곡선은 잠재와도가 1.5 PVU인 등치선이며 역학적 대류권계면을 나타낸다. 이 등치선이 아래로 가면서 가늘게 접히며 접힌 부분이 제트핵 아래에서 남쪽으로 향하고 있다. 그림에서 가로 축의 중심에서 위로 보면 권계면 접힘으로 인해 대류권계면이 3개 존재함을 알 수 있다. 모식도에서는 3개로 주어져 있지만 권계면이 뚜렷하지 않은 경우에는 2개만 관측될 수 있다.

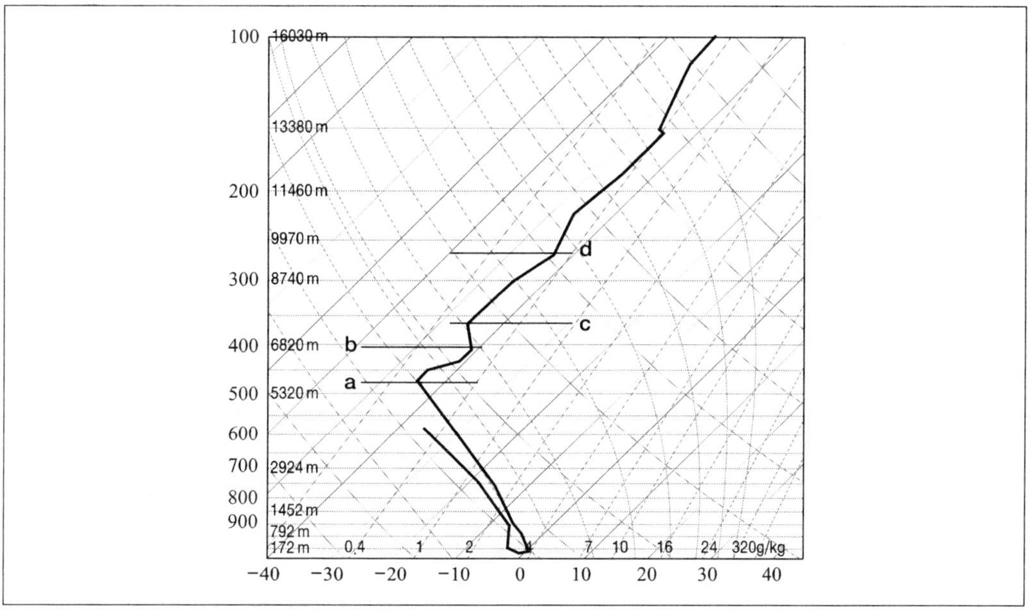

그림 11.15 대류권계면 접힘 시의 노점온도와 온도 분포

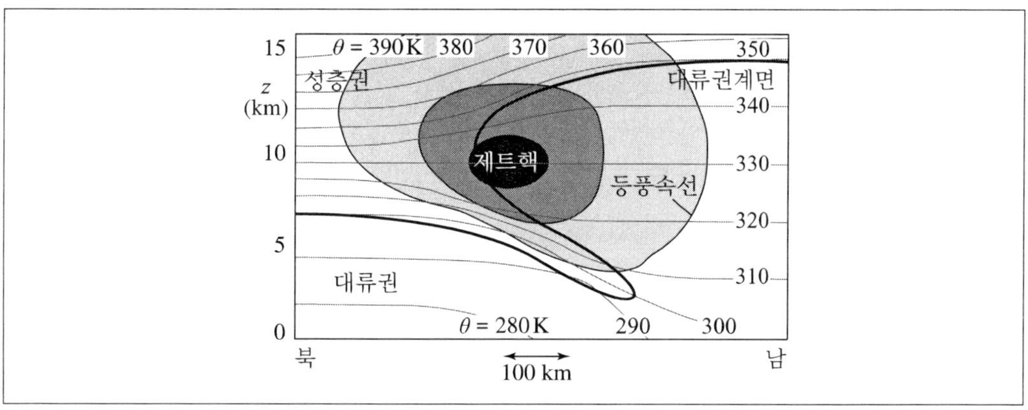

그림 11.16 대류권계면의 접힘의 모식도(Stull, 2000)

연 습 문 제

11.1 라디오존데(radiosonde) 관측 자료를 이용한 Skew $T-\log p$ 다이어그램의 장·단점을 비교 설명하시오.

11.2 열역학 다이어그램을 이용하여 건조단열과정을 분석하시오.

(1) $p=900$ hPa, $T=-10$℃인 공기가 건조단열적으로 상승하여 $p=700$ hPa에 도달했을 때 이 공기의 온도는?

(2) 다음 각 경우에 대하여 온위를 구하시오.

(i) 880 hPa, $T=10$℃, (ii) 600 hPa, $T=-20$℃, (iii) 1000 hPa, $T=27$℃

11.3 열역학 다이어그램을 이용하여 습윤단열과정을 분석하시오.

(1) $p=880$ hPa, $T=-1$℃에서 포화상태의 공기덩이가 $p=590$ hPa까지 상승하였다. 이때의 공기의 온도는?

(2) (1)의 경우 불포화된 상태에서 $p=590$ hPa까지 상승하였다면 이때의 온도는?

(3) (1), (2)의 과정에서 590 hPa에서 두 공기덩이의 온도차는 얼마인가?

(4) 590 hPa에서 포화단열과정의 경우가 건조단열과정의 경우보다 온도가 더 높다. 그 이유는?

11.4 열역학 다이어그램을 이용하여 다음 문제에 답하시오.

(1) 1000 hPa, 20℃, RH = 50%인 공기가 있다. 이 공기의 실제 혼합비는 얼마인가?

(2) 이 공기덩이의 LCL은 몇 hPa인가?

(3) 650 hPa에서 공기덩이의 혼합비는 얼마인가?

(4) 공기덩이의 질량이 보존된다고 가정할 경우 650 hPa에서 구름덩이 속에 들어 있는 액체수(liquid water)의 혼합비는 얼마인가?

11.5 열역학 다이어그램을 이용하여 다음 문제에 답하시오.

(1) 다음의 관측 자료를 열역학 다이어그램에 표시하시오.

A : 1000 hPa, 10℃(R.H. : 100%)

B : 900 hPa, 12℃

C : 800 hPa, 5℃

D : 700 hPa, 0℃

E : 600 hPa, -12℃

F : 550 hPa, -10℃

G : 460 hPa, -20℃

H : 400 hPa, -30℃

(2) 해뜨기 전 새벽에 기압이 1000 hPa, 기온은 10℃, 상대습도는 100%이었다. 이때 가능한 것은 안개 또는 이슬 중 어느 것인가? 그 이유는?

(3) 태양이 떠오르면서 지표가 가열되고 이로 인해 지표 부근의 공기가 가열될 경우 상대습도는 증가하는가, 또는 감소하는가? 만일 이때 지표 부근에서 부분적으로 가열된 공기덩이의 온도가 13℃이면 이 공기덩이의 상대습도는 얼마인가?

(4) 국지적인 가열로 대류에 의해 13℃인 공기덩이가 연직 상승할 경우 도달할 수 있는 최대고도는 몇 hPa인가? 이 고도에서 응결이 일어나는가?

(5) 국지적인 가열로 20℃인 공기덩이가 상승할 경우 도달할 수 있는 최대 고도는 몇 hPa인가? 그리고 이 고도에서 응결이 일어나는가?

(6) 지표의 공기덩이의 온도가 몇 ℃일 때 대류응결고도까지 도달할 수 있는가?

(7) 대류응결고도에서 계속 상승시에 운정 고도는 몇 hPa인가?

11.6 두 개의 좌표계 $(x, -y)$와 (u, v) 사이에 등면적 변환이 성립할 때 $\left(\frac{\partial y}{\partial x}\right)_x = \left(\frac{\partial v}{\partial x}\right)_u$ 임을 보이시오.

11.7 다음의 대기 관측자료를 이용하여 SSI 지수, TT 지수, K 지수의 값을 구하시오.

기압(hPa)	온도(℃)	노점온도(℃)
950	21.0	18.0
850	15.0	13.0
830	14.0	12.0
800	17.0	5.0
700	8.0	5.0
600	-1.0	-10.0
500	-12.0	-31.0
400	-27.0	-33.0
300	-41.0	

11.8 다음에 주어진 데이터와 단열도를 이용하여 (i) Showalter index (ii) total totals 그리고 (iii) SWEAT index를 구하시오.

기압 (hPa)	높이 (m)	온도 (℃)	노점온도 (℃)	상대습도 (%)	혼합비 (g/kg)	풍향 (deg)	등속 (knot)
1003.0	52	21.4	14.4	64	10.38	165	1
1000.0	75	20.0	13.0	64	9.49	110	2
987.0	188	18.6	12.6	68	9.37	107	4
962.0	409	20.8	10.8	53	8.52	102	8
951.0	508	20.4	9.5	50	7.90	100	10
925.0	747	19.4	6.4	43	6.56	90	8
860.0	1373	18.4	3.4	37	5.71	185	8
850.0	1473	17.6	2.6	37	5.46	200	8
769.0	2317	10.2	−1.8	43	4.38	290	10
744.0	2591	9.5	−2.5	43	4.29	320	10
741.0	2625	9.4	−2.6	43	4.28	323	10
729.0	2760	8.4	−3.9	42	3.96	335	12
700.0	3094	6.0	−7.0	39	3.25	295	13
665.0	3509	3.3	−7.5	45	3.28	250	13
644.0	3768	1.6	−7.9	49	3.30	270	13
607.0	4247	−1.5	−8.5	59	3.33	261	17
581.0	4591	−3.4	−12.2	51	2.60	255	20
551.0	5007	−5.6	−16.6	42	1.91	265	26
500.0	5770	−9.7	−24.7	28	1.04	280	23
492.0	5893	−10.3	−27.0	24	0.86	280	22

부 록

A.1 포화단열감률
A.2 유용한 물리 상수들
A.3 물의 잠열

부록 A.1 포화단열감률

포화단열과정은 수분 보존이 되는 가역 단열과정이다. 응결된 물을 포함하고 있는 포화 공기덩이의 단열감률은 6.6절에서 기술한 식 (6.82)를 이용하여 구할 수 있다.

$$ds_c = (c_{pd} + w_t c_w) d\ln T - R_d d\ln p_d + d\left(\frac{w_s L_{wv}}{T}\right) \tag{A1.1}$$

식 (A1.1)에서 $w_t = w_l + w_s$이며 액체수의 혼합비와 수증기의 포화혼합비의 합을 나타낸다. 단열과정($ds_c = 0$)을 (A1.1)에서 고려하고 식을 다음과 같이 변형시킨다.

$$(c_{pd} + w_t c_w)\frac{dT}{T} - \frac{R_d}{p_d}\left(\frac{dp_d}{dT}\right)dT + \frac{d}{dT}\left(\frac{w_s L_{wv}}{T}\right)dT = 0 \tag{A1.2}$$

앞에 주어진 식에서 온도에 의한 둘째 미분 항은 $p = p_d + e_s$를 이용하면

$$\frac{dp_d}{dT} = \frac{dp}{dT} - \frac{de_s}{dT} \tag{A1.3}$$

그리고 온도에 의한 셋째 미분 항은

$$\frac{d}{dT}\left(\frac{w_s L_{wv}}{T}\right) = \frac{L_{wv}}{T}\frac{dw_s}{dT} + \frac{w_s}{T}\frac{dL_{wv}}{dT} - \frac{w_s L_{wv}}{T^2} \tag{A1.4}$$

으로 나타낼 수 있다. 식 (A1.3)과 (A1.4)를 (A1.2)에 대입하고 정리하면

$$\begin{aligned}&\left(\frac{c_{pd} + w_t c_w}{T} - \frac{w_s L_{wv}}{T^2} + \frac{w_s}{T}\frac{dL_{wv}}{dT}\right)dT \\ &\quad - \frac{R_d}{p_d}dp + \frac{R_d}{p_d}\left(\frac{de_s}{dT}\right)dT + \frac{L_{wv}}{T}\left(\frac{dw_s}{dT}\right)dT = 0\end{aligned} \tag{A1.5}$$

을 얻는다. 이 식을 좀 더 간단히 나타내기 위해 (dw_s/dT)항을 전개하면

$$\begin{aligned}\frac{dw_s}{dT} &= \frac{d}{dT}\left(\epsilon\frac{e_s}{p_d}\right) \\ &= \frac{\epsilon}{p_d}\frac{de_s}{dT} - \frac{\epsilon e_s}{p_d^2}\frac{d}{dT}(p - e_s) \\ &= \frac{de_s}{dT}\left(\frac{\epsilon}{p_d} + \frac{w_s}{p_d}\right) - \frac{\epsilon e_s}{p_d^2}\frac{dp}{dT}\end{aligned} \tag{A1.6}$$

가 구해진다. 이 식을 (A1.5)에 대입하여 정리하면 다음 식을 얻는다.

$$\left(\frac{c_{pd}+w_t c_w}{T}-\frac{w_s L_{wv}}{T^2}+\frac{w_s}{T}\frac{dL_{wv}}{dT}\right)dT+$$
$$\frac{de_s}{dT}\left(\frac{\epsilon L_{wv}}{Tp_d}+\frac{w_s L_{wv}}{Tp_d}+\frac{R_d}{p_d}\right)dT-\left(\frac{R_d}{p_d}+\frac{\epsilon L_{wv}e_s}{Tp_d^2}\right)dp=0 \tag{A1.6}$$

여기서 포화단열과정에서 공기의 덩이의 압력변화에 따른 온도변화 $\frac{dT}{dp}$를 구하면 다음과 같다.

$$\frac{dT}{dp}=\frac{\dfrac{R_d}{p_d}+\dfrac{\epsilon L_{wv}e_s}{Tp_d^2}}{\dfrac{c_{pd}+w_t c_w}{T}-\dfrac{w_s L_{wv}}{T^2}+\dfrac{w_s dL_{wv}}{TdT}+\dfrac{de_s}{dT}\left[\dfrac{R_d}{p_d}+\dfrac{L_{wv}(\epsilon+w_s)}{Tp_d}\right]} \tag{A1.7}$$

앞에 주어진 식에서 $\frac{dT}{dp}$를 $-\frac{dT}{dz}$로 바꾸어 주기 위해서 정역학 방정식에 포화공기의 상태방정식, $p=\rho R_m T=\rho R_d(1+0.61w_s)T$를 적용하면 다음 식을 얻는다.

$$dp=-\rho g\,dz=-\left(\frac{pg}{R_m T}\right)dz=-\frac{pg}{R_d(1+0.61w_s)T}dz \tag{A1.8}$$

이 관계식을 (A1.7)에 대입한 후 습윤공기의 기체상수 R_m을 이용하여 정리하면 다음과 같다.

$$\gamma_s=-\frac{dT}{dz}=\left(\frac{pg/R_m}{T}\right)\frac{A}{B}=\frac{\alpha}{\beta} \tag{A1.9}$$

여기서 $R_m=R_d(1+0.61w_s)$이고, A, B는 (A1.7)의 분자와 분모이고, α와 β는

$$\alpha=\frac{pg}{R_m}\left(\frac{R_d}{P_d}+\frac{\epsilon L_{wv}e_s}{Tp_d^2}\right)=\frac{gp}{p_d}\left(1+\frac{L_{wv}w_s}{R_d T}\right)(1-0.61w_s) \tag{A1.10}$$

$$\beta=T\left[\frac{c_{pd}+w_t c_w}{T}-\frac{w_s L_{wv}}{T^2}+\frac{w_s}{T}\frac{dL_{wv}}{dT}+\frac{de_s}{dT}\left(\frac{R_d}{p_d}+\frac{L_{wv}(\epsilon+w_s)}{Tp_d}\right)\right] \tag{A1.11}$$

와 같다. 여기서 다음에 주어진 키르히호프 방정식과 클라시우스-클라페롱 방정식

$$\frac{dL_{wv}}{dT}=c_{pd}-c_w \tag{A1.12}$$

$$\frac{de_s}{dT}=\frac{L_{wv}e_s}{R_v T^2}=\frac{L_{wv}p_d w_s}{R_d T^2} \tag{A1.13}$$

을 이용하면 β는 다음과 같이 주어진다.

$$\beta = c_{pd} + w_l c_w + w_s c_{pd} + \frac{L_{wv}^2\, w_s}{R_d T^2}(\epsilon + w_s) \tag{A1.14}$$

식 (A1.10)과 (A1.14)에 주어진 α, β를 (A1.9)에 대입하면

$$\gamma_s = \frac{\dfrac{gp}{p_d}\left(1 + \dfrac{L_{wv}\, w_s}{R_d T}\right)(1 - 0.61 w_s)}{c_{pd} + w_l c_w + w_s c_{pd} + \dfrac{L_{wv}^2\, w_s}{R_d T^2}(\epsilon + w_s)} \tag{A1.15}$$

으로 표현된다. 식 (A1.15)의 분자에서 w_s^2 항을 무시하여 근사적으로

$$\gamma_s = \gamma_d \frac{\dfrac{p}{p_d}\left[1 + \left(\dfrac{L_{wv}}{R_d T} - 0.61\right) w_s\right]}{1 + \dfrac{w_s c_{pd} + w_l c_w}{c_{pd}} + \dfrac{L_{wv}^2\, w_s (\epsilon + w_s)}{c_{pd} R_d T^2}} \tag{A1.16}$$

와 같이 나타낼 수 있다.

부록 A.2 유용한 물리 상수들

일반상수	상수의 값
아보가드로의 수(N_α)	$6.022\times10^{23}\ \mathrm{mol}^{-1}$
볼츠만 상수(k)	$1.38\times10^{-23}\ \mathrm{J\ K}^{-1}$
해수면에서의 중력가속도(g)	$9.80\ \mathrm{ms}^{-2}$
보편기체상수(R^*)	$8.314\ \mathrm{J\ K}^{-1}\ \mathrm{mol}^{-1}$

건조공기에 대한 상수	
분자량(M_d)	$28.97\ \mathrm{g\ mol}^{-1}$
밀도(ρ_d)	$1.293\ \mathrm{kg\ m}^{-3}$(표준기온, 표준기압)
기체상수(R_d)	$287\ \mathrm{J\ kg}^{-1}\ \mathrm{K}^{-1}$
표준온도에서의 정압비열(c_{pd})	$1005\ \mathrm{J\ kg}^{-1}\ \mathrm{K}^{-1}$
표준온도에서의 정적비열(c_{vd})	$718\ \mathrm{J\ kg}^{-1}\ \mathrm{K}^{-1}$
비열의 비($\gamma_d = c_{pd}/c_{vd}$)	1.4

물과 수증기에 대한 상수	
분자량(M_V)	$18.015\ \mathrm{g\ mol}^{-1}$
밀도(물, ρ_w)	$1000\ \mathrm{kg\ m}^{-3}$(표준기온, 표준기압)
밀도(얼음, ρ_i)	$917\ \mathrm{kg\ m}^{-3}$(표준기온, 표준기압)
기체상수(R_V)	$461.51\ \mathrm{J\ kg}^{-1}\ \mathrm{K}^{-1}$
$\epsilon = M_d/M_V = R_d/R_V$	0.622
표준온도에서의 정압비열 (수증기, c_{pv})	$1850\ \mathrm{J\ kg}^{-1}\ \mathrm{K}^{-1}$
표준온도에서의 정적비열 (수증기, c_{vv})	$1390\ \mathrm{J\ kg}^{-1}\ \mathrm{K}^{-1}$
표준온도에서 물의 비열(c_w)	$4218\ \mathrm{J\ kg}^{-1}\ \mathrm{K}^{-1}$
표준온도에서 얼음의 비열(c_i)	$2106\ \mathrm{J\ kg}^{-1}\ \mathrm{K}^{-1}$
잠열	표 A.3 참조

표준온도 : 273 K, 표준기압 : 1013 hPa

부록 A.3 물의 잠열

T(℃)	L_s(승화열, 10^6 J kg^{-1})	L_f(융해열, 10^6 J kg^{-1})	L_v(기화열, 10^6 J kg^{-1})
−100	2.8240		
−90	2.8280		
−80	2.8320		
−70	2.8340		
−60	2.8370		
−50	2.8383	0.2035	2.6348
−40	2.8387	0.2357	2.6030
−30	2.8387	0.2638	2.5749
−20	2.8383	0.2889	2.5494
−10	2.8366	0.3119	2.5247
0	2.8345	0.3337	2.5008
10			2.4891
20			2.4774
15			2.4656
20			2.4535
25			2.4418
30			2.4300
35			2.4183
40			2.4062
45			2.3945
50			2.3893

참고문헌

이홍란, 김경익, 1994: 광주지역에서 발달한 하계기단뇌우의 발달기구. 한국기상학회지, 30, 597-613.

여상도, 2006: 열역학 개념의 해설. 청문각, 221pp.

최상돈, 1991: 열 및 통계역학. 대왕사 397pp.

Barth, M. C. et al., 2015: The deep convective clouds and chemistry(DC3) field campaign. Bull. Amer. Met. Soc., 96, 1281-1309.

Bluestein, H. B., 1992: Synoptic-dynamic meteorology in mid-latitudes, Vol. 1. Oxford University Press. 431pp.

Bohren, C. F. and Albtecht, B. A., 1988: Atmospheric Thermodynamics. Oxford, 402pp.

Bolton, D., 1980: The determination of equivalent potential temperature. Mon. Wea. Rev., 108, 1046-1053.

Byers, H. R., 1965: Elements of cloud physics. The university of Chicago Press, 191pp.

Curry, J. A. and Webster, P. J., 1999: Thermodynamics of Atmosphere and Oceans. Academic Presss, 471pp.

Emanuel, K. A., 1986: An air-sea interaction theory for tropical cyclones. Part 1: steady-state maintenance. J. of Atmos. Sci., 43, 585-605.

Emanuel, K. A., 1994: Atmospheric convection, Oxford, 580pp.

Gill, A. E., 1982: Atmospheric-Ocean Dynamics. Academic Press, 662pp.

Glickman, T. S., 2000: Glossary of meteorology (2nd edition). American Meteorological Society, 855pp.

Iribarne, J. V. and Godson, W. L., 1981: Atmospheric thermodynamics 2nd ed.. D. Reidel Pub. Co. 259pp.

Kitabatake, N. and Mitsui, K., 1988: Structure of a rapidly intensifying over the sea of Japan in late autumn. Tenki, 45, 827-840.

Kondepudi, D. and Prigogine, I., 2015: Modern Thermodynamics, second edition. Wiley. 523pp.

List, R. J., 1984: Smithsonian Meteorological Tables. 5th edition, Smithsonian, 527pp.

Michaud, L. M., 1996: Heat to work conversion during upward heta convection Part II: internally generated entropy method. Atmospheric Research, 41, 93-108.

Miller, S., 2015: Applied Thermodynamics for Meteorologists. Cambridge University Press, 385pp.

Rigel, C. A., 1992: Fundamentals of Atmospheric Dynamics and Thermodynamics. World Scientific, 496pp.

Carter, A. H., 2001: Classical and statistical thermodynamics, Prentice Hall, 432pp.

Petty, G. W., 2008: A First course in Atmospheric thermodynamics. Sundog Publishing, 336pp.

Pitzer, K. S., 1995: Thermodynamics, 3rd edition. McGraw Hill, p.33.

Silbey, R. J., R. A. Alberty, and M. G. Bawendi, 2005: Physical Chemistry, 4th ed. John Wiley and Sons, Inc., 944pp.

Stull, R. B., 1988: An introduction to boundary layer meteorology. Kluuwer Academic Press, 666pp.

Stull, R. B., 2000: Meteorology for scientists and engineers (2nd edition). Brooks/Cole, 502pp.

Sturm, D., D. K. Perovich, and J. Holmgren, 2002: Thermal conductivity and heat transfer through the snow on the ice of the Beaufort Sea. J. Geophys. Res.107(C10), 8043

Tsonis, A. A., 2002: An Introduction to Atmospheric Thermodynamics. Cambridge University Press, 171pp.

Zdunkowski, W. and Bott, A., 2004: Thermodynamics of the atmosphere. Cambridge, 251pp.

연습문제 풀이

제 1 장 연습문제 풀이

1.1 $\frac{1}{2}m\overline{v^2} = \frac{3}{2}kT$를 이용하면, $k = 1.38 \times 10^{-23}\,\mathrm{JK^{-1}}$이고 $T = 290\,\mathrm{K}$, 1몰의 H_2의 질량(M)은 2.0158 g이므로

$$m = \frac{M}{N_A} = \frac{2.0158(g)}{6.022 \times 10^{23}} = 3.35 \times 10^{-27}(\mathrm{kg}),$$

$$V_s = \sqrt{\frac{3 \times 1.38 \times 10^{-23} \times 290}{3.35 \times 10^{-27}}} = 1.893 \times 10^3(\mathrm{m/s})$$

여기서 $V_s = [\overline{v^2}]^{\frac{1}{2}}$: 제곱평균 제곱근 속도

$N_A = 6.022 \times 10^{23}(\mathrm{mole^{-1}})$: 아보가드로 수

1.2 $\overline{v} = \dfrac{\sum_i n_i v_i}{\sum_i n_i}$ 이고 $(\overline{v^2})^{\frac{1}{2}} = V_s = \left[\dfrac{\sum n_i v_i^2}{\sum n_i}\right]^{\frac{1}{2}}$ 이용하여 계산

$\overline{v} = 3.3(\mathrm{m/s})$, $V_s = 3.7(\mathrm{m/s})$

1.3 크기변수 : 질량, 체적, 에너지 등
세기변수 : 온도, 압력, 비열, 밀도 등
크기변수 : 질량 : 2.34 kg, 체적 : 2 $\mathrm{m^3}$
세기변수 : 압력 1000 hPa, 온도 20℃, 밀도 1.17 $\mathrm{kg/m^3}$

1.4 함수 z의 전미분은 $dz = y^2dx - x^2dy$으로 주어진다.

(1) $dz = \left(\dfrac{\partial z}{\partial x}\right)dx + \left(\dfrac{\partial z}{\partial y}\right)dy$, $\left(\dfrac{\partial z}{\partial x}\right) = M$, $\left(\dfrac{\partial z}{\partial y}\right) = N$이라고 하면 $\dfrac{\partial M}{\partial y} = \dfrac{\partial N}{\partial x}$일 때 완전 미분.

따라서 이 문제에서 $M = y^2$, $N = -x^2$, $\dfrac{\partial M}{\partial y} = 2y$, $\dfrac{\partial N}{\partial x} = -2x$, $\dfrac{\partial M}{\partial y} \neq \dfrac{\partial N}{\partial x}$이므로

z는 상태함수가 아님.

(2) $\oint dz = \int y^2dx - x^2dy = \int_{(0,0)}^{(2,0)} y^2dx - x^2dy + \int_{(2,0)}^{(2,4)} y^2dx - x^2dy + \int_{(2,4)}^{(0,0)} y^2dx - x^2dy$

$= A + B + C$로 두고 각 적분을 계산

$$\therefore \oint dz = A + B + C = 0 - 16 + \left(-\frac{32}{5} + 8\right) = -\frac{72}{5} = -14.4$$

1.5 열역학 제1법칙 $dq = c_v dT + pd\alpha$는 완전 미분이 아니지만 $\frac{dq}{T}$는 완전미분임을 다음 방법으로 증명가능.

(1) $dq = c_v dT + pd\alpha$. 여기서 $M = c_v$, $N = p$

$$\frac{\partial}{\partial \alpha} c_v = 0 = \frac{\partial M}{\partial \alpha}$$

$$\frac{\partial}{\partial T} p = \frac{\partial}{\partial T}\left(\frac{RT}{\alpha}\right) = \frac{R}{\alpha} = \frac{\partial N}{\partial \alpha} \neq 0, \quad \because p\alpha = RT$$

$\frac{\partial M}{\partial \alpha} \neq \frac{\partial N}{\partial T}$ 이므로 완전미분이 아님.

(2) $\frac{dq}{T} = \frac{c_v}{T} dT + \frac{p}{T} d\alpha = \frac{c_v}{T} dT + \frac{R}{\alpha} d\alpha$

$$\oint \frac{c_v}{T} dT = 0, \quad \oint \frac{R}{\alpha} d\alpha = 0$$

$$\therefore \quad \oint \frac{dq}{T} = 0$$

1.6 $p = \rho RT$. 여기서 R은 상수이므로 밀도 ρ에 대한 전미분 : $d\rho = \frac{\partial \rho}{\partial p} dp + \frac{\partial \rho}{\partial T} dT$

이 전미분이 완전미분의 조건 : $\frac{\partial}{\partial T}\left(\frac{\partial \rho}{\partial P}\right) = \frac{\partial}{\partial P}\left(\frac{\partial \rho}{\partial T}\right) = -\frac{1}{R}\left(\frac{1}{T^2}\right)$을 만족함.

1.7 (1) $f(p, \alpha, T) = 0$일 때 $\left(\frac{\partial \alpha}{\partial T}\right)_p \left(\frac{\partial T}{\partial p}\right)_\alpha \left(\frac{\partial p}{\partial \alpha}\right)_T = -1$의 증명

$f(p, \alpha, T) = 0$일 때 $T = T(p, \alpha)$, $p = p(\alpha, T)$이고

각각의 미분,

$$dT = \left(\frac{\partial T}{\partial p}\right)_\alpha dp + \left(\frac{\partial T}{\partial \alpha}\right)_p d\alpha, \quad dp = \left(\frac{\partial p}{\partial \alpha}\right)_T d\alpha + \left(\frac{\partial p}{\partial T}\right)_\alpha dT$$

$dT = \left(\frac{\partial T}{\partial p}\right)_\alpha dp + \left(\frac{\partial T}{\partial \alpha}\right)_p d\alpha$에 dp를 대입

$dT = \left(\frac{\partial T}{\partial p}\right)_\alpha \left[\left(\frac{\partial p}{\partial \alpha}\right)_T d\alpha + \left(\frac{\partial p}{\partial T}\right)_\alpha dT\right] + \left(\frac{\partial T}{\partial \alpha}\right)_p d\alpha$이고, $d\alpha$와 dT로 정리해주면

$\left[\left(\frac{\partial T}{\partial p}\right)_\alpha \left(\frac{\partial p}{\partial \alpha}\right)_T + \left(\frac{\partial T}{\partial \alpha}\right)_p\right] d\alpha + \left[\left(\frac{\partial T}{\partial p}\right)_\alpha \left(\frac{\partial p}{\partial T}\right)_\alpha - 1\right] dT = 0$이다.

$d\alpha \neq 0$, $dT \neq 0$이므로

$$\left(\frac{\partial T}{\partial p}\right)_\alpha\left(\frac{\partial p}{\partial \alpha}\right)_T+\left(\frac{\partial T}{\partial \alpha}\right)_p=0,\quad \left(\frac{\partial T}{\partial p}\right)_\alpha\left(\frac{\partial p}{\partial T}\right)_\alpha-1=0$$ 이다.

$\left(\frac{\partial T}{\partial p}\right)_\alpha\left(\frac{\partial p}{\partial \alpha}\right)_T+\left(\frac{\partial T}{\partial \alpha}\right)_p=0$을 ①, $\left(\frac{\partial T}{\partial p}\right)_\alpha\left(\frac{\partial p}{\partial T}\right)_\alpha-1=0$ 을 ②라고 두고 정리하면

①은 $\left(\frac{\partial T}{\partial p}\right)_\alpha\left(\frac{\partial p}{\partial \alpha}\right)_T=-\left(\frac{\partial T}{\partial \alpha}\right)_p$ 이고, $\left(\frac{\partial T}{\partial p}\right)_\alpha\left(\frac{\partial p}{\partial \alpha}\right)_T\left(\frac{\partial T}{\partial \alpha}\right)_p^{-1}=-1$ ③

②는 $\left(\frac{\partial T}{\partial p}\right)_\alpha\left(\frac{\partial p}{\partial T}\right)_\alpha=1$ 이며, $\left(\frac{\partial T}{\partial p}\right)_\alpha=\dfrac{1}{\left(\frac{\partial p}{\partial T}\right)_\alpha}$ 이다. 이것을 통해서

$\left(\frac{\partial T}{\partial \alpha}\right)_p^{-1}=\left(\frac{\partial \alpha}{\partial T}\right)_p$ 가 성립함을 알 수 있다. 이 식을 이용하여 ③을 다시 정리하면

$$\left(\frac{\partial T}{\partial p}\right)_\alpha\left(\frac{\partial p}{\partial \alpha}\right)_T\left(\frac{\partial T}{\partial \alpha}\right)_p^{-1}=-1 \Rightarrow \left(\frac{\partial T}{\partial p}\right)_\alpha\left(\frac{\partial p}{\partial \alpha}\right)_T\left(\frac{\partial \alpha}{\partial T}\right)_p=-1$$ 이다.

(2) 이상기체 상태방정식을 적용 시 위 관계가 성립

$\left(\frac{\partial \alpha}{\partial T}\right)_p\left(\frac{\partial T}{\partial p}\right)_\alpha\left(\frac{\partial p}{\partial \alpha}\right)_T=-1$을 $A\times B\times C=-1$이라 두고 이상기체방정식인

$p\alpha=RT$를 이용하면

$$A=\left(\frac{\partial \alpha}{\partial T}\right)_p=\frac{\partial}{\partial T}\left(\frac{RT}{p}\right)_p=\frac{R}{p},$$

$$B=\left(\frac{\partial T}{\partial p}\right)_\alpha=\frac{\partial}{\partial p}\left(\frac{p\alpha}{R}\right)_\alpha=\frac{\alpha}{R},$$

$$C=\left(\frac{\partial p}{\partial \alpha}\right)_T=\frac{\partial}{\partial \alpha}\left(\frac{RT}{\alpha}\right)_T=-\frac{RT}{\alpha^2}$$

으로 위 식에 대입하면

$\frac{R}{p}\times\frac{\alpha}{R}\times\left(-\frac{RT}{\alpha^2}\right)=-\frac{RT}{\alpha p}=-1$ 이며 $\left(\frac{\partial \alpha}{\partial T}\right)_p\left(\frac{\partial T}{\partial p}\right)_\alpha\left(\frac{\partial p}{\partial \alpha}\right)_T=-1$이 성립한다.

제 2 장 연습문제 풀이

2.1 건조공기는 혼합기체이므로 그 평균 분자량은 다음과 같이 구할 수 있다.

분자량 $=\dfrac{\text{질량}}{\text{몰수}}$ 이므로 평균 분자량 M_d:

$M_d=\dfrac{\sum_i m_i}{\sum_i\left(\frac{m_i}{M_i}\right)}$ 이다. 그리고 $R^*=R_dM_d$ 이고, R^*의 단위는 8.314 $\text{Jmole}^{-1}\text{K}^{-1}$이다.

건조공기 100 g이 있을 때 각 기체의 몰수는

N_2 : 75.51 g = 2.697 mol, O_2 : 23.14 g = 0.723 mol, Ar : 1.3 g = 0.0325 mol,

CO_2 : 0.05 g = 0.00114 mol, $\sum M_i = 3.45364$ mol이고 질량의 합은 100(g)이다. 따라서

건조공기 평균 분자량 : $M_d = \dfrac{100}{3.45364} = 28.96(\text{gmole}^{-1})$

건조공기에 대한 기체상수: $R_d = \dfrac{8.3145}{28.96} = 0.287\ \text{JK}^{-1}\text{g}^{-1} = 287\ \text{JK}^{-1}\text{kg}^{-1}$

2.2 $w = p(\alpha_2 - \alpha_1) = p\left(\dfrac{1}{\rho_2} - \dfrac{1}{\rho_1}\right)$, $p = 1013 \times 10^2$ Pa, $\rho_1 = 916.23\ \text{kgm}^{-3}$, $\rho_2 = 999.84\ \text{kgm}^{-3}$ 을 대입하면 $w = -9.246$ J/kg이다. 녹은 얼음의 질량이 10 kg이므로 $W = mw = -92.46$ J의 일을 하였다.

2.3 (a) 공기덩이에 가해진 열(cal) : 상태 방정식 $PV = mR_dT$를 이용.

등압과정 : $\dfrac{p}{mR_d} = \dfrac{T}{V} = \text{const}$, $\dfrac{T_1}{V_1} = \dfrac{T_2}{V_2}$

부피가 초기 부피보다 10% 증가했으므로 나중 부피를 V_2, 초기 부피를 V_1이라 하면 $V_2 = 1.1\,V_1$이다.

따라서 위 식에 대입하면 $T_2 = 1.1\,T_1$

나중 온도 : $T_2 = 1.1 \times 280 = 308\,(\text{K})$

(b) 등압과정 : $dq = c_p dT\,(dp = 0)$,

$$q = \int_{T_1}^{T_2} c_p dT = \int_{280}^{308} 1005 dT = [1005\,T]_{280}^{308} = 28140\ \text{J/kg}$$

$Q = 28140\ \text{J/kg} \times 0.05\ \text{kg} = 1407\ \text{J} = 336.1\ \text{cal}$ ($\because$ 1 cal = 4.1868 J)

(c) 공기덩이가 주위에 한 일 $pV = mR_dT$ 이용, 여기서 V만 미지수이므로 V_1과 V_2를 구할 수 있음.

$$V_1 = \frac{mR_dT}{p} = \frac{0.05 \times 287 \times 280}{1000 \times 10^2} = 0.04018(\text{m}^3)$$

$V_2 = 1.1\,V_1 = 0.044198(\text{m}^3)$

$$W = \int_{V_1}^{V_2} p\,dV = -p\int_{V_1}^{V_2} dV = p(V_2 - V_1) = 401.8(\text{J})$$

2.4 (a) 온위 식을 이용 : $\theta = 210\left(\dfrac{1000}{200}\right)^{0.286} = 332.8(\text{K})$

(b) 등압과정(1000 hPa) 고려 $dq = c_p dT$,

$$q = \int_{T_1}^{T_2} c_p dT = \int_{332.8}^{298} 1005 dT = [1005\,T]_{332.8}^{298} = -34974\text{J/kg}$$

2.5 (a) 이상기체 상태방정식 $p\,\alpha = RT$에서

$\left(\dfrac{\partial p}{\partial \alpha}\right)_T = -\dfrac{RT}{\alpha^2} = -\dfrac{p\alpha}{\alpha^2} = -\dfrac{p}{\alpha}$ 이고, $\left(\dfrac{\partial p}{\partial T}\right)_\alpha = \dfrac{R}{\alpha} = \dfrac{p}{T}$ 이다.

(b) $\theta = T\left(\dfrac{p_0}{p}\right)^k = \dfrac{p\alpha}{R}\left(\dfrac{p_0}{p}\right)^k = \dfrac{p^{(1-k)}\alpha\, p_0^k}{R}$, $\theta = \text{const.}$

$\ln\theta = (1-k)\ln p + \ln\alpha + k\ln p_0 - \ln R$

양변을 미분하면

$0 = (1-k)d\ln p + d\ln\alpha = (1-k)\dfrac{dp}{p} + \dfrac{d\alpha}{\alpha}$

$\therefore \left(\dfrac{dp}{d\alpha}\right)_\theta = -\dfrac{1}{(1-k)}\dfrac{p}{\alpha}$

2.6 (a) 단열과정에서 온위가 되므로 보존 :

$T_1\left(\dfrac{p_0}{p_1}\right)^k = T_2\left(\dfrac{p_0}{p_2}\right)^k$, $263.3\left(\dfrac{1000}{500}\right)^{0.286} = T\left(\dfrac{1000}{700}\right)^{0.286}$, $T = 16.6℃$

(b) $\Delta T = 16.6 - 6 = 10.6(℃)$

제 3 장 연습문제 풀이

3.1 (1) 등온과정 : 처음 상태를 1, 나중 상태를 2라 하면

$dT = 0$, $\alpha_1 = 900\ \text{cm}^3\text{g}^{-1}$, $\alpha_2 = 950\ \text{cm}^3\text{g}^{-1}$

① 비내부에너지의 변화 : $\Delta u = 0$ ($\because\ \Delta T = 0$)

② 비엔탈피 변화 : $\Delta h = c_{pd}\Delta T = 0$ ($\because\ \Delta T = 0$)

③ 비엔트로피의 변화

$dq = c_{vd}dT + pd\alpha$, $dq = pd\alpha$ ($\because\ dT = 0$)

$$\Delta s = \int_1^2 \frac{dq}{T} = \int_1^2 \frac{p}{T}d\alpha = \int_1^2 \frac{R}{\alpha}d\alpha\,;\ (\because\ p\alpha = RT)$$

$$= R_d \ln\left(\frac{\alpha_2}{\alpha_1}\right) = 287 \times \ln\left(\frac{950}{900}\right) = 15.517(\text{JK}^{-1}\text{kg}^{-1})$$

(2) 등압과정 :

① 비내부에너지의 변화 : $\Delta u = 717 \times 20 = 14340(\text{Jkg}^{-1})$

② 비엔탈피 변화

$$\Delta h = c_{pd}\Delta T = c_{pd}(T_2 - T_1)$$

$$= 1005 \times 20 = 20100(\text{Jkg}^{-1})$$

③ 비엔트로피의 변화

$$dq = c_{pd}dT \quad (\because\ dp = 0),$$

$$\Delta s = \int_1^2 \frac{dq}{T} = \int_1^2 \frac{c_{pd}}{T}dT = c_{pd}\ln\left(\frac{T_2}{T_1}\right)$$

$$= 1005 \times \ln\left(\frac{283}{263}\right) = 73.65\,(\text{Jkg}^{-1}\text{K}^{-1})$$

(3) 단열압축 과정 :

① 비내부에너지의 변화

$$\Delta u = \int_1^2 c_{vd}dT = c_{vd}(T_2 - T_1)$$ 여기서 T_2를 구하기 위해 다음 공식을 이용.

$$T_2 = T_1\left(\frac{p_2}{p_1}\right)^{\frac{R_d}{c_{pd}}}; \quad T_2 = 280 \times \left(\frac{950}{900}\right)^{0.286} = 284.363(\text{K})$$

$$\Delta u = 718 \times (284.363 - 280.000) = 3.13 \times 10^3(\text{Jkg}^{-1})$$

② 비엔탈피 변화

$$\Delta h = c_{pd}\Delta T = c_{pd}(T_2 - T_1)$$

$$= 1005 \times (284.363 - 280.000) = 4384.815(\text{Jkg}^{-1})$$

③ 비엔트로피의 변화는 다음 과정을 고려하여 계산 : $(p_1, T_1) \rightarrow (p_1, T_2) \rightarrow (p_2, T_2)$

가역등압과정에서 엔트로피 증가($dp = 0$) :

$$\Delta s_1 = c_{pd}\int_{T_1}^{T_2} \frac{dT}{T} = c_{pd}\ln\left(\frac{T_2}{T_1}\right) = 15.529$$

가역등온과정에서 엔트로피 증가($dT = 0$) :

$$\Delta s_2 = -\int_{p_1}^{p_2} \frac{\alpha}{T}dp = -R_d\ln\left(\frac{p_2}{p_1}\right) = -15.517$$

$$\therefore\ \Delta s_{tot} = \Delta s_1 + \Delta s_2 = 15.529 - 15.517 = 0.012\ (\text{Jkg}^{-1}\text{K}^{-1})$$

3.2 처음 상태를 1, 나중 상태를 2라 하면

(1) 등체적 과정 : $dq = c_{vd}dT\ (\because\ d\alpha = 0)$

$$\therefore\ \Delta s_{sys} = c_v\ln\left(\frac{T_2}{T_1}\right) = 718 \times \ln\left(\frac{293}{298}\right) = -12.15(\text{Jkg}^{-1}\text{K}^{-1})$$

(2) 계가 냉각되면서 잃은 열을 주위가 얻었다고 생각하면, 먼저 계가 잃은 열은

$dq = 718 \times (293 - 298) = -3590(\text{Jkg}^{-1})$.

이것은 주위가 얻은 열에 해당 : 3590(Jkg^{-1})

$$\Delta S_{sur} = \frac{dq}{T} = \frac{3590}{293} = 12.25\,(\text{Jkg}^{-1}\text{K}^{-1})$$

(3) $\Delta S_{total} = \Delta S_{sys} + \Delta S_{sur} = -12.15 + 12.25 = 0.1\,(\text{Jkg}^{-1}\text{K}^{-1})$

3.3 먼저 이상기체의 등온팽창을 고려한다. 내부에너지는 온도만의 함수이므로, 등온과정에서 $du = 0$ 이다. 그리고 $dq = du + dw$에서 $du = dq - dw = 0$

$\therefore dw_{rev} = dq_{rev}$.

처음 상태를 i, 나중 상태를 f라 하면

$$Q_{rev} = nR^* T \ln\left(\frac{V_f}{V_i}\right)$$

이때의 엔트로피 변화 : $\dfrac{Q_{rev}}{T} = nR^* \ln\dfrac{V_f}{V_i}$ (V_i : 처음 부피, V_f : 나중 부피)

이상기체 1과 2가 혼합되는 경우 각각의 기체에 대해서 V_t을 나중 부피라 하면

$V_t = V_1 + V_2$이고, $\Delta S_t = \sum_i \Delta S_i$이다. 따라서 총 엔트로피의 변화는 다음과 같다.

$$\therefore\ \Delta S_t = \Delta S_1 + \Delta S_2 = n_1 R^* \ln\frac{V_t}{V_1} + n_2 R^* \ln\frac{V_t}{V_2}$$

3.4 상태변화 : (900 hPa, 273 K) → (950 hPa, 269 K)인 과정으로 고려.

이 과정을 2단계인 가역 등압과정+가역 등온과정으로 고려하여 엔트로피 계산 (문제 3.1 풀이 참고)

① 가역 등압과정($dp = 0,\ dq = c_p dT$)

(900 hPa, 273 K) → (900 hPa, 269 K) 이때의 엔트로피 변화를 Δs_1이라 하면

$$\Delta s_1 = c_p \int_{T_1}^{T_2} \frac{dT}{T} = c_p \ln\left(\frac{T_2}{T_1}\right) = 1005 \ln\left(\frac{269}{273}\right) = -14.83(\text{Jkg}^{-1}\text{K}^{-1})$$

② 가역 등온과정($dT = 0,\ dq = -\alpha dp$)

(900 hPa, 269 K) → (950 hPa, 269 K) 이때의 엔트로피 변화를 Δs_2라 하면

$$\Delta s_2 = -\int_{P_1}^{P_2} \frac{\alpha}{T} dp = -R \ln\left(\frac{p_2}{p_1}\right) = -287 \ln\left(\frac{950}{900}\right) = -15.517(\text{Jkg}^{-1}\text{K}^{-1})$$

$$\therefore\ \Delta s_{tot} = \Delta s_1 + \Delta s_2 = -30.347(\text{Jkg}^{-1}\text{K}^{-1})$$

3.5 (1) 카르노 순환에서 T_1의 등온과정에서 받은 열을 Q_1, T_2의 등온과정에서 배출한 열을 Q_2라 하면 $\dfrac{Q_1}{Q_2} = -\dfrac{T_1}{T_2}$이다. 여기서 $T_1 = 400$, $T_2 = 300$, $Q_1 = 1200$이라 하면 $Q_2 = -900$ cal.

따라서 900 cal의 열을 방출한다.

(2) 마찬가지로 T_2의 등온과정에서 뽑은 열을 Q_2, T_1의 등온과정에서 방출한 열을 Q_1이라

하면 $-\frac{Q_1}{1200} = \frac{400}{300}$, $Q_1 = -1600$. ∴ 1600 cal의 열을 방출한다.

(3) $Q_h = Q_c + W$ 이므로 일이 모두 열로 바뀐다면 이 열은 냉동기에서 뽑은 열과 방출한 열의 차이로 구할 수 있다.

1600 cal = 1200 cal + W, ∴ W = 400 cal.

3.6 다음과 같은 3단계로 나누어 문제 해결 :

1단계. −10℃의 과냉각수가 0℃의 물로 변하는 과정(상변화는 없음)

2단계. 0℃의 물이 0℃의 얼음으로 변하는 과정(상변화만 일어남)

3단계. 0℃의 얼음이 −10℃의 얼음으로 변하는 과정.

① 먼저 1단계에서는 $dQ = CmdT$ 이용; m: 1몰의 질량(18 g)

$dq = 1 \times 18dT = 18dT$

이 경우 엔트로피 변화 : $\Delta S_1 = \int_{263}^{273} \frac{dq}{T} = 18\int_{263}^{273} \frac{1}{T}dT = 18\ln\left(\frac{273}{263}\right) = 0.67(\text{calK}^{-1})$

② 2단계. 상변화와 관련된 과정 : $\Delta Q = L_f m = -80\ \text{cal/g} \times 18\ \text{g} = -1440\ (\text{cal})$

$$\Delta S_2 = \frac{\Delta Q}{T} = \frac{-1440}{273} = -5.28(\text{cal/K})$$

③ 3단계. 얼음의 비열은 0.5 $\text{calg}^{-1}\text{K}^{-1}$을 이용하면, 1단계와 같이

$dq = 0.5 \times 18dT = 9dT$. $\Delta S_3 = \int_{273}^{263} \frac{9}{T}dT = 9\ln\left(\frac{263}{273}\right) = -0.36\ (\text{cal/K})$

$$\therefore\ \Delta S_{tot} = \Delta S_1 + \Delta S_2 + \Delta S_3 = 0.67 + (-5.28) + (-0.36) = -4.97(\text{cal/K})$$

3.7 $dh = du + pd\alpha + \alpha dp$, 등온과정, $du = 0$ 그리고 $p\alpha = RT$에서 등온과정의 경우 $pd\alpha = -\alpha dp$ 이용. ∴ $dh = 0$

제 4 장 연습문제 풀이

4.1 다음 두 가지 방법으로 풀 수 있다.

(1) $\left(\frac{\partial H}{\partial p}\right)_T = \frac{\partial}{\partial p}[(U + pV)]_T = \left(\frac{\partial U}{\partial p}\right)_T + \left(\frac{\partial}{\partial p}\right)_T (nR^* T) = 0$

(2) 엔탈피 H : $H = U + pV$의 미분형 : $dH = TdS + Vdp$.

온도가 일정할 경우 엔탈피의 압력에 대한 미분 : $\left(\frac{\partial H}{\partial p}\right)_T = T\left(\frac{\partial S}{\partial p}\right)_T + V$

여기서 맥스웰 관계식 $\left(\frac{\partial S}{\partial p}\right)_T = -\left(\frac{\partial V}{\partial T}\right)_p$ 과 이상기체의 상태방정식, $pV = nR^* T$를

이용하면 $\left(\frac{\partial H}{\partial p}\right)_T = -T\left(\frac{\partial V}{\partial T}\right)_p + V = -T\left(\frac{nR^*}{p}\right)_p + V = -V+V=0$

4.3 (1) 등압과정에서 계가 외부에서 받은 열 또는 계에서 외계로 이동한 열은 엔탈피의 변화로 나타낼 수 있다 : $dQ=c_p dT - Vdp$에서 등압과정 : $dQ=c_p dT = dH$

가역과정에서 우주의 엔트로피 변화 : $dS_u = dS + dS'$ 으로 표현된다. 여기서 dS는 계의 엔트로피 변화, dS'는 외계의 엔트로피 변화를 표시.

계에서 주위로 이동한 열은 계가 잃은 열과 같다. 따라서

$dQ' = -dQ = -dH$, $\quad dS' = -\frac{dQ}{T} = -\frac{dH}{T}$

$$dS_u = dS - \frac{dQ}{T} \qquad \therefore\ dS_u = dS - \frac{dH}{T} \qquad (1)$$

(2) $G=H-TS$. 온도가 일정한 경우 G의 미분 :

$$dG = dH - TdS \qquad (2)$$

가 될 것이다. 그런데 식 (1)의 양변에 T를 곱하면

$TdS_u = TdS - dH = -(dH - TdS) = -dG$, $\therefore\ TdS_u = -dG$

4.4 깁스 에너지 : $G=H-TS$. 온도가 일정한 경우 : $\Delta G = \Delta H - T\Delta S$ 물이 얼음으로 바뀌는 상변화 과정은 등온과정이므로 앞에 주어진 ΔG에 관한 식 이용 :

$\Delta G = \Delta H - T\Delta S = -5619 - 263\times(-20.54) = -5619 + 5402.02 = -216.98(\mathrm{Jmole^{-1}})$

4.5 $\left(\frac{\partial p}{\partial s}\right)_\alpha$ 은 비체적이 일정할 때 엔트로피에 따른 압력의 변화를 표시. 이 식에 대한 맥스웰 관계식 : $\left(\frac{\partial T}{\partial \alpha}\right)_s = -\left(\frac{\partial p}{\partial s}\right)_\alpha$

엔트로피가 일정할 때 비체적에 따른 온도의 변화에 해당되며 다음과 같이 구함.

$dq = c_v dT + p d\alpha$; $\quad \frac{dq}{T} = ds = c_v\frac{dT}{T} + p\frac{d\alpha}{T} = 0 \quad (\because\ s = \mathrm{const})$

$c_v dT = -p d\alpha$, $\quad \left(\frac{\partial T}{\partial \alpha}\right)_s = -\frac{p}{c_v}$

맥스웰 관계식에서 $\left(\frac{\partial T}{\partial \alpha}\right)_s = -\left(\frac{\partial p}{\partial s}\right)_\alpha$ 이므로 $\left(\frac{\partial p}{\partial s}\right)_\alpha = \frac{p}{c_v}$

4.6 (1) 깁스 자유에너지 : $G = F + pV = H - TS$:

$dG = dF + pdV + Vdp = (-pdV - SdT) + pdV + Vdp = -SdT + Vdp$

등온과정 : $dT=0$, $dG = Vdp$. 이상기체 상태방정식을 이용하면

$$\Delta G=\int_{0.1}^{1} Vdp = \int_{0.1}^{1}\frac{nR^* T}{p}dp = nR^* T\ln\left(\frac{100}{1000}\right)$$

따라서 단위 몰에 대한 깁스 자유에너지의 변화 :

$$\Delta G = R^* T\ln\left(\frac{100}{1000}\right) = 8.3145\times 298\times(-2.3026) = -5705.2(\mathrm{J/mole})$$

(2) 자유팽창과 같은 비가역 등온과정을 고려 : $\Delta G = -5705.2(\mathrm{J/mole})$

(3) $dF = -\int pdV = \int Vdp$: 등온과정

$\because\ d(pV) = d(nRT) = 0:\ pdV = -Vdp$

$\Delta F = \Delta G = -5705.2(\mathrm{J/mole})$

4.7 엔트로피 : $s = s(T,p),\ ds = \left(\frac{\partial s}{\partial T}\right)_P dT + \left(\frac{\partial s}{\partial p}\right)_T dp$ (1)

① 등온과정에서 엔트로피 변화 : $\left(\frac{\partial s}{\partial p}\right)_T$ 는 맥스웰 관계식을 이용 : $\left(\frac{\partial s}{\partial p}\right)_T = -\left(\frac{\partial \alpha}{\partial T}\right)_p$

$$p\alpha = RT;\ \alpha = \frac{RT}{p},\ \left(\frac{\partial \alpha}{\partial T}\right)_P = \frac{R}{p}$$

$$\left(\frac{\partial s}{\partial p}\right)_T = -\left(\frac{\partial \alpha}{\partial T}\right)_p = -\frac{R}{p} \qquad (2)$$

② 등압과정에서 온도에 따른 엔트로피의 변화 : $dq = c_p dT - Vdp = c_p dT\ (\because\ dp = 0)$

$dq = c_P dT - Vdp = c_P dT\ (\because\ dp = 0)$

$$\frac{dq}{T} = ds = \frac{c_P}{T}dT;\ \left(\frac{\partial s}{\partial T}\right)_P = \frac{c_P}{T} \qquad (3)$$

식 (1)에 (2)와 (3)을 대입

$$\therefore\ ds = \left(\frac{\partial s}{\partial T}\right)_p dT + \left(\frac{\partial s}{\partial p}\right)_T dp = \frac{c_p}{T}dT - \frac{R^*}{p}dp \qquad (4)$$

제 5 장 연습문제 풀이

5.2 $c=2,\ \phi=2$를 깁스의 상규칙에 대입하면

$f = c+2-\phi = 2+2-2 = 2$

5.3 습윤 공기는 건조 공기와 수증기로 이루어져 있다. 둘 다 기체이지만 구성 성분은 둘이다. 깁스의 상규칙 $f = c+2-\phi$를 이용하면, 구성 성분의 수 $c=2$, 상의 수 $\phi=1$를 대입 : 자유도 $f = 2+2-1 = 3$

5.4 건조 공기, 과냉각 수적, 빙정, 수증기가 공존하고 있으므로 상의 수 $\phi = 3$, 구성 성분은 건조 공기와 물이므로 $c = 2$, $f = c + 2 - \phi = 2 + 2 - 3 = 1$, 자유도 $f = 1$로서는 계의 상태를 구체적으로 기술할 수 없음. 그 이유는 과냉각 수적을 포함하고 있는 계는 평형상태의 계가 아님. 과냉각 수적은 준안정(metastable)상태에 있는 입자임.

5.5 이 부분에서는 물과 수증기가 평형상태를 이루고 있음.
μ_w(물) $= \mu_v$(수증기)

5.6 $T_b = T_{b0}\left(1 - \dfrac{z}{H_b}\right)$이용. $T_{b0} = 373\ \text{K}$, $z = 1.5\ \text{km}$, $H_b = 107\ \text{km}$를 대입.
$T_b = 367.7\ \text{K} = 94.7℃$

5.7 ① 지구 대기에서 고도 1 km 상승할 때마다 물의 끓는점은 대략 3.5℃씩 감소 : 10℃가 낮아지려면 약 2.857 km 상승해야 함.

② 기압변화 : $p = p_0 e^{\frac{-z}{H}}$ 로 나타내어지고 $z = 2.857\ \text{km}$, $H = 8\ \text{km}$

$p(z) = 1013 e^{-\frac{2.857}{8}} = 708.78(\text{hPa})$

5.8 돌턴의 법칙 : $p = p_1 + p_2 + p_3 + p_4 \cdots$
이 식의 양변에 V를 곱하면 : $pV = p_1 V + p_2 V + p_3 V + p_4 V \cdots$

$$= (n_1 + n_2 + n_3 + n_4 + \cdots) R^* T$$
$$pV = nR^* T$$

여기서 $n = n_1 + n_2 + n_3 \cdots$이다. 그리고 앞에 식에서 $p_i V = n_i R^* T$와 $pV = nR^* T$를 얻는다.

여기서 $\dfrac{p_i V_i}{pV} = \dfrac{p_i}{p_t} = \dfrac{n_i R^* T}{nR^* T} = \dfrac{n_i}{n}$을 얻는다.

$$\therefore\ \frac{p_i}{p_t} = \frac{n_i}{n}$$

5.9 식 (5.46)에서 $\dfrac{de_{sw}}{dT} = \dfrac{L_{wv}}{T(\alpha_v - \alpha_w)}$에서 $\alpha_v \gg \alpha_w$인 경우에 적분을 하면 Bolton(1980)의 식 $e_{sw}(T) = 6.112\exp\left(\dfrac{17.67T}{T + 243.5}\right)$을 얻는다. 이 식의 양변에 자연대수를 취하고 T로 미분하면 $\dfrac{de_{sw}}{dT} = e_{sw}(T)\left[\dfrac{B}{T+A}\left(1 + \dfrac{T}{T+A}\right)\right] > 0$을 얻는다. 여기서 A와 B는 각각 상수이다.
이 식에서 [ ]안에 항과 $e_{sw}(T)$의 값이 모두 양이다.

제 6 장 연습문제 풀이

6.1 (1) 수증기의 압력 : $e = \rho_v R_v T = 0.005 \times 461.5 \times (273+15) = 6.64\ \mathrm{hPa}$

건조공기의 압력 : $p_d = p - e = 1000 - 6.64 = 993.36\ \mathrm{hPa}$

(2) 건조공기의 밀도 : $\rho_d = \dfrac{p_d}{R_d T} = \dfrac{993.36 \times 100}{287 \times (273+15)} \approx 1.21\ \mathrm{kg/m^3}$

(3) 비습 : $x\,(\mathrm{g/kg}) = \dfrac{\rho_v}{\rho_d + \rho_v} = \dfrac{5}{1.21 + 0.005} \approx 4.12\ \mathrm{g/kg}$

혼합비 : $w(\mathrm{g/kg}) = \dfrac{m_v}{m_d} = \dfrac{\rho_v}{\rho_d} = \dfrac{5}{1.21} \approx 4.13\ \mathrm{g/kg}$

(4) $T_v = (1 + 0.61x)\,T = (1 + 0.61 \times 4.12) \times (273+15) = 289\ \mathrm{K}$

6.2 습윤공기의 온위, $\theta_m = T\left(\dfrac{p_0}{p}\right)_m^K$을 이용해서 구한다.

여기서 $K_m = \dfrac{R_m}{c_{pm}} = \dfrac{R_d(1+0.61x)}{c_{pd}(1+0.84x)} = \dfrac{287 \times (1+0.61 \times 0.004)}{1005 \times (1+0.84 \times 0.004)} \approx 0.285$이다.

이 값과 주어진 값들을 식에 대입해주면 $\theta_m = T\left(\dfrac{p_0}{p}\right)^{K_m} = 283 \times \left(\dfrac{1000}{500}\right)^{0.285} = 344.8\ \mathrm{K}$이다.

건조공기의 온위는 습윤공기의 경우와 압력항의 지수만 다른데 건조공기의 경우

$K_d = \dfrac{R_d}{c_{pd}} = \dfrac{287}{1005} \approx 0.286$이다. 값을 대입하여 계산해주면

$\theta = T\left(\dfrac{p_0}{p}\right)^{K_d} = 283 \times \left(\dfrac{1000}{500}\right)^{0.286} = 345.0\ \mathrm{K}$

$\therefore\ \theta - \theta_m = 345.0 - 344.8 = 0.2\ \mathrm{K}$

6.3 습윤공기의 온위, $x = \dfrac{m_v}{m_d + m_v} = \dfrac{m_v/m_d}{m_d/m_d + m_v/m_d}$

$\therefore\ x = \dfrac{w}{1+w}$

6.7 단열과정에서 얻어진 식 $TV^{\gamma-1} = \mathrm{const.}$를 이용한다. 여기서 건조공기의 경우

$\gamma = \dfrac{c_{pd}}{c_{vd}} = 1.4$이다. 주어진 식에서 $T_1 V_1^{\gamma-1} = T_2 V_2^{\gamma-1}$.

$T_2 = T_1\left(\dfrac{V_2}{V_1}\right)^{\gamma-1} = 270\left(\dfrac{3}{2}\right)^{0.4} = 317.5\ \mathrm{K}$

비엔탈피의 변화 : $\Delta h = c_{pd}\Delta T = 1005(317.5 - 270) = 47.7 \times 10^3(\mathrm{Jkg^{-1}})$

6.8 $T_v(\mathrm{K}) \simeq (1+0.61w)T$에 $T_v(\mathrm{K}) = T_v(℃)+273$, $T(\mathrm{K}) = T(℃)+273$을 대입하고 w의 단위는 g/Kg이므로 단위를 동일하게 해주면 다음과 같이 주어진다.

$T_v(℃)+273 \simeq [T(℃)+273](1+0.61w/1000)$

$T_v(℃) \simeq T(℃)(1+6.1\times10^{-4}w)+0.167w$

대기에서 최대 혼합비는 40 g/Kg 정도이므로 $6.1\times10^{-4}w \ll 0.167w$

$T_v(℃) \simeq T(℃)+0.167w \approx T(℃)+1/6w$로 근사할 수 있다.

제 7 장 연습문제 풀이

7.5 온위방정식에서 자연대수를 취한 후, 미분하여 정리하면,

$$d\ln\theta = d\ln T - \frac{R_d}{c_{pd}}d\ln p$$

$$= \frac{dT}{T} - \frac{\alpha}{c_{pd}}\frac{dp}{T} = \frac{1}{c_{pd}T}(c_{pd}dT - \alpha dp)$$

$$\therefore\ d\ln\theta = \frac{dq}{c_{pd}T}$$

7.6 비단열가열에 의한 온위변화는 제1법칙에 관한 식은 $\dfrac{d\theta}{dt} = \dfrac{dq}{dt}\dfrac{1}{c_{pd}}\left(\dfrac{p_o}{p}\right)^{R_d/c_{pd}}$으로 주어진다.

여기서 $p_0 = 1000$ hPa, $p = 500$ hPa, $c_{pd} = 1005\ \mathrm{Jkg^{-1}K^{-1}}$ 그리고 $d\theta/dt = 1$ K/day이다. 이 값들을 주어진 식에 적용하면 $dq/dt = 824.3$ J/(day · kg)을 얻는다. 따라서 1 kg의 불포화 공기덩이에 주어진 에너지는 $dq/dt = 824.3$ J/day이다.

7.7 단열과정에서 얻어진 식 $TV^{\gamma-1} = \mathrm{const.}$를 이용한다.
여기서 건조공기의 경우 $\gamma = \dfrac{c_{cp}}{c_{vd}} = 1.4$이다.
자연대수를 취하면 $\ln T + (\gamma-1)\ln V = \ln C$. C : 상수.
여기서 미분을 하면 다음 식을 얻는다.

$$\frac{dT}{T} = -(\gamma-1)\frac{dV}{V}. \qquad \therefore\ \frac{dV}{V} = \frac{-1}{\gamma-1}\frac{dT}{T} = -25\%$$

7.8 주어진 식의 양변에 $1/n$승을 취하면 다음과 같이 주어진다.

$$(p\alpha^n)^{\frac{1}{n}} = c^{\frac{1}{n}} \qquad (1)$$

식 (1)의 정리 : $p^{\frac{1}{n}}\alpha = c^{\frac{1}{n}}$ (2)

여기서 만일 $n \to \infty$, $p^{\frac{1}{n}} \to p^0 = 1$, 따라서 $\alpha = c^{\frac{1}{n}} = \text{const.}$이므로 등체적과정이다.

7.9 온위 방정식에 자연대수를 취하고 미분하면 $\frac{d\theta}{\theta} = \frac{dT}{T} - \frac{R_d}{c_{pd}}\frac{dp}{p}$를 얻는다.

그리고 이 방정식의 우변을 $dq = c_{pd}dT - \alpha\, dp$를 이용하여 바꾸어준 다음 dt로 나누어준다.

그리고 온위 식을 적용하면 $\frac{d\theta}{dt} = \frac{dq}{dt}\frac{1}{c_{pd}}\left(\frac{p_o}{p}\right)^{R_d/c_{pd}}$가 얻어진다.

제 8 장 연습문제 풀이

8.1 (1) $p = 100\,\text{hPa}$; $T = 25℃$; $T_d = 20℃$

$e_s(20℃) = 23.37\,\text{hPa}$; $e_s(25℃) = 31.67\,\text{hPa}$

상대습도 : $RH = \frac{e}{e_{s(T)}} = \left(\frac{23.37}{31.67}\right) \times 100 = 73.8\%$

(2) 포화고도의 온도(T_s)는 다음 식을 이용하여 계산

$$T_s = \frac{1}{\left(\frac{1}{T-55}\right) - \left(\frac{\ln H}{2840}\right)} + 55 = 293.1\,\text{K}$$

여기서 H는 상대 습도를 나타냄.

(3) 포화고도의 압력(p_s)은 다음 식을 이용하여 계산

$$p_s = p\left(\frac{T_s}{T}\right)^{\frac{C_{pd}}{R_d}} = 941.8\,\text{hPa}$$

8.2 식 (8.25)를 적용하여 계산, $\theta = 304.6\,\text{K}$, $T_{LCL}(= T_d) = 287.6\,\text{K}$, $w = 11.7\,\text{g kg}^{-1}$, $c_{pd} = 1005\,\text{J kg}^{-1}\text{K}^{-1}$을 대입하면 $\theta_e = 339\,\text{K}$

8.5 열역학 제1법칙에서 $dq = c_{pd}dT - \alpha dp$에서 단열・등압과정에서 수증기가 응결할 경우 다음과 같이 주어진다.

$-L_{wv}dw_v = c_{pd}dT$ (1)

기술할 수 있다. 식 (1)을 적분하면

$$-\int_{w_r}^{0} L_{wvd} dw_r = \int_{T}^{T_{ie}} c_{pd} dT \tag{2}$$

식 (2)의 적분 결과를 정리 : $T_{ie} = T + L_{wv} w_r / c_{pd}$ (3)

제 9 장 연습문제 풀이

9.2 $\Delta z = \dfrac{R < T_v >}{g} \ln\left(\dfrac{p_2}{p_1}\right) = -\dfrac{287 \times 280}{9.8} \ln\left(\dfrac{750}{1010}\right) \simeq 2447(\text{m})$

9.3 일정한 고도에서 두 기체의 수밀도의 비는 그 압력의 비와 같다. 식 (9.36)에 $p = nkT$를 적용하면 $n(z) = n(0)\exp\left(-\dfrac{z}{H_s}\right)$을 얻는다.

고도 500 km에서 두 기체의 수밀도의 비를 구하면 다음과 같다.

$$\frac{n_{O(500\text{km})}}{n_{H(500\text{km})}} = \frac{n_{O(200\text{km})}}{n_{H(200\text{km})}} \frac{\exp\left(-\dfrac{z}{H_O}\right)}{\exp\left(-\dfrac{z}{H_H}\right)} \tag{1}$$

① $H_H = \dfrac{R^* T}{g M_H} = \dfrac{8.314 \times 2000}{9.8 \times 1} \approx 1697 \text{ m}$

② $H_O = \dfrac{R^* T}{g M_O} = \dfrac{8.314 \times 2000}{9.8 \times 16} = 106 \text{ m}$

③ $\dfrac{n_{O(200\text{km})}}{n_{H(200\text{km})}} = 10^5$을 (1)에 대입

$$\frac{n_{O(500\text{km})}}{n_{H(500\text{km})}} = 10^5 \exp\left[-300\left(\frac{1}{H_O} - \frac{1}{H_H}\right)\right] \simeq 6721$$

9.4 (1) 주어진 조건에서 대기의 성분을 건조공기로 고려할 경우 공기의 밀도(ρ) :

$$\rho = \frac{p}{R_d T} = \frac{1010 \times 10^2}{287 \times 273.15} = 1.29(\text{kgm}^{-3})$$

(2) 등밀대기의 높이 : $H = \dfrac{p}{\rho g} = \dfrac{1010 \times 10^2}{1.29 \times 9.8} = 7.99(\text{km})$

(3) 공기의 밀도 : $\rho = \dfrac{p}{gH} = \dfrac{1010 \times 10^2}{9.8 \times 12000} = 0.86(\text{kgm}^{-3})$

9.5 (1) 등온대기에서 고도 z에서 압력 $p(z)$는 $p(z) = p_0 \exp\left(-\frac{z}{H_s}\right)$으로 주어진다. 여기서 규모 고도는 $H_s = \frac{R_d T}{g} = \frac{287 \times 290}{9.8} = 8.5(\mathrm{km})$

앞에 주어진 식에서 $\ln\left[\frac{p(z)}{p_0}\right] = -\frac{z}{H_s}$,

$$z = -H_s \ln\left[\frac{p(z)}{p_0}\right] = -8.5 \times \ln(0.1) = 19.5(\mathrm{km})$$

(2) 등감률 대기에 대한 공식, $p(z) = p_0\left(\frac{T_0 - \gamma z}{T_0}\right)^{g/R_d\gamma}$ 을 적용하여 동일한 방법으로 풀 것

9.6 $p(z_0) = n(z_0)kT(z_0)$와 $p(z) = n(z)kT(z)$를 주어진 식에 대입하여 구함.

9.7 지구표면에서 평균기압을 1000 hPa,지구 중력가속도를 9.8 $\mathrm{ms^{-2}}$, 지구반경을 6370 km로 고려

(1) 지표의 단위면적에 대한 대기의 질량(m : 100000 Pa = 9.8m)

$$m = \frac{100000}{9.8} = 1.03 \times 10^4\ (\mathrm{kgm^{-2}})$$

(2) 지표의 총 면적 $A_s = 4\pi R^2 = 4 \times 3.14 \times (6.37 \times 10^6)^2 = 5.09 \times 10^{14}(\mathrm{m^2})$

(3) 지구대기의 총 질량 $M_e = A_s m_1 = 5.09 \times 10^{14} \times 1.03 \times 10^4 = 5.24 \times 10^{18}(\mathrm{kg})$

(4) 해양질량에 대한 대기질량의 비 : $\frac{5.24 \times 10^{18}}{1.35 \times 10^{21}} = 3.9 \times 10^{-3}$

제 10 장 연습문제 풀이

10.1 (1) 평균온도증가 : $\Delta Q = c_p \int_0^m \Delta T dm$에서 $dm = \rho dz$와 $dp = -\rho g dz$를 이용하면

$\Delta Q = -\frac{c_p}{g}\int_{p_s}^0 \Delta T\, dp = \frac{c_p(\Delta T)p_s}{g}$ 를 얻는다. 여기서 $\Delta T = \frac{g(\Delta Q)}{c_p p_s}$ 를 얻는다.

$c_p = 1005\ \mathrm{Jkg^{-1}\,K^{-1}}$, $p_s = 1000\ \mathrm{hPa} = 10^5\ \mathrm{Pa}$, $g = 10\ \mathrm{ms^{-2}}$, $\Delta Q = 2 \times 10^7\ \mathrm{Jm^{-2}}$을 대입하면 $\Delta T = \frac{g(\Delta Q)}{c_p p_s} = 1.99$ K이다.

(2) 내부에너지의 증가 : $\Delta(IE) = c_v \int_0^m \Delta T dm = c_v \int_0^\infty \Delta T \rho dz = \frac{c_v}{g} \int_0^{p_s} \Delta T dp$

$$= \frac{718}{g} \Delta T p_s = 14.3(\mathrm{MJm^{-2}})$$

(3) 위치에너지의 증가(ΔPE)도 동일한 방법으로 구한다.

$$\Delta(PE) = R_d \int_0^m \Delta T dm = \frac{R_d}{g} \Delta T p_s = 5.7(\mathrm{MJ\,m^{-2}})$$

여기서, $R_d = 287\ \mathrm{Jkg^{-1}K^{-1}}$이다.

10.2 식 (8.23) $\theta_e = \theta \exp\left[\frac{L_{wv} w_s}{c_{pd} T}\right]$을 z로 미분하면 다음 식을 얻는다.

$$\frac{\partial \theta_e}{\partial z} = \frac{\partial \theta}{\partial z} \exp\left[\frac{L_{wv} w_s}{c_{pd} T}\right] + \theta \frac{\partial}{\partial z}\left\{\exp\left(\frac{L_{wv} w_s}{c_{pd} T}\right)\right\} \quad (1)$$

식 (1)의 양변을 앞에 주어진 θ_e로 나누어 주면 다음과 같이 주어진다.

$$\frac{1}{\theta_e}\frac{\partial \theta_e}{\partial z} = \frac{1}{\theta}\frac{\partial \theta}{\partial z} + \frac{1}{\exp(L_{wv} w_s / c_{pd} T)} \frac{\partial}{\partial z}\left\{\exp\left(\frac{L_{wv} w_s}{c_{pd} T}\right)\right\} \quad (2)$$

식 (2)의 우변의 첫째 항에 $\frac{1}{\theta}\frac{\partial \theta}{\partial z} = \frac{1}{T}(\gamma_d - \gamma)$을 적용하고 정리하면 다음 식을 얻는다.

$$\frac{T}{\theta_e}\frac{\partial \theta_e}{\partial z} = (\gamma_d - \gamma) + \frac{T}{\exp(L_{wv} w_s / c_{pd} T)} \frac{\partial}{\partial z}\left\{\exp\left(\frac{L_{wv} w_s}{c_{pd} T}\right)\right\} \quad (3)$$

여기서 지수 항의 미분은 다음과 같이 주어진다.

$$\frac{\partial}{\partial z}\left\{\exp\left(\frac{L_{wv} w_s}{c_{pd} T}\right)\right\} = \frac{\partial}{\partial z}\left(\frac{L_{wv} w_s}{c_{pd} T}\right) \times \exp\left(\frac{L_{wv} w_s}{c_{pd} T}\right) \quad (4)$$

식 (4)를 식 (3)에 대입한 후에 p.141에 $d\left(\frac{w_s}{T}\right) \simeq \frac{dw_s}{T}$를 적용하면 다음 식을 얻는다.

$$\frac{1}{\theta_e}\frac{\partial \theta_e}{\partial z} = \frac{1}{\theta}\frac{\partial \theta}{\partial z} + T\frac{\partial}{\partial z}\left(\frac{L_{wv} w_s}{c_{pd} T}\right) \approx \frac{1}{\theta}\frac{\partial \theta}{\partial z} + \frac{\partial}{\partial z}\left(\frac{L_{wv} w_s}{c_{pd}}\right) \quad (5)$$

여기서 식 (7.20), $\gamma_s = \gamma_d + \frac{\partial}{\partial z}\left(\frac{L_{wv} w_s}{c_{pd}}\right)$을 적용하면 식 (10.23)을 얻는다.

$$\gamma_s - \gamma \approx \frac{T}{\theta_e}\left(\frac{\partial \theta_e}{\partial z}\right) \quad (6)$$

10.3 가용위치에너지의 계산

$$(PE)_i = (m_1 g) Z_1 + (m_2 g) Z_2 = \left(\rho_1 g \frac{H}{2}\right)\frac{3}{4}H + \left(\rho_2 g \frac{H}{2}\right)\frac{H}{4}$$

$$= \rho_1 g \frac{3}{8} H^2 + \rho_2 g \frac{H^2}{8}$$

$$(PE)_f = (m_1 g)Z_1' + (m_2 g)Z_2' = \left(\rho_1 g \frac{H}{2}\right)\frac{H}{4} + \left(\rho_2 g \frac{H}{2}\right)\frac{3}{4}H$$
$$= \rho_1 g \frac{H^2}{8} + \rho_2 g \frac{3}{8} H^2$$

$$\Delta PE = (PE)_f - (PE)_i = \frac{1}{4}(\rho_2 - \rho_1) g H^2$$

초기 위치에너지에 대한 가용에너지의 비는 $(PE)_i$에 대한 $\Delta PE (= (PE)_i - (PE)_f)$로 주어지며 $\rho_1 = 1.1\rho_2$로 고려하면 다음과 같이 주어진다.

$$\frac{\Delta PE}{(PE)_i} = \frac{\frac{1}{4}(\rho_1 - \rho_2) g H^2}{\rho_1 g \frac{3}{8} H^2 + \rho_2 g \frac{H^2}{8}} = 0.46(\%).$$

10.5 온위 방정식 $\theta = T\left(\frac{p_0}{p}\right)^{0.286}$ 을 $T_2 = T_1\left(\frac{p_2}{p_1}\right)^{0.286}$ 과 같이 바꾸어 각 고도에서 공기덩이가 하강했을 때의 온도를 계산하면 다음과 같다.

(1) 500 hPa에서 700 hPa로 하강한 공기덩이의 온도(T_7)는

$$T_7 = T_5\left(\frac{p_7}{p_5}\right)^{0.286} = 259\left(\frac{700}{500}\right)^{0.286} = 285.2\ \mathrm{K}$$

(2) 600 hPa에서 800 hPa로 하강한 공기덩이의 온도(T_8)는

$$T_8 = T_6\left(\frac{p_8}{p_6}\right)^{0.286} = 259\left(\frac{800}{600}\right)^{0.286} = 281.2\ \mathrm{K}$$

따라서 침강 후에 기층의 온도변화율 : $\frac{\Delta T}{\Delta P} = -\frac{4\ \mathrm{K}}{100\ \mathrm{hPa}}$, $T_7(700\ \mathrm{hPa}) > T_8(800\ \mathrm{hPa})$

(3) 단열압축과정에서 500 hPa 고도에 있는 공기의 연직 이동거리보다 600 hPa 고도에 있는 공기의 연직 이동거리가 더 길기 때문이다.

10.6 공기기둥의 두 고도 사이의 기층에 대한 운동에너지(KE)는 $dp = -\rho g dz$를 이용하면

$KE = \frac{1}{2}\int_0^m v^2 dm = \frac{1}{2}\int_{z_1}^{z_2} v^2 \rho dz = \frac{1}{2}\int_{p_2}^{p_1} v^2 \frac{dp}{g} = \frac{1}{2g} v^2 (p_1 - p_2)$로 주어진다.

제 11 장 연습문제 풀이

11.1 [장점]

① 대기의 안정도를 평가할 수 있다.

② 대기의 각 층에서 기상요소를 알아 볼 수 있다.

③ 역전층 정부의 강도, 대류온도, 악기상의 특성을 결정할 수 있다.

④ 안개의 유무, 구름층의 두께, 바람 시어에 의한 난류 가능성을 분석할 수 있다.

⑤ 관측 자료를 종관 규모(대략 1000 km)의 예보 모델에 입력 자료로 사용할 수 있다.

[단점]

① WMO의 기준에 따를 경우 1일 2회(0000 UTC, 1200 UTC)의 관측 자료만 이용할 수 있다.

② 2회 관측 시점 사이에 일기가 크게 변할 수 있다.

③ 기구(Balloon)가 바람에 의해 풍하 측으로 이동하므로 관측에 의해 얻어진 연직방향의 분포는 실제 관측지점의 연직분포에 해당되지 않는다.

④ 기구가 지표에서 대류권계면까지 도달하는데 35~36분이 걸린다. 따라서 관측된 대기요소의 연직 단면도는 주어진 어느 한 순간의 대기 요소의 연직분포에 해당되지 않는다.

⑤ 기구와 압력, 온도, 습도 센서가 1회에 한하여 사용되므로 관측에 많은 비용이 든다.

11.2 (1) −29℃, (2) (ⅰ) 294 K (ⅱ) 293 K (ⅲ) 300 K

11.3 (1) −22℃ (2) −30℃ (3) 8℃ (4) 잠열 방출

11.4 (1) 1000 hPa, 20℃에서 포화혼합비 : 15 g/kg

실제혼합비 $w = \frac{50}{100} \times 15(\text{g/kg}) = 7.5\,\text{g/kg}$

(2) 850 hPa

(3) 650 hPa에서 포화혼합비 : 4 g/kg

(4) 650 hPa에서 액체수의 혼합비(과냉각수 가정) : $w_s = 7.5 - 4 = 3.5(\text{g/kg})$

11.5 (1) Skew $T-\log\ p$ diagram 이용

(2) 안개(역전층 형성)

(3) 10℃에서 혼합비는 7.7 g/kg이다. 수증기의 혼합비가 일정하다고 가정할 경우 일출 후에는 지표의 가열에 그 부근의 공기가 가열되어 온도가 더 높아진다. 따라서 포화수증기압의 증가로 상대습도는 감소한다. 고도 1000 hPa에서 기온이 13℃일 때 포화혼합비는 9.5 g/kg이다.

∴ 상대습도(R.H.)는 $\text{RH} = \frac{7.7}{9.5} \times 100 = 81\%$이다.

(4) 960 hPa, 응결이 안 일어남(불포화)

(5) 도달고도 : 약 900 hPa < 대류응결고도(~840 hPa) : 응결이 안 일어남

(6) 대류응결고도 : 840 hPa, 대략 7.2℃

(7) 고도 1000 hPa에서 22℃로 가열된 공기가 상승할 경우의 구름의 기저는 840 hPa,

그리고 구름의 정상고도의 압력은 대략 730 hPa이다.

11.6 두 좌표계에서 면적은 각각 다음과 같이 주어지며 서로 같다. 따라서

$$-\oint y dx = \oint v du \qquad (1)$$

으로 나타낼 수 있다. 이 식을 다음과 같이 기술할 수 있다.

$$\oint y dx + \oint v du = 0 \qquad (2)$$

식 (2)는 $\oint ds = \oint (y dx + v du) = 0$ (3)

으로 표현할 수 있다.

여기서 $ds = y dx + v du$ (4)

로 주어지며, $s = s(x, u)$로 주어지며, s의 전미분은 $ds = \left(\frac{\partial s}{\partial x}\right)_u dx + \left(\frac{\partial s}{\partial u}\right)_x du$ (5)

식 (4)와 (5)를 비교하면 다음 식을 얻는다.

$y = \left(\frac{\partial s}{\partial x}\right)_u$ 와 $v = \left(\frac{\partial s}{\partial u}\right)_x$ (6)

여기서 y를 u로 미분하고 v를 x로 미분하면 $\left(\frac{\partial y}{\partial x}\right)_x = \left(\frac{\partial v}{\partial x}\right)_u$ (7)

11.7 SSI = −4, TT = 52, K = 37

11.8 SSI = 5.99, total totals = 39.60, SWEAT index = 70.2

TT = 39.6으로 49 미만 : 20(TT − 49) = 0, 850 hPa과 500 hPa 고도 사이의 풍속이 15 knots 차이가 나므로 주어진 조건에 의해서 sin 항은 0이 된다.

따라서 이 항들을 0으로 두고 계산하면 SWEAT = 70.2가 된다.

찾아보기

저자 : **김 경 익**

- Purdue대학교 대학원 졸업(대기과학 석사)
- University of Nevada, Reno대학원 졸업(대기물리 박사)
- 경북대학교 천문대기과학과 교수
- 현) 경북대학교 명예교수

대기열역학 에센스 정가 18,000원

발 행 2023년 10월 20일 3판 1쇄
저 자 김경익
발행인 정우용
발행처 도서출판 **동 화 기 술**
경기도 파주시 광인사길 201(문발동, 파주출판도시)
Tel (031)955-4211~6 donghwapub@nate.com
Fax (031)955-4217 www.donghwapub.co.kr
(등록) 1977년 12월 19일/9-16호

ISBN 978-89-425-9557-0